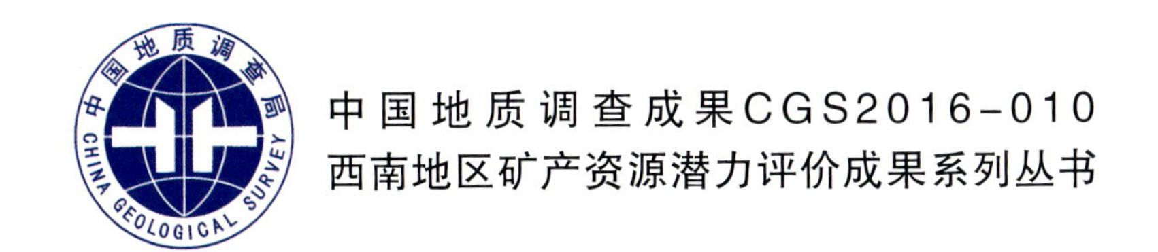

中国西南地区地球化学图集

Geochemical Atlas of Southwest China

王永华 等著

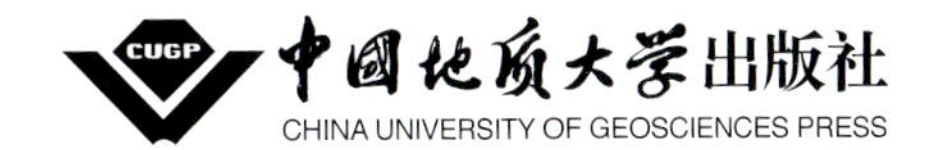

图书在版编目(CIP)数据

中国西南地区地球化学图集 / 王永华等著.—武汉：中国地质大学出版社，2019.6
（西南地区矿产资源潜力评价成果系列丛书）
ISBN 978-7-5625-4551-4

Ⅰ.①中…
Ⅱ.①王…
Ⅲ.①区域地球化学-西南地区-图集
Ⅳ.①P596.2-64

中国版本图书馆CIP数据核字（2019）第096616号
审图号：CGS（2019）2257号

中国西南地区地球化学图集 王永华　等著

责任编辑：舒立霞　阎娟　　选题策划：刘桂涛　　责任校对：周旭

出版发行：中国地质大学出版社（武汉市洪山区鲁磨路388号）　　邮编：430074
电话：（027）67883511　　传真：（027）67883580　　E-mail:cbb@cug.edu.cn
经销：全国新华书店　　http://cugp.cug.edu.cn

开本：880毫米×1230毫米 1/16　　字数：373千字　　印张：11.75
版次：2019年6月第1版　　印次：2019年6月第1次印刷
印刷：中煤地西安地图制印有限公司　　印数：1—1000册

ISBN 978-7-5625-4551-4　　定价：198.00元

《西南地区矿产资源潜力评价成果系列丛书》

编委会

《中国西南地区地球化学图集》

编委会

主　　编：王永华

编写人员：周雪梅　谢岿锐　陈子万　朱惠玲　曾琴琴
李　富　刘晓霞　焦彦杰　刘才泽　唐发伟
刘书生　樊同伦　杨天仪　王铨宇　郝　明
梁　虹　惠广领　陈惠强　杨　功　肖高强
刘应平　阚泽忠　刘　锐　袁义生　龙超林
谭德军　程　军

序

中国西南地区雄踞青藏造山系南部和扬子陆块西部。青藏造山系是最年轻的造山系，扬子陆块是最古老的陆块之一。从地质年代来讲，最古老到最年轻是一个漫长的地质历史过程，其间经历过多期复杂的地质作用和丰富多彩的成矿过程。从全球角度看，中国西南地区位于世界三大巨型成矿带之一的特提斯成矿带东段，称为东特提斯成矿域。中国西南地区孕育着丰富的矿产资源，其中的西南三江、冈底斯、班公湖－怒江、上扬子等重要成矿区带都被列为全国重点勘查成矿区带。

《西南地区矿产资源潜力评价成果系列丛书》主要是在“全国矿产资源潜力评价”计划项目（2006—2013）下设工作项目——“西南地区矿产资源潜力评价与综合”（2006—2013）研究成果的基础上编著的。诸多数据、资料都参考和引用了1999年以来实施的“新一轮国土资源大调查专项”“青藏专项”及相关地质调查专项在西南地区实施的若干个矿产调查评价类项目的成果报告。该套丛书包括：

《中国西南区域地质》

《中国西南地区矿产资源》

《中国西南地区重要矿产成矿规律》

《西南三江成矿地质》

《上扬子陆块区成矿地质》

《西藏冈底斯－喜马拉雅地质与成矿》

《西藏班公湖－怒江成矿带成矿地质》

《中国西南地区地球化学图集》

《中国西南地区重磁场特征及地质应用研究》

这套丛书系统介绍了西南地区的区域地质背景、地球化学特征和找矿模型、重磁资料和地质应用、矿产资源特征及区域成矿规律，以最新的成矿理论和丰富的矿床勘查资料深入地研究了西南三江地区、上扬子陆块区、冈底斯地区、班公湖－怒江地区的成矿地质特征。

《中国西南区域地质》对西南地区成矿地质背景按大地构造相分析方法，编制了西南地区1：1 500 000大地构造图，并明确了不同级别构造单元的地质特征及其鉴别标志。西南地区大地构造五要素图及大地构造图为区内矿产总结出不同预测方法类型的矿产成矿规律，为矿产资源潜力评价和预测提供了大地构造背景。同时对一些重大地质问题进行了研究，如上扬子陆块基底、三江造山带前寒武纪地质，秦祁昆造山带与扬子陆块分界线、保山地块归属、南盘江盆地归属，西南三江地区特提斯大洋两大陆块的早古生代增生造山作用。对西南地区大地构造环境及其特征的研究，为成矿地质背景和成矿地质作用研究建立了坚实的成矿地质背景基础，为矿产预测提供了评价的依据，为基础地质研究服务于矿产资源潜力评价提供了示范，为西南地区各种尺度的矿产资源潜力评价和成矿预测提供了全新的地质构造背景，已被有关矿产资源勘查决策部门应用于潜力评价和成矿预测，并为国家找矿突破战略行动、整装勘查部署、国土规划编制、重大工程建设和生态环境保护以及政府宏观决策等提供了重要的基础资料。这是迄今为止应用板块构造理论及从大陆动力学视角观察认识西南地区大地构造方面最全面系统的重大系列成果。

《中国西南地区矿产资源》对该区非能源矿产资源进行了较为全面系统的总结，分别对黑色金属矿产、有色金属矿产、贵金属矿产、稀有稀土金属矿产、非金属矿产等47种矿产资源，从性质用途、资源概况、资源分布情况、勘查程度、矿床类型、重要矿床、成矿潜力与找矿方向等方面进行了系统全面的介绍，是一部全面展示中国西南地区非能源矿产资源全貌的手册性专著。

《中国西南地区重要矿产成矿规律》对区内铜、铅、锌、铬铁矿等重要矿产的成矿规律进行了系统的创新性研究和论述，强化了区域成矿规律综合研究，划分了矿床成矿系列。对西南地区地质历史中重要地质作用与成矿，按照前寒武纪、古生代、中生代和新生代4个时期，从成矿构造环境与演化、重要矿产与分布、重要地质作用与成矿等方面进行了系统的研究和总结，并提出或完善了“扬子型”铅锌矿、走滑断裂控制斑岩型矿床等新认识。

该套丛书还对一些重点成矿区带的成矿特征进行了详细的总结，以区域成矿构造环境和成矿特色，对上扬子地区、西南三江（金沙江、怒江、澜沧江）地区、冈底斯地区和班公湖－怒江4个地区的重要矿集区的矿产特征、典型矿床、成矿作用与成矿模式等方面进行了系统研究与全面总结。按大地构造相分析方法全面系统地论述了区域地质背景，重新厘定了地层、构造格架，详细阐述了成矿的区域地球物理、地球化学特征；重新划分了区域成矿单元，详细论述了各单元成矿特征；论述了重要矿集区的成矿作用，包括主要矿产特征、典型矿床研究、成矿作用分析、资源潜力及勘查方向分析。

《西南三江成矿地质》以新的构造思维全面系统地论述了西南三江区域地质背景，重新厘定了地层、构造格架，详细阐述了成矿的区域地球物理、地球化学特征；重新划分了区域成矿单元；重点论述了若干重要矿集区的成矿作用，包括地质简况、主要矿产特征、典型矿床、成矿作用分析、资源潜力及勘查方向分析；强化了区域成矿规律的综合研究，划分了矿床成矿系列；根据洋—陆构造体制演化特征与成矿环境类型、成矿系统主控要素与作用过程、矿床组合与矿床成因类型等建立了成矿系统；揭示了控制三江地区成矿作用的重大关键地质作用。该研究对部署西南三江地区地质矿产调查工作具有重要的指导意义。

《上扬子陆块区成矿地质》系统论述了位于特提斯—喜马拉雅与滨太平洋两大全球巨型构造成矿域结合部位的上扬子陆块成矿地质。其地质构造复杂，沉积建造多样，陆块周缘岩浆活动频繁，变质作用强烈。一系列深大断裂的发生、发展，对该区地壳的演化起着至关重要的控制作用，往往成为不同特点地质结构岩块（地质构造单元）的边界条件，与它们所伴生的构造成矿带，亦具有明显的区带特征。较稳定的陆块演化性质的地质背景，决定了该地区矿床类型以沉积、层控、低温热液为显著特点，并在其周缘构造岩浆活动带背景下形成了与岩浆热液有关的中高温矿床。区内的优势矿种铁、铜、铅、锌、金、银、锡、锰、钒、钛、铝土矿、磷、煤等在我国占有重要地位，目前已发现有色金属、黑色金属、贵金属和稀有金属矿产地 1 494 余处，为社会经济发展提供了大量的矿产资源。

《西藏冈底斯－喜马拉雅地质与成矿》对冈底斯、喜马拉雅成矿带“十二五”以来地质找矿成果进行了系统的总结与梳理。结合新的认识，按照岩石建造与成矿系列理论，将冈底斯喜马拉雅成矿带划分为南冈底斯、念青唐古拉和北喜马拉雅 3 个Ⅳ级成矿亚带，对各Ⅳ级成矿亚带在特提斯演化和亚洲印度大陆碰撞过程中的关键建造岩浆事件与成矿系统进行了深入的分析与研究。同时对 16 个重要大型矿集区的成矿地质背景、成矿作用、成矿规律与找矿潜力进行了总结，建立了冈底斯成矿带主要矿床类型的区域预测找矿模型和预测评价指标体系，并采用 MRAS 资源评价系统对其开展了成矿预测，圈定了系列的找矿靶区，对指导区域找矿和下一步工作部署有着重要意义。

《西藏班公湖－怒江成矿带成矿地质》对班公湖怒江成矿带成矿地质进行系统总结。班公湖怒江成矿带是青藏高原地质矿产调查的重点之一。近年来，先后在多不杂、波龙、荣那、拿若发现大型富金斑岩铜矿，在尕尔穷和嘎拉勒发现大型矽卡岩型金铜矿，在弗野发现矽卡岩型富磁铁矿和铜铅锌多金属矿床等。这些成矿作用主要集中在班公湖怒江结合带南、北两侧的岩浆弧中，是班公湖怒江成矿带特提斯洋俯冲、消减和闭合阶段的产物。目前的班公湖怒江成矿带指的并不是该结合带本身，而主要是其南、北两侧的岩浆弧。研究发现，班公湖怒江成矿带北部、南部的日土多龙岩浆弧和昂龙岗日班戈岩浆弧分别都存在东段、西段的差异，表现在岩浆弧的时代、基底和成矿作用类型等方面都各具特色。

《中国西南地区地球化学图集》在全面收集1∶200 000、1∶500 000区域化探调查成果资料的基础上，利用海量的地球化学数据，进行了系统集成与编图研究，编制了铜、铅、锌、金、银等39种元素（含常量元素氧化物）的地球化学图和异常图等图件，实现青藏高原区域地球化学成果资料的综合整装，客观展示了西南地区地球化学元素在水系沉积物中的区域分布状况和地球化学异常分布规律。该图集的编制，为西南地区地质矿产的展布规律及其找矿方向提供了较精准的战略方向。

《中国西南地区重磁场特征及地质应用研究》在收集与总结前人资料的基础上，对西南地区重磁数据进行集成、处理和分析，编制了西南地区重磁基础与解释图件，实现了中国西南区域重磁成果资料的综合整装。利用重磁异常的梯度、水平导数等边界识别的新方法和新技术，对西南三江、上扬子、班公湖怒江和冈底斯等重要矿集区的重磁数据进行处理，对异常特征进行分析和解释；利用区域重磁场特征对断裂构造、岩体进行综合推断和解释，对主要盆地的重磁场特征进行分析和研究。针对西南地区存在的基础地质问题，论述了重磁资料在康滇地轴、龙门山等重要地质问题研究中的应用与认识，同时介绍了西南地区物探资料在铁、铜、铅、锌和金矿等矿产资源潜力评价中的应用效果。

中国西南地区蕴藏着丰富的矿产资源，加强该区的地质矿产勘查和研究工作，对于缓解国家资源危机、贯彻西部大开发战略、繁荣边疆民族经济和促进地质科学发展均具有重要的战略意义。该套丛书系统收集和整理了西南地区矿产勘查与研究，并对所获得的海量的矿床学资料、成矿带的地质背景和矿床类型进行了总结性研究，为区域矿产资源勘查评价提供了重要资料。自然科学研究的重大突破和发现，都凝聚着一代又一代研究者的不懈努力及卓越成就。中国西南地区矿产资源潜力评价成果的集成和综合研究，必将为深化中国西南地区成矿地质背景、成矿规律与成矿预测研究、矿产资源勘查和开发与社会经济发展规划提供重要的科学依据。

该丛书是一套关于中国西南地区矿产资源潜力的最新、最实用的参考书，可供政府矿产资源管理人员、矿业投资者，以及从事矿产勘查、科研、教学的人员和对西南地区地质矿产资源感兴趣的社会公众参考。

编委会

2016年1月26日

前 言

区域化探全国扫面计划是一项涉及面广、规模宏大的系统工程。20世纪80年代初，中国区域化探全国扫面计划在以地质矿产部为主的管理部门和专业研究所策划下，地矿系统（部、省）管理部门、科研单位、生产单位紧密配合，共同努力，经过卓有成效的组织策划、试点总结、推广应用，唱响了一曲彰显中国特色的区域地球化学调查和地球科学研究凯歌，使得中国的区域地球化学调查和研究工作一举跨入全球领先行列。

《区域化探全国扫面工作方法若干规定》的发布，吹响了西南地区各省、自治区区域化探进军的号角。区域化探的每个环节，如样品布局、样品采集、分析配套方案等，每一个细节，如记录卡片样式、填写字迹，以及样品采集、加工场地、包装运输等，各种技术要求和质量控制措施取得了前所未有的高度统一。不到20年时间，西南新一轮区域化探初战告捷，形成了史无前例、国际领先的高质量地球化学数据库、样品库、标样库，取得了一大批贵金属、有色金属等找矿、选区和基础地质等研究成果。

在西南地区区域化探（水系沉积物测量）实施过程中，原地质矿产部、中国地质调查局及下属单位的领导、专家为该系统工程的顺利推进和高质量完成呕心沥血，提供了大量的支持、帮助和才智。具体人员名单如下。

地质矿产部、中国地质调查局：孙焕振、牟绪赞、奚小环、周庆来、李善芳、叶家渝（武汉综合岩矿测试中心）等。

中国地质科学院地球物理地球化学研究所：谢学锦、任天祥、阮文斌、朱立新、史长义、汪明启、张华、张勤（测试）等。

云南省地质矿产勘查开发局：王宝禄、康玉庭、彭承举、杨孔声、陈宇同、陈元坤、何贤臣、李孝祥、陈扬玉、吴天禄、何树林、王周云、王全喜、万传珠、潘泽义（测试）。

四川省地质矿产勘查开发局：纪仲明、赵奇、陈德友、林高原、唐文春、熊汲淏（测试）、李小英（测试）、曾念华（测试）等。

贵州省地质矿产勘查开发局：冯济州、汪隆六、张元庆、肖石增、陈光荣、何绍麟、刘川勤、杨永忠、赵远忠、李兴森（测试）、李晓燕（测试）等。

西藏自治区国土资源厅（原西藏自治区地矿厅）、西藏自治区地质矿产勘查开发局：吴钦、程力军、杜光伟、刘鸿飞、陈富奇、陈惠强、黄炜、李志等。

中国地质调查局成都地质调查中心：丁俊、王全海、周平等。

西南地区区域化探所走过的路程，充分体现了国家决策部门和广大地质工作者为地质事业奋发图强、勇于创新的科学精神，体现了我国卓越的地质野外调查、样品测试、标准物质制备等方面的技术原创能力。区域化探所取得的找矿、地球科学基础问题、化学生态环境研究等多方面的客观资料和成果，展示了在基础地质调查、矿产资源预测、普查找矿和生态环境研究中将新理论、新方法、新技术转化为科学技术生产力的成功经验，为世界同行所瞩目。

人与自然是生命共同体，人类生存和可持续发展必须依靠自然、尊重自然、顺应自然、保护自然。生态文明建设功在当代、利在千秋。本图集的推出，旨在客观展现西南地区自然元素的组成与分布规律，为深入了解自然，提高资源、环境与生态综合效应研究水平提供最基本的（化学）物质基础和学科依据，可供基础地质、地球化学、矿产资源找矿预测、环境、生态、土地、卫生防疫等相关领域的生产、教学、科研人员参考。

著者

2018年10月

目 录

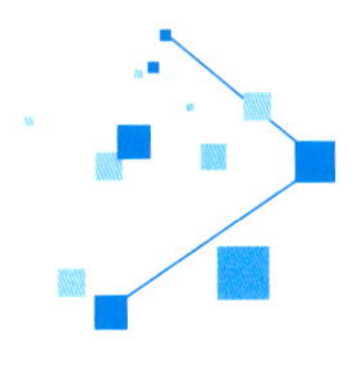

第一章　自然地理地貌及地质矿产概况

第一节　自然地理地貌与地球化学景观分区

一、自然地理地貌

西南地区地处我国西南边陲，包括四川省、云南省、贵州省、西藏自治区和重庆市。西南地区地域辽阔，东西向从东经 78° 23′ 至 110° 12′，横跨约 3 000 km，南北向从北纬 21° 08′ 至 36° 30′，纵贯约 2 000km，总面积 236.58×10⁴ km²，约占全国陆域面积的 1/4。

西南地区西高东低，地势高峻，海拔 1 000m、2 000m、3 000m、4 000m 和 5 000m 以上的区域占比分别达 86%、70%、61.7%、53.4%、21.2%，而低于 1 000m、800m、600m、400m、200m 的区域占比分别仅为 14%、10.5%、7.3%、3.25% 和 0.12%（图 1-1、图 1-2）。

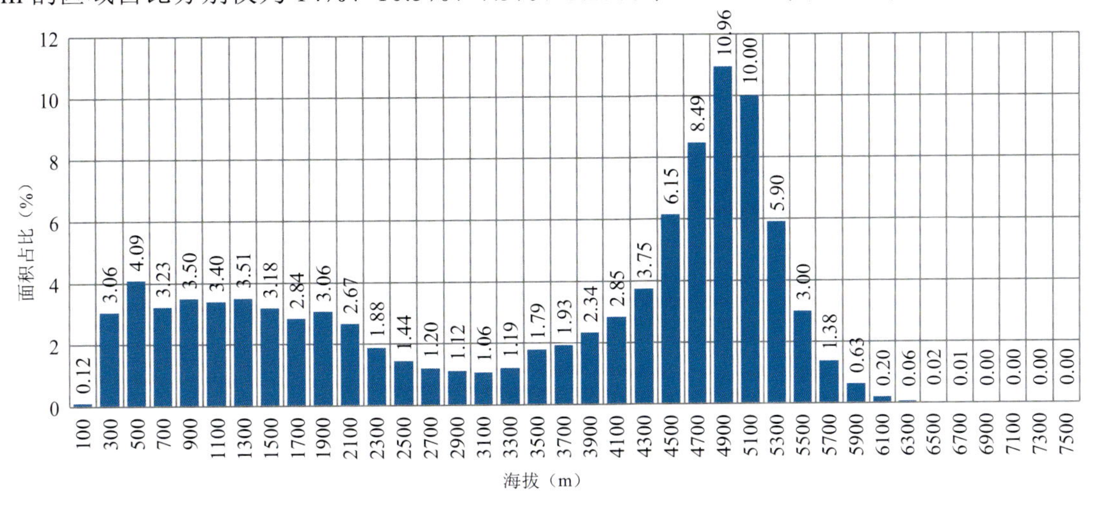

图1-1　西南地区海拔区间-面积占比柱状图

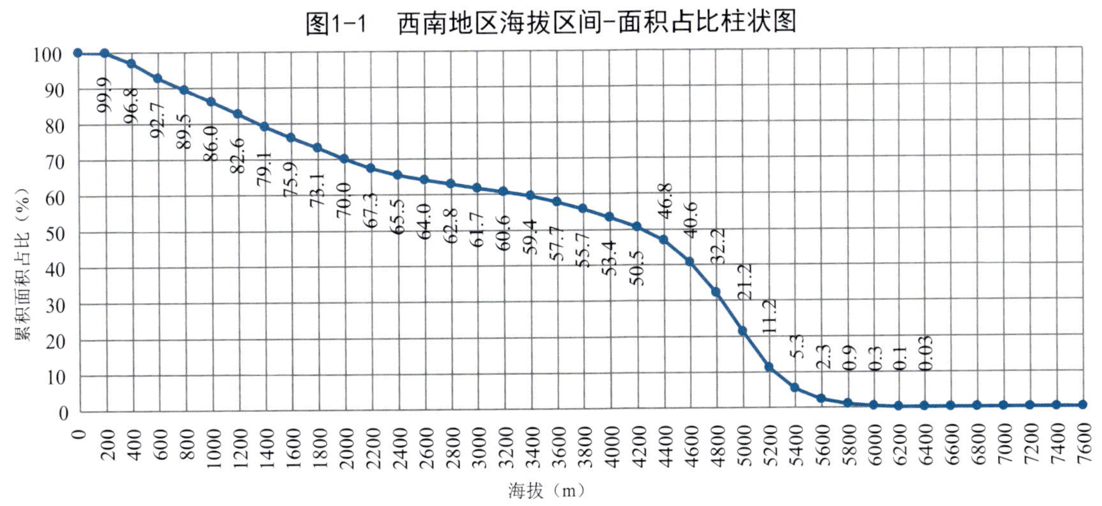

图1-2　西南地区海拔-累积面积占比对应关系图

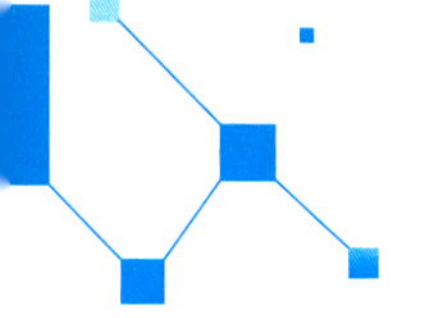

西南地区地理地貌有五大特点：一是由西藏高原（属青藏高原主体）、云贵高原、川西高原等组成了广袤的高原群，地势高峻；二是雅鲁藏布江、怒江、澜沧江、金沙江（长江）、珠江、元江（红河）等数十条大川急流，纵横切割全境，水量丰富，气势磅礴；三是在峻岭深谷之间形成了四川盆地、滇西纵谷（也称三江并流）、藏南谷地、藏东峡谷和众多的“坝子”（山间小盆地）；四是以西藏高原上的纳木错、色林错、扎日南木错、当惹雍错、羊卓雍湖、玛旁雍错、巴松措、班公错和云贵高原上的滇池、抚仙湖、异龙湖、洱海等为代表的1 000多个内陆湖泊如同明镜，不仅有渔盐之利，还为山原增添了许多秀色；五是岩溶地貌（喀斯特地貌）广泛发育，各种溶洞、暗河、石林等岩溶景观随处可见，尤其在滇东－贵州大部，石灰岩溶蚀景观俨然已成地方地质观光旅游的主要支柱。按地形地貌特征，西南地区可细分为西藏高原、云贵高原、四川盆地3种典型地貌，此外在其过渡带或内部，因各种地貌、地质构造条件的交融，又派生出来另外的典型地形地貌。

1. 西藏高原

西藏高原为青藏高原的重要组成部分，主要范围包括昆仑山脉以南、喜马拉雅山脉以北、喀喇昆仑山脉以东和横断山脉以西之间的部分。高原面海拔众数值在4 970m左右，为全球第一大高原。从南到北依次分布有喜马拉雅山脉、冈底斯－念青唐古拉山脉、喀喇昆仑山脉等。海拔7 000m以上的山峰有50多座，珠穆朗玛峰海拔8 844m（基岩面高度）或8 848m（冰雪顶面），为全球第一高峰，被誉为地球“第三极”。西藏高原是典型的生态脆弱区。

一方面，西藏高原以其极大的高度优势，印度洋暖湿气流带来丰沛的降水以及大量的冰川、湖泊积水，成为众多江河水系的发源地，是中国水资源量最丰富的地区（水资源总量全国第一、人均水资源量全国第一、亩均水资源占有量全国第一、水资源潜能全国第一）。南部最主要的河流为雅鲁藏布江，从西向东流淌近2 000km，在绕过南迦巴瓦峰后转向南，出墨脱县通向印度洋方向。念青唐古拉山脉以东，是中国主要江河怒江、澜沧江、金沙江－长江和黄河的发源地。西藏东部、青海南部是著名的“三江源”区（即澜沧江、金沙江－长江和黄河源区）。

另一方面，藏北高原（青藏高原腹地）四周群山环抱，由于南缘喜马拉雅山脉高大山体的阻碍，印度洋暖湿气流难以继续北上，致使降水偏少，加之地形平缓，水的冲刷力弱，沟谷水系极不发达，河流多为内流河、向心河，近原地积水成湖。西藏高原湖泊众多，总数达1 500多个，面积超过1 000 km^{2}的有纳木错、色林错、扎西南木措，面积超过100 km^{2}的湖泊有47个，总面积达24 000 km^2，约占中国湖泊总面积的1/3。西藏高原不仅是中国最大的湖泊密集区，也是世界上湖面最高、范围最大、数量最多的高原湖区。西藏高原湖泊湖面海拔高（海拔大于5 000m的就有17个），辐射强烈，蒸发量大，淡水补给量少，湖泊多为咸水湖。

西藏高原辐射强烈，日照多，气温低，积温少，气温随高度和纬度的升高而降低。冬季干冷漫长，大风多；夏季温凉多雨，冰雹多。大部分地区的最暖月均温度在15℃以下，1月和7月平均气温都比同纬度东部平原低15～20℃。按气候分类，除东南缘河谷地区外，整个西藏全年无夏。年总辐射量值高达5850～7950 MJ/m^2，比同纬度东部平原高50%～100%。

西藏高原干湿分明，多夜雨。降水高度集中于夏半年（春分至秋分），一般占全年的80%～90%。自东南向西北降水量逐渐减少。喜马拉雅山南麓的迎风面，降水量多达1 000mm以上，其北麓和雅鲁藏布江之间的狭长地带，年降水量却少于300mm。

2. 横断山脉及三江并流地貌

横断山脉（群），世界年轻山群之一，中国最长、最宽和最典型的南北向山系群体，唯一兼有太平洋和印度洋水系的地区。位于青藏高原东南部，通常为四川、云南两省西北部和西藏自治区东部南北向山脉的总称。因“横断”东西间交通，故名。

横断山脉是青藏高原与云贵高原、四川盆地交界的陡坡带。总体（高原夷平面、准平原面）高差为 3 000 ～ 4 000m。巨大的高差造就了巨大的水动力势能，江河像奔腾的怪兽奔袭而下，猛烈侵蚀地表，造就了雄伟的高山深谷。岭谷高差一般在 1 000 ～ 2 000m 之间。著名的高山峡谷自西向东为：担当力卡山－独龙江－伯舒拉岭、高黎贡山－怒江－他念他翁山、怒山－澜沧江－云岭－金沙江－沙鲁里山－雅砻江－大雪山－大渡河－邛崃山－岷江等。

横断山脉地形切割剧烈，是世界上罕见的高山深切割地貌区。金沙江、澜沧江、怒江 3 条大江穿越在崇山峻岭之间，从其相同的发源地青藏高原东部开始奔袭近千千米，向南逐渐收拢，在横断山脉处形成世界上罕见的“三江并流”奇观，其间地处西部的怒江与中部澜沧江的最近距离仅约 18km，与东部金沙江的最近距离仅约 66km。

3. 云贵高原

云贵高原位于西藏高原东南，西起横断山脉，北邻四川盆地，东到湖南省雪峰山。包括云南省东部，贵州全省，广西壮族自治区西北部和四川、湖北、湖南等省边境，是我国南北走向和北东－南西走向两组山脉的交会处。与其相关的延伸部分更包括老挝北部（如丰沙里省）、缅甸东北部的掸邦高原和泰国北部（如清迈和清莱）。云贵高原属于中国的第四大高原，海拔 1 000 ～ 2 000m，地势西北高，东南低。

云贵高原是长江、西江（珠江的最大支流）和元江三大水系的分水岭。中部和北部以长江流域的河流为主。南部和西部则分属珠江流域、元江（红河）流域、澜沧江（湄公河）流域、怒江（萨尔温江）流域、伊洛瓦底江流域。其支流金沙江、赤水河、乌江、沅江、柳江、南盘江、北盘江等切割地面，形成深切峡谷，地形较破碎，崎岖不平，多中高山、丘陵地貌，多山间盆地（当地人称“坝子”）。

东部贵州高原，实际上是一个山地性的高原，人们用“地无三里平”来形容崎岖不平的高原地形。著名的大山有乌蒙山、大娄山、武陵山、苗岭等， 基本呈北东－南西走向。地势以西部最高，分别向北、东、南倾斜，碳酸盐类岩石分布广、厚度大、质地纯，经间歇性新构造运动和温湿气候作用，形成深邃的峡谷、幽深封闭的圆洼地、深陷的漏斗和落水洞以及天生桥、古河道、干悬谷等，地形崎岖不平。气温温差较西部大，如贵阳市 1 月平均气温仅 5℃，7 月平均气温 23.9℃。年平均降水量 1 000 ～ 1 200mm，全年平均降水天数 160 ～ 220d，且多小雨和夜雨，日照少，湿度大。

西部云南高原，山高谷深，水流湍急，关山险峻。著名山脉有点苍山、龙山等，以南北走向为主。高原面上分布红色岩系，有红色高原之称。众多的山间盆地，面积 1 km^2 以上的“坝子”有 1 200 多个，但面积仅占全省面积的 6%。坝子地面平坦，土层深厚，是重要农耕区。四季不显，干湿分明。有的盆地积水成湖，所以云南高原山间湖泊广布，如滇池、抚仙湖、异龙湖、洱海、泸沽湖等。

4. 岩溶地貌

在距今大约两亿年以前，贵州、广西、云南东部地区是一个长期被海水淹没的海湾，堆积了深厚质纯而面积广大的石灰岩，分布面积近 40×10^4 km²，约占该区总面积的一半。其中贵州全省岩溶地貌面积占全国岩溶地貌面积的 10% 左右，纯碳酸盐岩分布面积 10.9×10^4 km²，占全省国土面积的 61.9%；碳酸盐岩和不纯碳酸盐岩出露面积 13×10^4 km²，占全省总面积的 73%。石灰岩沉积厚度达 3 ～ 5km 以上，约占沉积地层总厚度的 70%。这便为岩溶地貌的发育提供了雄厚的物质基础。

云贵高原气候温暖湿润，植被生长茂盛，植物根部分泌的酸类以及植物体分解时所产生的酸类都特别多，因而这里无论雨水、河水还是地下水，二氧化碳的含量都比较高。高温多雨的气候和茂密的植被，为云贵高原的岩溶地貌发育提供了巨大的动力。无孔不入的雨水、地表水和地下水，沿着岩石裂隙溶蚀出一道道裂缝、一个个洞穴（溶洞）。地表水遇到地下溶洞，就会突然消失变成伏流（暗河）。因此，在石灰岩地区，到处可以看到秀丽多姿的石林，深邃曲折的溶洞，忽隐忽现的暗河和一座座横跨河谷的“天生桥”，石芽、石沟、溶斗、溶洞、石钟乳、石笋、石柱、溶蚀洼地、槽谷、伏流、涌泉、峡谷、石林、峰林、峰丛等遍布，山奇水秀，妩媚多姿。

5. 四川盆地

四川盆地是中国四大盆地之一，又称巴蜀盆地、信封盆地等。盆地位于亚洲大陆中南部，中国腹心地带和中国大西部东缘中段，西临青藏高原，东靠巫山，北接秦岭和大巴山，南面为云贵高原，是由群山环抱的盆地。因盆地内广泛分布着紫红色的砂岩和页岩，故有“紫色盆地”之称。盆地面积约 26×10^4 km²，可明显分为边缘山地和盆地底部两大部分。山地海拔多在 1 000 ～ 3 000m 之间，面积约为 10 万多平方千米；盆底面积 16 万多平方千米，地势低矮，包括川东平行岭谷、川中丘陵和川西成都平原 3 部分，海拔高程多在 300 ～ 500m 之间，龙门山麓前可达 500 ～ 750m，东部嘉陵江、渠江河谷从上游 300m 左右到汇入长江处接近 150m，到长江流出盆地已不足 100m。

一般认为四川盆地属于亚热带季风性湿润气候，但盆地大部分区域类似于温带海洋性气候。因地形闭塞，气温高于同纬度其他地区。最冷月均温 5 ～ 8℃，较同纬度的上海、湖北及纬度偏南的贵州高 2 ～ 4℃。极端最低温 -6 ～ -2℃。霜雪少见，年无霜期长 280 ～ 350d。盆地湿度较大，故夏季闷热难忍。平均气温在 25℃上下，东南高西北低，盆底高边缘低，最热月气温高达 26 ～ 29℃，长江河谷近 30℃。盆地年降水量 1 000 ～ 1 300mm。边缘山地降水十分充沛，如乐山和雅安间的西缘山地年降水量为 1 500 ～ 1 800mm，为中国突出的多雨区，有“华西雨屏”之称。但冬干、春旱、夏涝、秋绵雨，年内分配不均，70% ～ 75% 的雨量集中于 6—10 月。最大日降水量可达 300 ～ 500mm。“巴山夜雨”自古闻名，夜雨占总雨量的 60% ～ 70% 以上。

二、地球化学景观分区

西南地区景观条件复杂，有高寒山区、冰雪山区、高寒湖沼丘陵区、高山峡谷区、干旱 - 半干旱荒漠区、湿润低山丘陵区和岩溶区等多种景观（表 1-1）。

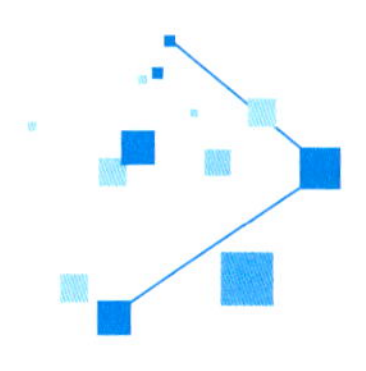

表 1-1　西南地区主要地球化学景观分区特征表

景观区划分类型		主要特征	分布区域
青藏高原（Ⅰ）	昆仑中脊高山湖沼区（半干旱高寒湖沼丘陵区）（Ⅰ-1-1）	湖泊（多盐湖）、沼泽、缓丘分布，海拔 4 700m 以上。永久性冻土层广布。地形地貌混沌；半干旱气候，多内流河，地表径流分散，冲刷力弱；湖泊收缩边环发育	昆仑山脉中脊、羌塘地区
	藏北高寒湖沼区（Ⅰ-1-2）	江河源头区，沟谷水系密集，呈树枝状、网脉状。一般海拔大于 4 000m。土壤剖面变化大	藏北
	冈底斯－念青唐古拉高山湖泊区（Ⅰ-1-3）	巨大的冈底斯山脉—念青唐古拉山脉，海拔多数在 5 000m 以上，顶峰多在 6 000m 以上；多而巨大的高原断陷湖泊	冈底斯山脉—念青唐古拉山脉及其以北
	雅鲁藏布江高寒深切割区（Ⅰ-2-1）	喜马拉雅北坡，山尖谷缓，冰川或积雪覆盖，冰蚀地貌发育，多冰碛物。海拔大于 5 000m	雅鲁藏布江河谷、喜马拉雅山北坡
	江河（怒江）源区（Ⅰ-3-1）	特征总体是西面藏北羌塘和冈底斯景观区的东延，只是进入高原边缘斜坡带，原本多属于内流的水系开始沿着斜坡向下流淌，发育成为江河源区	唐古拉山脉以南，念青唐古拉山脉东段以北。怒江源头地区
	川西北高寒缓坡、沼泽化高原丘陵区（Ⅰ-3-2）（Ⅰ-3-3）（Ⅰ-3-4）	地处青藏高原第二平台，海拔 3 500 ～ 4 500m，相对高差较小，水动力条件偏弱，沟系不发育，为流向四川盆地多条河流（或支流）的发源地	川西北松潘、红原、甘孜、阿坝等地区
	喜马拉雅—横断山—龙门山（环青藏高原）高山峡谷区（Ⅰ-4）	气候湿润，多地表水。海拔 1 000 ～ 6 000m，相对高差大，水动力强劲，山高谷深，多羽状水系。气候、植被、风化作用等垂直分带明显	喜马拉雅山南坡—横断山—龙门山地区
云南高原（Ⅱ）	滇西高山深切割区（Ⅱ-1-1）	为三江并流区和横断山脉向南的延续地貌。海拔 1 000 ～ 2 000m。气候湿润。河谷－高山立体气候明显，机械风化与化学风化共存	保山等地
	滇西热带雨林景观区（Ⅱ-1-2）	热带季风气候，常年高温多雨，热带雨林分布广泛，植被茂密。化学风化作用强烈，岩石分解和成壤作用充分，土壤厚度巨大	云南西部。潞西、瑞丽等地
	滇西南季节性雨林区（Ⅱ-2-1）	河谷地带常年高温多雨，植被茂密，多阔叶林，冲积作用、化学风化作用均较强烈，成壤作用充分，土壤厚度大	红河（元江）以西，思茅盆地北部
	滇南热带雨林景观区（Ⅱ-2-2）	常年高温多雨，热带雨林分布广泛，植被茂密。化学风化作用强烈，岩石分解和成壤作用充分，土壤厚度巨大	云南南部，思茅盆地南部西双版纳等地
	滇中中低山区（Ⅱ-3-1）	全区主要为楚雄盆地红层分布，气候较干燥，地表径流稀少，植被稀疏	楚雄盆地大部
	滇东－黔西中高山岩溶区（Ⅱ-3-2）	气候湿润，多地表水。云南广泛分布的基性岩类和早古生代（Pt_1）地层所含丰富的铁、锰、铜等在风化过程中残留在风化壳内，致使土壤呈现红色。红土分布广泛，故称红土高原	滇中、滇东大部，贵州部分
贵州高原（Ⅲ）	滇东南岩溶石山区（Ⅲ-1-1）	石灰岩广布，气候湿润，喀斯特地貌发育	云南文山州
	黔东北低山丘陵岩溶区（Ⅲ-1-2）	石灰岩广布，气候湿润，溶蚀作用形成溶槽和岩溶漏斗、溶洞、暗河、石林等喀斯特地貌。土壤多红色，成分均匀，垂直分带不明显，直接覆盖于低洼处岩石风化面上	滇东北和贵州大部
	黔东南、右江低山丘陵区（Ⅲ-2-1）（Ⅲ-2-2）	海拔 500 ～ 1 000m，一般低于 1 500m。亚热带—热带季风气候区，日照充足、雨量充沛、植被茂盛	贵州南部、东南部
四川盆地（Ⅳ）	湿润平原－低山丘陵区（Ⅳ）	盆地底部海拔 500m 上下，盆地周边可达 1 000 余米。气候湿润，地表水丰富，干流水系发育，多冲积平原；土壤分层明显，植被茂密	四川盆地及周缘

在区域化探扫面过程中，除了云贵高原的非岩溶区外，几乎所有区域都属于全国较为罕见的特殊景观区。不同的景观区，元素的表生地球化学行为存在巨大的差异。研究不同景观条件下的元素表生地球化学行为差异，一则可以总结元素的表生地球化学行为特征，研究表生地球化学作用规律，丰富地球化学基础理论；二则可以消除元素表生行为的干扰，深入了解区内元素的地质地球化学规律，更好地解释和评价地球化学异常，为进一步的地球化学勘查研究方法优选和环境、生态地球化学研究提供理论依据。

根据以往的试验成果和调查成果，西南地区主要景观区地球化学元素在水系沉积物中的分布特征如下（表 1-2）。

表 1-2　西南地区主要地球化学景观区元素或氧化物富集系数表

元素或氧化物	高寒湖沼丘陵区	高寒山区	高山峡谷区	湿润中低山丘陵区	岩溶区	元素或氧化物	高寒湖沼丘陵区	高寒山区	高山峡谷区	湿润中低山丘陵区	岩溶区
Ag	0.76	1.00	1.19	1.01	1.29	Pb	0.83	1.00	1.16	1.07	1.63
As	1.39	1.22	0.89	0.54	1.54	Sb	1.20	1.11	0.98	0.97	3.15
Au	0.69	0.97	1.15	1.29	1.45	Sn	0.57	1.05	1.27	1.12	1.48
B	0.83	1.23	1.04	1.19	1.85	Sr	1.41	0.97	0.77	0.68	0.31
Ba	0.88	1.00	0.94	1.01	0.56	Th	0.72	1.04	1.14	1.00	1.33
Be	0.72	1.09	1.12	1.01	1.22	Ti	0.57	0.97	1.43	1.20	1.76
Bi	0.73	1.06	1.07	0.93	1.38	U	0.82	1.02	1.17	1.17	1.72
Cd	0.90	0.96	1.24	1.28	1.60	V	0.61	0.98	1.37	1.08	1.85
Co	0.71	0.95	1.34	1.06	1.61	W	0.70	1.13	1.13	0.97	1.27
Cr	0.65	0.99	1.32	1.19	1.69	Y	0.72	1.04	1.13	1.06	1.55
Cu	0.69	0.91	1.37	1.07	1.93	Zn	0.72	1.02	1.24	0.99	1.33
F	0.74	1.01	1.12	0.95	1.57	Zr	0.66	1.07	1.23	1.25	1.65
Hg	0.88	0.96	1.42	2.33	3.63	SiO_2	0.91	1.05	0.98	1.12	0.96
La	0.68	1.03	1.16	0.99	1.28	Al_2O_3	0.67	1.05	1.14	1.03	1.36
Li	0.87	1.10	1.13	1.17	1.37	TFe_2O_3	0.70	0.97	1.30	1.06	1.57
Mn	0.79	0.96	1.24	0.82	1.02	CaO	2.36	0.88	0.64	0.41	0.23
Mo	0.75	0.98	1.13	1.11	2.15	MgO	0.74	0.93	1.09	0.84	0.62
Nb	0.60	1.01	1.31	1.05	1.67	K_2O	0.82	1.21	1.15	1.02	0.82
Ni	0.78	0.97	1.30	1.05	1.56	Na_2O	0.74	1.06	0.65	0.64	0.18
P	0.66	1.01	1.26	0.87	1.03	富集系数 R= 景观区平均值 / 中国西南平均值					

总体上，西南地区的表生地球化学作用过程受地形地貌的影响主要表现在水系的发育程度及其水动力强弱方面；海拔高度通过影响气候变化对表生地球化学过程施加影响。气温、

湿度（含降水量）、植被、沟系发育程度及落差、岩石类型是制约表生地球化学过程的主要因素。影响机制：一方面是机械风化和化学风化的差异，导致了地表残留物（风化壳）原岩岩屑和黏土类组分的差异。一般而言，干旱、低温致使化学风化（含生物风化和岩溶溶蚀作用）减弱，成壤作用低下，大量元素 Ca、Na 溶蚀程度低，黏土物质偏少，对微量元素的吸附富集作用不明显；温暖、潮湿气候化学风化作用强烈，Ca、Na 等大量元素淋失贫化，Al、Fe 残留富集（图 1-3），黏土质风化壳发育，对绝大多数微量元素产生了强烈的吸附富集作用。另一方面，气候和地形的共同影响，干旱、地形平缓、水动力不足，无法摧毁原地风化壳，富含 Ca、Na、Si 等元素的风成沙、黄土等外来物极易形成积累，二者双重作用，对深部或基岩地球化学信息产生严重屏蔽。

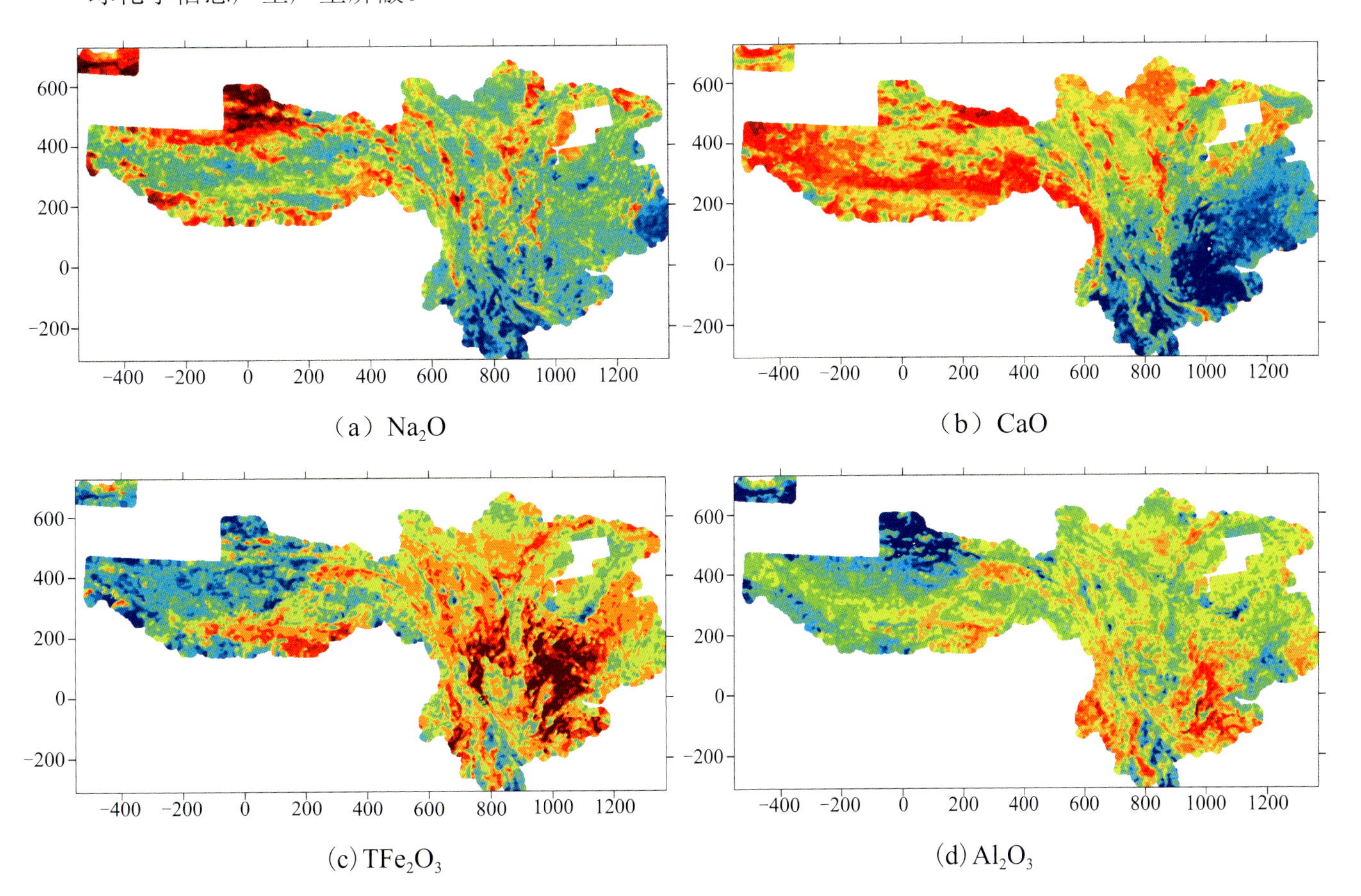

图1-3　西南地区常量元素分布略图

（注：从蓝—绿—黄—浅红—红褐色，含量逐渐升高。）

1. 青藏高原景观区

昆仑中脊高山湖沼区（Ⅰ-1-1）和藏北高寒湖沼区（Ⅰ-1-2）工作条件极为艰苦，目前尚有较大范围未开展区域化探工作。在统计研究中，将二者作为干旱－半干旱高寒湖沼丘陵区一并统计；冈底斯－念青唐古拉高山湖泊区（Ⅰ-1-3）和雅鲁藏布江高寒深切割区（Ⅰ-2-1）总体景观特征并无明显差异，二者合并统计；喜马拉雅高山陡坡区（Ⅰ-4-1）、横断山高山峡谷区（Ⅰ-4-2）、龙门山－攀西深切割山地区（Ⅰ-4-3）都处于青藏高原边缘陡坡带，三者合并统计。

1）高寒湖沼丘陵区

明显富集（> 1.5）：CaO（达 2.36）。

轻度富集（1.1 ～ 1.5）：As、Sb、Sr。

含量接近（0.9 ～ 1.1）：SiO_2。

贫化（0.7 ～ 0.9）：Ag、B、Ba、Be、Bi、Cd、Co、F、Hg、Li、Mn、Mo、Ni、Pb、Th、U、W、Y、Zn、K_2O、MgO、Na_2O。

明显贫化（＜ 0.7）：Cr、La、Nb、P、Sn、Sr、V、Zr，以及 Al_2O_3、TFe_2O_3。

高寒湖沼区元素分布最大特征为多数元素明显贫化和 CaO 的强烈富集，与其高寒、干旱环境下化学风化、生物风化作用弱，成壤作用不完全、黏土质稀缺有关，也受到了风成沙的干扰。

2）冈底斯-念青唐古拉山高寒山区

轻度富集（＞ 1.1）：As、B、Sb、W、K_2O。

含量接近（0.9 ～ 1.1）：Ag、Au、Ba、Be、Bi、Cd、Co、Cr、Cu、F、Hg、La、Li、Mn、Mo、Nb、Ni、P、Pb、Sn、Sr、Th、U、V、Y、Zn、Zr，以及 SiO_2、Al_2O_3、TFe_2O_3、MgO、Na_2O。

轻度贫化（0.7 ～ 0.9）：CaO。

该区沟系发育，所有元素与西南地区平均值均没有明显的差异。

3）环青藏高原高山峡谷区

富集（＞ 1.1）：Ag、Au、Be、Cd、Co、Cr、Cu、F、Hg、Mn、Mo、La、Li、Mn、Mo、Nb、Ni、P、Pb、Sn、Th、Ti、U、V、W、Y、Zn、Zr，以及 Al_2O_3、TFe_2O_3、K_2O。其中 Cr、Co、Ni、Cu、Hg、V、Ti、TFe_2O_3 比值大于 1.3。

含量接近（0.9 ～ 1.1）：B、Ba、Bi、Sb、SiO_2、MgO。

贫化（0.7 ～ 0.9）：As、Sr。

明显贫化（＜ 0.7）：CaO、Na_2O。

山高坡陡，水系非常发育，水量充沛，水动力强劲，水系沉积物内多岩石碎屑，较真实地反映了地层、岩石的地球化学特征。

2. 云贵高原景观区

1）云贵高原湿润中-低山区

富集（＞ 1.1）：Au、B、Cd、Cr、Hg、Li、Mo、Sn、Ti、U、Zr、SiO_2。其中 Hg 比值为 2.33。

含量接近（0.9 ～ 1.1）：Ag、Ba、Be、Bi、Co、Cu、F、La、Nb、Ni、Pb、Sb、Th、V、W、Y、Zn、K_2O、Al_2O_3、TFe_2O_3。

贫化（0.7 ～ 0.9）：Mn、P、MgO。

明显贫化（＜ 0.7）：As、Sr、CaO、Na_2O。其中 CaO 为 0.4。

多数元素含量相差不大，化学风化和生物风化作用均强，CaO、Na_2O、Sr 明显贫化。

2）滇西南热带雨林-季雨林景观区

滇西南雨林区年平均气温高于 20℃，植被茂密、雨量充沛、土层发育，呈砖红色酸性土，厚度较大（可达 2m 多），表层 K_2O、Na_2O、CaO、MgO 大量淋失，Fe_2O_3、MnO_2、Al_2O_3 相对富集，水系沉积物中 W 次生富集，Co 基本保持原有水平。Cu、Pb、Zn、Cr、Ni、As 等元素被淋失（表 1-3）。

本区北西端为中、高山两区接界地，向南为中、低山区，海拔为 1 400 ～ 2 000m，局部在

3000m 以上，水流强劲，均属于强剥蚀区。

发育多层植被，以阔叶林为主，局部为季节性雨林，以及热带灌木丛。

土壤以砖红壤、赤红壤为主，另有小面积山地、高原红、黄壤。pH 值在 4.5 左右。

受海洋气候影响明显，雨量充沛，为多雨区，年平均降雨量在 2000mm 以上。

年平均气温 18 ～ 21℃，沿江边一带气温可达 24℃以上，最低气温在 10℃左右。

矿产有离子吸附型轻稀土矿、砂锡矿、砂金矿、铁帽型铁矿。

表1-3　热带雨林区不同介质中元素背景统计表

元素	水系沉积物	土壤	基岩
Cu	15.9	23.4	29.0
Pb	9.5	12.1	10.1
Cr	22.7		34.7
Ni	16.5	22.1	32.1
Co	14.0	14.3	11.8
As	15	52.9	36
W	5.5	2	3

注：含量单位为 $\times 10^{-6}$，根据云南省地质矿产勘查开发局物化探队丁矢勇、阮文斌提供的资料（1984）。

3）滇东-贵州岩溶区

明显富集（＞ 1.5）：As、B、Cd、Co、Cr、Cu、F、Hg、Mo、Nb、Ni、Pb、Sb、Ti、U、V、W、Y、Zr、TFe_2O_3。

富集（1.1 ～ 1.5）：Ag、Au、Be、Bi、La、Li、Sn、Th、Zn、Al_2O_3。

含量接近（0.9 ～ 1.1）：Mn、P、SiO_2。

贫化（0.7 ～ 0.9）：K_2O。

明显贫化（＜ 0.7）：Ba、Sr、CaO、MgO、Na_2O。其中 CaO 为 0.25，Na_2O 为 0.17，强烈贫化。

由于强烈的石灰岩溶蚀作用，易溶解碳酸盐岩直接进入水体被带走而贫化。风化残留物几乎为铁、铝质红色黏土类物质，对绝大多数微量元素具有强烈的吸附作用，致使多数微量元素明显富集。在岩溶区（或温暖湿润气候区），能指示碳酸盐岩分布的地球化学元素不是 CaO 等主量元素，而是 Li、Y 等易于被黏土物质吸附的微量元素。

4）滇东北中高山（岩溶）景观区（Ⅳ-1）

弱酸性环境，母岩以物理－化学方式风化分解，物质多为物理方式搬运，次生富集作用相对比较微弱，景观地球化学影响不大。

不同景观区元素背景变化，除与景观区内基岩元素分布不均匀有关外，主要与不同景观区元素次生淋滤和次生富集密切相关，说明水系沉积物中元素分布受景观区表生地球化学作用的影响也是相当明显的，特别是岩溶石山景观区更应引起重视。

不同景观对水系沉积物测量结果有着不同的影响，给区域地球化学特征和异常解释推断带来复杂性、不确定性，有些微景观条件可以使异常增强，形成假象，使人得到错误的结果。异常对比除了要考虑景观地球化学的影响，还要考虑矿山开采造成的人为污染，即研究特定景观区对测量结果影响最大的那些因素。如施甸东山铅锌矿异常规模可观，西邑鲁图异常与之相比规模太小，正是考虑了表生环境的影响，开展了异常查证，才发现了西邑铅锌矿，经进一步工作，找到了大型铅锌矿。

3. 四川盆地景观区

四川盆地素有“红色盆地”之称，红色、紫红色的块状、巨块状的砂岩、砾岩广泛分布，主要分布于白垩系，其次为侏罗系、古近系，以及个别区域的下三叠统中。在区域分布上又相对集中在盆西北、盆西、盆南一带。因此，受地层条件的制约，加上气候和水文条件的影响，四川盆地的丹霞地貌主要分布在盆西北、盆西、盆南的山前地带。

因第四系覆盖，农耕广泛，大部分区域被列为水系沉积物测量的“不可采样区”。但根据周边的水系沉积物测量成果和最新的多目标（土壤）地球化学调查成果，元素的表生迁移变化并不剧烈，多种介质的地球化学测量对基础地质构造的反映比较清晰，尤其 Hg、As 等低温热液特征元素对深部构造（或隐伏构造）也具有非常准确的指示作用（本图集已经收录了截至 2010 年 1 ∶ 250 000 土地质量地球化学调查成果）。

第二节 区域地质概况

西南地区区域地质复杂，构造上主体属于特提斯构造域，大致以龙门山断裂带 - 哀牢山断裂为界，西南地区分为东部陆块区和西部造山带。

西部造山带为青藏高原的主体，是环球纬向特提斯造山系的东部主体，具有复杂而独特的巨厚地壳和岩石圈结构，是一个在特提斯消亡过程中，北部边缘 - 泛华夏陆块西南缘和南部边缘 - 冈瓦纳大陆北缘之间不断洋盆萎缩消减、弧 - 弧、弧 - 陆碰撞的复杂构造域，经历了漫长的构造变动历史。古生代以来，形成古岛弧弧盆体系，具条块镶嵌结构。东部是扬子陆块的主体，具有古老基底及稳定盖层。基底分别由块状无序的结晶基底及成层无序的褶皱基底两个构造层组成；沉积盖层稳定分布于陆块内部及基底岩系周缘，沉积厚度超万米，分布不均衡。由于后期印度板块向北强烈顶撞，在它的左右犄角处分别形成帕米尔和横断山构造结及相应的弧形弯折，在东西两端改变了原来东西向展布的构造面貌。加之华北和扬子刚性陆块的阻抗和陆内俯冲对原有构造，特别是深部地幔构造的改造，造成了本区独特的构造、地貌景观。

西南地区区内沉积地层覆盖面积约占全区的 70%，自元古宇至第四系均有出露。古生代至第三纪（古近纪 + 新近纪）地层古生物门类繁多，生物区系复杂，具有不同地理区（系）生物混生特点；古生代至第三纪地层岩相与建造类型多，区内沉积盆地类型多种多样，不同时期的弧后盆地、弧间裂谷盆地、弧前盆地、前陆盆地、被动边缘盆地等，特别是中、新生代盆地往往具有多成因复合特点。盆地的构造属性在地史演化过程中发生多阶段转换，形成独具特色的岩相组合与沉积建造。

区内岩浆活动频繁而强烈。火山岩和深成岩都有大面积出露。中酸性侵入岩的侵入时代可划分为：晋宁期、加里东期、华力西期、印支期、燕山早期、燕山晚期、燕山晚期—喜马拉雅早期、喜马拉雅晚期等 8 个期次。伴随有强烈的火山作用，发育有巨厚的火山岩系，从前震旦纪到第四纪都有不同程度的发育，每个时期的火山活动在空间上都具有各自的活动中心，形成特征的火山岩带。

一、地层

参照《全国地层多重划分与对比研究》方案，西南地区的岩石地层区划主要属于华南地层大区和藏滇地层大区，仅西藏南部低喜马拉雅带以南跨入印度地层大区及北部跨入西北、华北地层大区。华南地层大区进一步划分为巴颜喀拉地层区、扬子地层区、东南地层区、羌北-昌都-思茅地层区；藏滇地层大区进一步划分为羌南-保山地层区、冈底斯-腾冲地层区、喜马拉雅地层区；印度地层大区在本区只有西瓦里克地层区。主要地层区特征阐述如下。

1. 西北地层区

该区只在西北角出露，为南昆仑断带以北地区，主要由晚古生代碳酸盐岩夹碎屑岩组成。

2. 华北地层大区

该区只出露在西倾山一带，其南与华南地层大区以玛沁、塔藏、略阳断裂为界，为南秦岭-大别山地层区。出露的地层主要为晚古生代碳酸盐岩夹碎屑岩。

3. 华南地层大区

该区大致以龙木错-双湖构造带和昌宁-孟连断裂带为界，其以北、以东的广大地区，涵盖西藏北部、东部，四川、重庆、贵州全境，以及云南东部。

巴颜喀拉地层区：位于玛沁、塔藏、略阳断裂以南，金沙江断裂带以东，龙门山断带以西的三角地带。本区为一广大的三叠纪盆地，三叠系出露范围占全区面积的90%以上。

扬子地层区：位于龙门山-康定-丽江及点苍山、哀牢山一线以东，开远-师宗-兴义-凯里一线以北的川、渝、黔、滇地区。本区地层发育齐全，自新太古界—第四系均有出露。

东南地层区：位于扬子地层区之南，包括滇东南和黔南地区。本区地层普遍缺失志留系、侏罗系，白垩系和古近系分布也极为零星。前震旦系大片出露于黔东南地区。

羌北-昌都-思茅地层区：夹持于金沙江-哀牢山与昌宁-孟连两大断裂带之间，主体为-中生代盆地，古生代及其以前的地层多分布于盆地的东西两侧。三叠纪以后由浅海环境逐步向陆相转化，形成侏罗纪-古近纪红色盆地。

4. 藏滇地层大区

该区位于龙木错-双湖断裂以南、昌宁-孟连断裂以西，包括羌南至喜马拉雅山脉南坡边界断裂之间的西藏自治区大部，以及滇西地区。

羌南-保山地层区：指双湖-龙木错、昌宁-孟连断裂以西（南）、怒江以东（北）地区，古生代—中生代为一稳定地块。

冈底斯-腾冲地层区：位于藏北地区怒江与雅鲁藏布江之间的冈底斯-念青唐古拉山系，东经八宿，向南转至伯舒拉岭、高黎贡山及其以西地区。前震旦系-新生界均有出露，以上古生界分布最为广泛。

喜马拉雅地层区：位于雅鲁藏布江以南、喜马拉雅山南坡以北地区。前震旦系大片出露于高喜马拉雅地区，古生界以珠穆朗玛峰地区发育最完整，中生界广泛发育于高喜马拉雅及其以北的广大地区，新生界发育古近系及上新统-更新统，缺失渐新统-中新统。

5. 印度地层大区

该区位于喜马拉雅山南麓至国境线一带，称西瓦里克地层区。分布地层称西瓦里克群，属新近纪-更新世山麓磨拉石堆积石。此外，尚有第四纪松散状洪冲积碎屑堆积。

二、岩浆岩

西南地区岩浆活动频繁，岩浆岩发育，岩石类型齐全。火山岩除川东北及重庆市外，几乎广布全区；侵入岩主要集中分布于扬子陆块（程裕淇，1994）西缘及其以西的“三江”和唐古拉山以南的广大区域，出露面积达185 100 km^2，约占全区总面积的8%，其中近95%为中—酸性侵入岩类。

陆块区与造山带岩浆岩在岩浆活动强度、主要发育时期、岩石类型、形成构造环境等方面均有极大的差别。陆块区以火山岩分布较广，且以中－晚二叠世的玄武岩最为引人注目，侵入岩主要集中于西缘的川西－滇中一带，其次是东南缘的滇东南、黔东南边境附近。造山带晚古生代以来强烈的、多期次的构造活动使主要岩浆活动时期远比东部区晚，岩浆活动的分带性更为明显。晚二叠世至印支期、燕山末期至喜马拉雅期为两个岩浆活动的高峰期。此两期形成的岩体，构成区内主要的岩带。

镁铁质岩及超镁铁质岩多见于不同时期的结合带、裂谷带和弧后盆地中，也有一些沿主要断裂展布，形成岩浆分异型岩体。中酸性侵入岩分布最为广泛，壳幔同熔型（I型）岩带常产于结合带旁侧，构成岩浆弧的主体，与岛弧火山岩组合相伴产出。部分超浅层侵入岩体亦形成于结合带旁侧构造隆起的断裂带中。在板块结合带的仰冲侧，远离结合带，陆壳重熔型（S型）花岗岩广泛发育。而同造山期的混合花岗岩多为板块碰撞带近旁的主要岩类，多见于俯冲侧，也见于仰冲侧。幔源型（M型）花岗岩在区内仅见于喜马拉雅区，而碱性花岗岩（A型）则常见于裂谷带间，但分布局限。就岩性而言，老岩体一般偏基性，以中酸性岩体为主；中生代以后，则以酸性岩体为主。

三、变质岩

区内变质岩出露比较广泛，变质岩石、变质作用类型和变质强度（相及相系）亦较齐全，以区域变质作用及其变质岩类为主。从区域变质岩类的出露型式上看，可分面型和线型两种。面型出露者，多属构成各大小陆块基底的前寒武系和古生代以来各活动型盆地；线型分布者，则与各构造－岩浆带，特别是板块边界相吻合。依其区域变质特征可进一步划分为东部陆块区、西部造山带。

扬子陆块及其边缘区，经历了1 800Ma± 至820Ma± 完全硬化成为基底，为区域动力热流变质，变质程度达绿片岩相－角闪岩相。

造山带内，雅鲁藏布江带埋深变质的绿纤石－葡萄石带至高压带的蓝闪石－绿片岩带，与地块上的低绿片岩带呈平行排列。冈底斯－腾冲带，形成低绿片岩－低角闪岩相，属区域热流变质作用。怒江带中出现中－高压相系以及埋深变质的绿纤石－葡萄石相变质岩。羌中南－保山陆块，除低绿片岩相的区域动力热流变质带外，位于裂谷带间尚有低温动力变质形成的低绿片岩带。澜沧江结合带两侧，也有埋深变质的绿纤石－葡萄石带至高压相系的蓝闪片岩带。松潘甘孜活动带，一般为低绿片岩相，接近构造带有递增趋势。金沙江带中，也有埋深变质带及高压相系存在。

就全区而言，围绕某一构造带热穹隆的递增变质和混合岩化作用在各地质单元均有显示，成为西南地区变质作用的特色。

四、构造

本区构造骨架断裂的划分和标定，根据各省区域地质志（1987、1988）对大地构造单元的划分，结合《中国区域地质概论》（程裕淇，1994）和《青藏高原及邻区地质图》（1 ∶ 1 500 000）（成都地质矿产研究所，2010）的划分，以分割地层－构造大区的板块结合带划分一级构造单元，板块内部区域性断裂带划分二级构造单元，构成本区构造单元的基本骨架。其主要有两类：一类是板块结合带断裂带（相当全国性的一类断裂，多为地层大区或地层区分区断裂），主要有班公湖－怒江断裂带、澜沧江断裂带、金沙江－红河断裂带、甘孜－理塘断裂带、阿尼玛卿断裂带等；二类是地区性的大断裂（相当全国的二类断裂，多为地层区或地层分区的分区断裂）。西南地区划分为 3 个一级构造单元，即华北板块南缘、东特提斯构造域、印度大陆北缘。北部为秦岭（－昆仑）构造区，属华北板块南缘；西南部为喜马拉雅陆块、冈底斯陆块、腾冲陆块，属东特提斯洋南西缘多岛弧盆系；95% 以上的地区属东特提斯构造域，可进一步分上扬子陆块构造区、松潘－北羌塘－昌都－思茅构造区（东特提斯洋北东缘多岛弧盆系）、南羌塘－左贡－保山构造区（特提斯洋）等次级构造单元。

第三节　矿产资源概况

一、西南地区主要金属矿产分布格局

西南地区矿产资源丰富。在全国已知 16 个重要成矿带中，西南地区占 3 个：西南三江成矿带、雅鲁藏布江成矿带、川滇黔相邻成矿区。其中，在全国重中之重的 5 个重要成矿带中，西南地区占 2 个，即西南三江成矿带和雅鲁藏布江成矿带。

据不完全统计，截至 2005 年底，西南地区已发现矿种 155 种，有探明储量的矿种 89 种，矿产地 11 000 处以上，具大中型以上矿床规模的矿产地 1 000 余处。

西南地区以金属矿为主的固体矿产及分布格局如下。

金：金矿为西南地区优势矿种之一，分布范围广，含矿建造多，类型多样，常常与铜钼锑砷等矿产相共、伴生。西南地区金矿最重要的类型有卡林型、岩浆热液型、构造蚀变型，主要分布于滇黔桂相邻区、陕甘川相邻区、雅鲁藏布江构造岩浆岩带及三江系列结合带上；其次为变质型，主要分布于康滇地轴、黔东南等基底出露地区。在原生金矿分布地区，常常有红土型金矿、砂金矿产出，砂金矿尤以藏北地区、康滇北段、龙门山地区最为集中。

银：银矿常和铅锌、铜、金共生或伴生，只有云南鲁甸乐马厂银矿是热液充填交代层状独立银矿。银矿主要分布在西藏、云南和四川，成矿时代从晚古生代到新生代，其中尤以燕山期和喜马拉雅期的成矿作用最为强烈，形成了白秧坪银矿、夏塞银铅锌矿、白牛厂银多金属矿、各贡弄金银多金属矿等；其次是三叠纪和石炭纪，形成老厂银铅锌矿、呷村铅锌银矿等。

铜：铜矿是西南地区的重要金属矿产，矿产资源丰富，以斑岩型、矽卡岩型及火山沉积型、沉积改造型为主，其他还有岩浆型、岩浆热液型、陆相沉积型等。主要分布在西藏、云南和四川，成矿时代较多，早至前寒武纪、新到新生代，其中尤以古近纪－新近纪和印支期成矿作用最为强烈，形成了著名的西藏驱龙铜钼矿、玉龙铜矿和云南普朗铜矿、羊拉铜矿。另一个重要成矿

期是前寒武纪古元古代时期，形成了云南大红山铜铁矿、东川铜矿、四川拉拉铜矿等。

铅锌：西南地区铅锌（银铜）多金属矿赋矿层位多，分布广，含矿建造类型多样，矿床类型齐全，以产于碳酸盐岩地层中的层控型最为重要，其他还有岩浆热液型、矽卡岩型、海相火山沉积型等，常常伴生有银、锗、镓、铟、钴等元素。在赋矿层位上，主要集中产出于古生代碳酸盐岩地层（川滇黔相邻区）、中－新生代碳酸盐岩／碎屑岩／海相火山沉积地层（昌都兰坪思茅盆地、西藏念青唐古拉地区）中。

铁：铁矿是西南地区的重要金属矿产，矿产资源丰富，主要分布在四川、云南和西藏。成矿时代较多，早至前寒武纪、新到新生代，其中尤以华力西期和前寒武纪时期成矿作用最为强烈，形成了著名的攀枝花钒钛磁铁矿、四川红格铁矿、云南大红山铜铁矿、四川风山营铁矿、云南惠民铁矿。另一个重要成矿期是燕山期，形成了重庆綦江铁矿、西藏当曲铁矿等。矿床类型以岩浆型、海相火山岩型、沉积变质型为主。

钨：西南地区钨矿主要分布在云南和贵州，成矿时代为前寒武纪晋宁期和燕山期，其中燕山期形成了云南中甸麻花坪钨（铋）矿；晋宁期形成了云南安宁九道湾钨矿、云南石屏龙潭钨矿、贵州从江乌牙钨矿等。西南地区的钨矿床类型有与花岗岩有关的钨矿，如麻花坪式与花岗岩有关的钨矿、九道湾式与花岗岩有关的钨矿、乌牙式与花岗岩有关的钨矿等。

锡：主要分布在云南和四川。成矿时代主要为前寒武纪晋宁期和燕山期，其中以燕山期成矿作用最为强烈，形成了驰名中外的个旧锡多金属矿。另一个重要成矿期是前寒武纪晋宁期，形成了四川岔河锡矿等。西南地区的锡矿床类型主要有与花岗岩有关的锡矿和矽卡岩－云英岩型锡矿，如个旧式与花岗岩有关的锡矿、脚根玛式与花岗岩有关的锡矿、岔河式与花岗岩有关的锡钨矿、薅坝地式与花岗岩有关的锡矿、塞北弄式与花岗岩有关的锡矿、来利山式矽卡岩－云英岩型锡矿、期坡下日式矽卡岩－云英岩型锡矿、标水岩式与花岗岩有关的锡钨矿、砂锡矿等。

镍：主要分布在西藏、云南、四川和贵州。西南地区已知矿床除云南墨江一处属风化壳型矿床外，其余皆为岩浆熔离型矿床。风化壳型矿床形成于新生代，岩浆熔离型矿床主要形成于元古宙、晚古生代和中生代。元古宙形成的矿床有桑木沟等，晚古生代形成的矿床有力马河、白马寨、杨柳坪等。中生代形成的矿床主要分布在班公湖－怒江结合带和雅鲁藏布江结合带，目前主要发现一批矿化点，还没有一定规模的矿床。

锑：主要分布于云南、贵州和西藏。成矿时代从晚古生代到新生代，其中尤以燕山期和喜马拉雅期的成矿作用最为强烈，形成了云南木利锑矿、西藏沙拉岗锑矿、美多锑矿、贵州半坡锑矿、雷山开屯锑矿等，其次是晚古生代，形成晴隆大厂锑矿。主要矿床类型有木利式碳酸盐岩中热液型似层状锑矿，沙拉岗式（藏南式）碎屑岩中热液型锑矿，美多式（藏北式） 碎屑岩中热液型锑矿，半坡式碎屑岩中不规则脉状热液锑矿，大厂式火山岩中似层状、脉状锑矿，笔架山式碳酸盐岩中热液型似层状锑矿，青龙洞式碎屑岩中热液型锑矿，雷山开屯式碎屑岩中热液型锑矿。

铬：西南地区的铬铁矿在我国占有重要地位，均为岩浆型矿床，主要集中分布在西藏雅鲁藏布江结合带、班公湖－怒江结合带和云南哀牢山－金沙江结合带。西南地区铬铁矿成矿时代与世界上主要集中在前寒武纪不同，成矿时代主要集中在燕山晚期、燕山早期和华力西晚期3个时期，并分别形成了西藏罗布莎式铬铁矿、东巧式铬铁矿和云南新平双沟式铬铁矿。

锰：西南地区锰矿以沉积（改造）型为主，主要分布于扬子地台及周缘地区。成矿时期较多，主要有中元古代、南华纪、晚震旦世、寒武纪、奥陶纪、二叠纪、三叠纪直至第四纪风化沉积成矿，

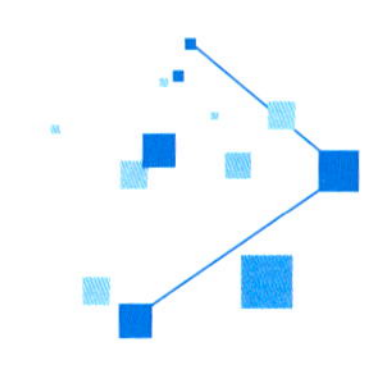

但主要以南华纪、二叠纪为主，以黔东、黔中滇东为代表。在西藏拉萨地区尚有热液型锰矿产出。

铝土矿：铝土矿是西南地区特色矿种之一，主要分布于渝南黔中地区，主要为古风化壳沉积 / 堆积型，以含铝岩系及下伏底板地层时代、空间集中分布特征，习惯上称为“黔中型”－修文式古风化壳沉积型 / 异地堆积型铝土矿、“黔北型”－遵义式古风化壳沉积型 / 原地堆积型铝土矿。其他尚有昆明地区风化沉积型铝土矿、云南文山地区马关式风化堆积型铝土矿。

磷：为西南地区优势特色矿种之一，较集中产出于晚震旦世－早寒武世碳酸盐岩－硅质岩含磷建造中，分布范围主要为扬子地台西南缘较稳定的盖层内，主要类型为沉积型。其次尚有什邡式泥盆纪沉积变质型磷矿。

二、西南地区主要金属矿产在全国的地位

（1）国家重要矿种铁、铜、铝、铅、锌、锰、镍、钨、锡、钾盐、金在西南地区探明储量所占全国的比例：钛（磁铁）矿（93%）、铬铁矿（36%）、铂族元素（35%）、锡（30%）、铜（29%）、锌（28%）、锰矿（25%）、铅（23%）、锑（22%）、铝（21%）、铁（18%）、金（15%）、银（15%）、镍（12%）。

（2）在探明的重要矿种中，西南各省（自治区、市）形成了各具特色的优势矿种，其中四川：钛（磁铁）矿第一，铁矿第二，铂族元素第三，金、银第五位；贵州：铝土矿第二，锰矿第三；云南：铅、锌矿第一，铂族元素、锡矿和银矿第二，铜矿、锑第三，锰矿第四，铁矿第六；西藏：铬铁矿第一，铜矿第二；重庆：锶矿第一。

三、主要矿床类型及分布

1. 主要矿床类型

西南地区矿床类型多样、齐全，主要矿床从含矿建造上大致可分为：与镁铁质和超镁铁质侵入体有关的矿床，与铁镁质火山（火山沉积）岩有关的矿床，与斑（玢）岩有关的矿床，与矽卡岩有关的矿床，与海相钠质、长英质火山岩有关的矿床，以碳酸盐为容矿岩石的矿床，以碎屑岩为容矿岩石的矿床，与沉积作用关系明显的矿床（典型的沉积型矿产），其他。

按照《矿床学》（袁见齐等，1985）的矿床成因分类原则，西南地区矿床成因类型主要有：

Ⅰ内生矿床

Ⅰ-1 岩浆型

Ⅰ-1-1 岩浆分异型（主要有铬铁矿、钒钛磁铁矿）

Ⅰ-1-2 岩浆熔离型（主要为铜镍硫化物矿）

Ⅰ-1-3 岩浆爆发型（主要为金刚石）

Ⅰ-2 伟晶岩型（主要有白云母、锂、铍矿）

Ⅰ-3 接触交代型（主要为矽卡岩型）

Ⅰ-4 热液型（主要有构造蚀变岩型、狭义的岩浆热液型等）

Ⅰ-5 火山成因型

Ⅰ-5-1 火山－次火山气液型（主要有斑岩型、玢岩型）

Ⅰ-5-2 火山－沉积型（含海相火山－火山沉积型、陆相火山－火山沉积型）

Ⅱ外生矿床

Ⅱ-1 风化型

Ⅱ-2 沉积型（主要有海相沉积型、陆相沉积型）

Ⅱ-3 沉积变质型

Ⅱ-4 可燃有机矿床（油、气、页岩气、油页岩、煤等）

Ⅲ变质矿床

Ⅳ叠生矿床（主要为层控型，含卡林型）

2. 各主要构造区矿床类型总体分布

西南地区矿床类型的分布与地质构造背景密切相关，具有较鲜明的地质构造分区专属性。

秦祁昆构造区主要有层控型铅锌矿、热液型（含岩浆热液型）金矿、矽卡岩型铜钼矿、沉积变质型铁矿等。

在泛扬子构造区，扬子陆块上以外生矿床类、叠生矿床类为主，如沉积型铁、铜、锰、铝土矿、磷、硫铁、重晶石、可燃有机矿床，沉积变质型铁，层控型铅锌、汞、锑、金，其他还有岩浆型铂钯、铜镍、钒钛磁铁矿，海相火山岩型硫铁、铁、铜，斑岩型铜、铅，岩浆热液型铅、铁、锡、金，破碎蚀变岩型金矿床等，在黔东地区尚有少量岩浆型及砂矿型金刚石矿产出；摩天岭陆块、若尔盖盆地、雅江盆地、南盘江－右江中生代盆地则以卡林型金矿为主，其他尚有沉积型锰矿，伟晶岩型白云母、锂铍，海相火山岩型铜锌矿，斑岩型铜锡矿，岩浆热液型铅锌银金矿，破碎蚀变岩型金矿；屏边－越北逆冲带主要有矽卡岩型热液型钨、锡、铜、铅锌，海相沉积型锰矿，热液型银铅锌矿以及沉积型铝土矿；在三江地区以矽卡岩型、斑岩型、海相火山岩、岩浆热液型铜、铅锌银、金、钨、锡、锑、铍为主要特色，其他还有层控型铅锌，陆相沉积型硼，海相沉积型铁、铅锌，伟晶岩型白云母、铍，破碎蚀变岩型金矿床等。

冈底斯－喜马拉雅构造区主要矿床类型有层控型铅锌，岩浆热液型铜、金、钨、锡、钼、铅、锌、铍、锂，矽卡岩型铜、铅、锌、钨、锡、铁，斑岩型铜、钼、金，其他尚有岩浆分异型铬铁矿、卡林型金锑及砂矿型金矿、伟晶岩型白云母铍、沉积变质铁矿等。

3. 中国西南地区成矿带划分

Ⅰ-2秦祁昆成矿域

Ⅱ-7 昆仑（造山带）成矿省

Ⅲ-27 西昆仑 Fe-Cu-Pb-Zn- 稀有－稀土－硫铁矿－水晶－白云母－宝玉石成矿带

Ⅱ-8 秦岭－大别（造山带）成矿省

Ⅲ-28 西秦岭 Pb-Zn-Cu(Fe)-Au-Hg-Sb 成矿带

Ⅰ-3特提斯成矿域

Ⅱ-9 巴颜喀拉－松潘（造山带）成矿省

Ⅲ-30 北巴颜喀拉－马尔康 Au-Ni-Pt-Fe-Mn-Pb-Zn-Li-Be- 云母成矿带

Ⅲ-31 南巴颜喀拉－雅江 Li-Be-Au-Cu-Zn- 水晶成矿带

Ⅱ-10 喀喇昆仑－三江（造山带）成矿省

Ⅲ-32 义敦－香格里拉（造山带，弧盆系）Au-Ag-Pb-Zn-Cu-Sn-Hg-Sb-W-Be 成矿带

Ⅲ-33 金沙江（缝合带）Fe-Cu-Pb-Zn 成矿带

Ⅲ-34 墨江－绿春（小洋盘）Au-Cu-Ni 成矿带

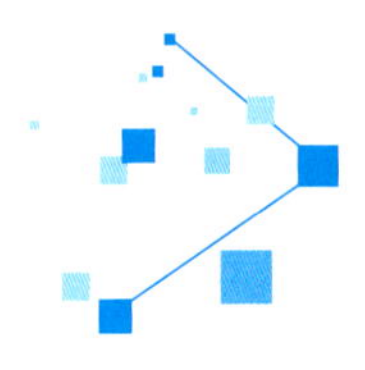

Ⅲ-35 喀喇昆仑－羌北(弧后前陆盆地)Fe－Au－石膏成矿带

Ⅲ-36 昌都－普洱(地块/造山带)Cu-Pb-Zn-Ag-Fe-Hg-Sb-石膏－菱铁矿－盐类成矿带

Ⅲ-37 羌南(地块－前陆盆地)Fe-Sb-B－(Au)成矿带

Ⅲ-38 昌宁－澜沧(造山带)Fe-Cu-Pb-Zn-Ag-Sn-白云母成矿带

Ⅲ-39 保山(地块)Pb-Zn-Sn-Hg 成矿带

Ⅱ-11 改则－那曲－腾冲(造山系)成矿省

Ⅲ-40 班公湖－怒江(缝合带)Cr 成矿带

Ⅲ-41 狮泉河－申扎(岩浆弧)W-Mo-(Cu-Fe)-硼－砂金成矿带

Ⅲ-42 班戈－腾冲(岩浆弧)Sn-W-Be-Li-Fe-Pb-Zn 成矿带

Ⅲ-43 拉萨地块(冈底斯岩浆弧)Cu-Au-Mo-Fe-Sb-Pb-Zn 成矿带

Ⅱ-12 喜马拉雅(造山系)成矿省

Ⅲ-44 雅鲁藏布江(缝合带，含日喀则弧前盆地)Cr-Au-Ag-As-Sb 成矿带

Ⅲ-45 喜马拉雅(造山带)Au-Sb-Fe-白云母成矿带

Ⅰ-4滨太平洋成矿域(叠加在古亚洲成矿域之上)

Ⅱ-8 秦岭－大别成矿省(东段)

Ⅲ-66 东秦岭 Au-Ag-Mo-Cu-Pb-Zn-Sb-非金属成矿带

Ⅱ-15 扬子成矿省(Ⅱ-15b 上扬子成矿亚省)

Ⅲ-73 龙门山－大巴山(台缘坳陷)Fe-Cu-Pb-Zn-Mn-V-P-S-重晶石－铝土矿成矿带
[含摩天岭(碧口)Cu-Au-Ni-Fe-Mn 成矿亚带]

Ⅲ-74 四川盆地 Fe-Cu-Au-油气－石膏－钙－芒硝－石盐－煤和煤层气成矿区

Ⅲ-75 盐源－丽江－金平(台缘坳陷)Au-Cu-Mo-Mn-Ni-Fe-Pb-S 成矿带

Ⅲ-76 康滇地轴 Fe-Cu-V-Ti-Sn-Ni-REE-Au-石棉－盐类成矿带
(含西部楚雄盆地 Cu-钙－芒硝－石盐成矿亚带)

Ⅲ-77 上扬子中东部(台褶带)Pb-Zn-Cu-Ag-Fe-Mn-Hg-Sb-P-铝土矿－硫铁矿成矿带

Ⅲ-78 江南隆起西段 Sn-W-Au-Sb-Cu-重晶石－滑石成矿带

Ⅱ-16 华南成矿省

Ⅲ-88 桂西－黔西南(右江地槽)Au-Sb-Hg-Ag-水晶－石膏成矿区

Ⅲ-89 滇东南 Sn-Ag-Pb-Zn-W-Sb-Hg-Mn 成矿带

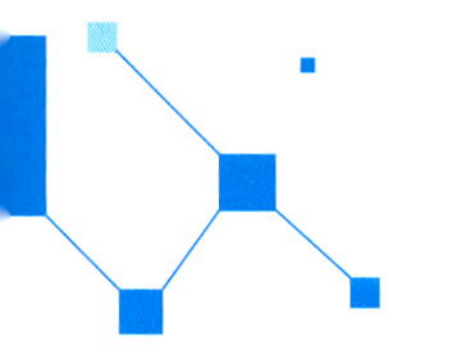

第二章　区域地球化学调查方法及进展

第一节　区域地球化学调查方法

区域化探全国扫面计划是一项涉及面广、规模宏大的系统工程。20 世纪 80 年代初，中国区域化探全国扫面计划在以地质矿产部为主的管理部门和中国地质科学院地球物理地球化学勘查研究所策划下，地矿系统（部、省）管理部门、科研单位、生产单位紧密配合，共同努力，经过卓有成效的组织策划、试点总结、推广应用，谱写了一部彰显中国特色的区域地球化学调查和地球科学研究凯歌，使得中国的区域地球化学调查和研究工作一举跨入了全球领先行列。

1981 年 5 月中华人民共和国地质矿产部提出《全国区域化探规划》，1986 年地质矿产部正式出版发行《区域化探全国扫面工作方法若干规定》（之前为暂行规定），吹响了西南地区区域化探进军的号角。区域化探的每个环节，如样品布局、样品采集、分析配套方案等；每一个细节，如记录卡片样式、填写字迹，以及样品采集、加工场地、包装运输等，各种技术要求和质量控制措施取得了前所未有的高度统一。1983 — 1990 年，云南省、四川省（含重庆市）、贵州省在区域化探实施过程中，结合各自的地质地球化学景观特点，进行了针对性的试验研究工作（如《云南省区域化探方法技术研究报告》，1990），并据此制定了各自的区域化探方法实施细则。不到 20 年时间，西南新一轮区域化探初战告捷，形成了史无前例、国际领先的高质量地球化学数据库、样品库、标样库，取得了一大批贵金属、有色金属等找矿、选区和基础地质研究成果。

1995 年，《区域地球化学勘查规范（比例尺 1 ： 200 000）》（DZ / T 0167—1995）正式出版发行，对分析配套方案和特殊景观区的方法技术作了进一步的优化。

1999 年以后，以地质找矿为主要目标的区域化探逐步向多目标地球化学调查转变。通过开展 1 ： 250 000 四川盆地、江汉平原、珠江三角洲多目标地球化学调查试点，取得重要成果，对于土地合理利用、耕地改良、农业结构调整和规划布局、环境评价和防治具有重要意义，同时可为基础地质研究和油气勘查等提供重要信息。2005 年，中国地质调查局发布了《多目标区域地球化学调查规范（1 ： 250 000）》（DD 2005—01），多目标区域地球化学调查工作正式走入正轨。随着国家对区域地球化学调查目标需求的改变，多目标区域地球化学调查工作又派生出“区域生态地球化学调查”和“土地质量地球化学调查”等多种调查方法。

一、1 : 200 000区域化探方法

1 ： 200 000 区域化探工作总体按中华人民共和国地质矿产部《区域化探全国扫面工作方法若干规定》（1986）开展，至 20 世纪 90 年代初，针对测试分析设备的进步和特殊景观区采样方法等问题，重新制定了《区域地球化学勘查规范（比例尺 1 ： 200000）》（DZ / T 0167—1995），使区域化探工作方法技术更趋完善。其主要方法列举如下。

1. 采样介质

以水系沉积物为主，无法采集水系沉积物样品的单元，以多点采集土壤组合样代替。

2. 采样点布置原则

（1）水系沉积物测量基本采样密度为 1 ～ 2 点 / km^2。西部地区视地理地貌特点适当放稀采样密度，其中高寒山区、森林沼泽区等艰难地区采样密度可放稀至 1 ～ 2 点 / 4 km^2，雪线附近、高山险谷等特别难以进入地区放稀至 1 点 / 16 km^2。为避免调查图幅内出现较大空白区，在三级以上水系中采集控制样品，采样密度为 1 点 / 4 km^2。

（2）采样点主要布设在一级水系口和二级水系中，超过 1km 的一级水系，除在水系口上布点外，还可进入水系上游布点；采样点应布置在每个小格能最大限度地控制汇水面积处。一般汇水域最上游采样点控制面积应在 0.3 ～ 1 km^2 范围内。当采样密度为 1 点 / 4 km^2 时，采样点主要布置在二级水系或较长的一级水系中。

（3）土壤测量采样点一般布置在网格的中间部位，应视地理地貌情况作出调整，尽量避开可能产生人为污染的部位（这里的土壤测量为水系沉积物测量的补充，在无法布置合格水系沉积物样的采样单元，实施土壤测量）。土壤测量基本采样密度为 2 ～ 4 点 / km^2。

西藏、四川西部等年平均气温低于 0°C 的高寒山区，采样密度放稀至 1 点 /（4 ～ 16）km^2，交通特别困难区采样密度放稀至 1 点 /（16 ～ 36）km^2。

密度为 1 点 /（4 ～ 8）km^2 时，采样点布置在长度超过 1 ～ 2km 的一级水系口、二级水系中和三级水系上游区段。密度为 1 点 /（8 ～ 25）km^2 时，采样点多布设于长度大于 3km 的一级水系口、二级水系中、三级水系中上游区段。当密度低于 1 点 /（25 ～ 36）km^2 时，采样点主要布设于二级水系中，二级水系口和三级水系的中上游区段。

3. 样品采集与粗加工

定点：1998 年以前，主要采用地形图定位方法，定位质量控制采取大比例重复检查方法；1999 年以后，逐步引进和普及了 GPS 定位、航迹监控方法，大大提高了定点精度，降低了定位的错误率。

采样：水系沉积物测量采样部位，统一规定采于现代活动性流水线上，尽量选择在水流变缓地段各种粒级易于汇集处，样品中各粒级比例应保持自然混合状态。尽量避开在活动性流水线以外的河岸阶地、河漫滩采样，避开有机质、黏土及风积物等分布地段。当干旱地区难以避开风积物时，应在野外采用套筛去除，森林沼泽区则可在现场采用水筛去除有机质或黏土。

土壤样品采样位置应为接近基岩面上的残坡积层。剥蚀戈壁区土壤层不发育，采样位置以基岩上部呈棱角状或半棱角状岩石碎屑层为主，应避开风成转石、盐积物等干扰。

水系沉积物测量采样介质为代表汇水域基岩的物质成分；样品应在有利于冲洪积物堆积的现代洪流通道上（或干沟底部），在粗细混杂和砾石成分复杂地段，在采样点 30 ～ 50m 范围内多点采集组合样，注意避开风成沙堆积部位。

在水系不发育地区采用土壤测量方法，土壤测量采样介质为代表下伏基岩的残坡积物质。

样品粗加工：保持样品密封于布样袋内，经自然风干、晒干或烘干，木棍等轻柔敲打破碎（不损坏自然粒度），最后用规定目数的不锈钢筛过筛加工。

西南地区除西藏外，基本沿用内地及沿海地区过筛粒度规定，取 60 目筛的筛下样品，即－60 目粒级样品。1998 年以前，西藏的区域化探样品加工粒度和内地一样，同样采用－60 目样品，1998 年后，西藏地区的区域化探工作采用了－10 目～＋80 目（60 目）截取粒级。

粗加工后的样品被缩分为两份：一份送各省（区）区域化探样品库长期保存；另一份按每 4 km^2 大格单元内的所有单样等量组合为一件样品，送实验室作分析。

4. 样品分析方案

按《区域化探全国扫面工作方法若干规定》和《区域地球化学勘查规范（比例尺 1 ： 200 000）》（DZ/T 0167—1995）的要求，全国统一分析 39 种元素或氧化物。部分图幅实验室多报出了铷、铯等，因覆盖面积偏小，本次编图未予考虑。

分析方法检出限：按《区域地球化学勘查规范（比例尺 1 ： 200 000）》（DZ/T 0167—1995）的要求，如表 2-1 所示。

表2-1 区域化探样品元素分析方法检出限要求（$\times 10^{-6}$）

元素	检出限	元素	检出限	元素	检出限
Ag	0.02	F	100	Sn	1
As	1	Hg	0.005	Sr	5
Au	0.0003	La	30	Th	4
B	5	Li	0.5	Ti	100
Ba	50	Mn	30	U	0.5
Be	0.5	Mo	0.5	V	20
Bi	0.1	Nb	5	W	0.5
Cd	0.1	Ni	2	Y	5
Co	1	P	100	Zn	10
Cr	15	Pb	2	Zr	10
Cu	1	Sb	0.2	Rb	3

区域化探样品分析推荐方案：按《区域地球化学勘查规范（比例尺 1 ： 200 000）》（DZ/T 0167—1995）的要求，如表 2-2 所示。但此规范发行前，很多实验室并不具备 ICP 法，所以前期样品分析主要靠其他方法。

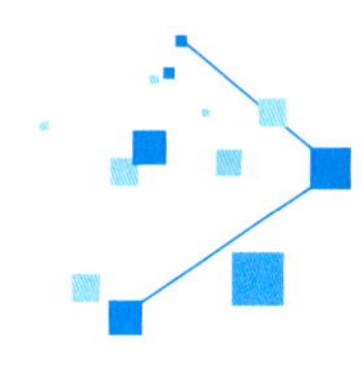

表2-2 区域化探样品分析方法推荐表

分析方法	测定元素
等离子体光量计法（ICP）	Al、As、Ba、Be、Bi、Ca、Cd、Co、Cr、Cu、Fe、K、La、Li、Mg、Mn、Na、Nb、Ni、P、Pb、Sb、Sn、Sr、Th、Ti、V、Y、Zn、Zr
X－射线荧光光谱法（XRF）	Al、As、Ba、Ca、Co、Cr、Cu、V、Fe、K、La、Mg、Mn、Na、Nb、Ni、P、Pb、Zr、Si、Sr、Th、Ti、V、Y、Zn
原子吸收法（AAS 或 AAN）	Ag、Cu、Pb、Zn、Cd、Fe、Co、Ni、Mn、K、Li
光谱深孔电极法（ES）	Ag、B、Sn
原子荧光法（AFS）	As、Sb、Bi、Hg
极谱法（POL）	W、Mo
激光－荧光法（LWU）	U
离子电极法（ISE）	F
化学－光谱法（ES-D）	Au

二、1：250 000区域化探方法

2000 年以后，西南地区的 1 ： 200 000 区域化探在西藏地区尚有大片空白区，工作部署需加快进度，加之青藏专项基础地质调查的工作比例尺均调整为 1 ： 250 000，区域化探工作也相应转换为按 1 ： 250 000 国际标准图幅部署。但工作方法、工作精度等完全沿用了 1 ： 200 000 区域化探的要求。在此不再赘述。

三、1：500 000区域化探方法

1 ： 500 000 区域化探与 1 ： 200 000 区域化探几乎同时开展工作，目标是快速获取艰苦地区的区域化探数据和找矿选区任务。所用的标准与 1 ： 200 000 区域化探标准相同（含元素分析），但在采样密度方面作出了一些特殊的规定。

1 ： 500 000 区域化探采样密度为 0.04 ～ 0.10 点 /km^2［1 点 /（10 ～ 25）km^2］。采样点的布置方法主要参考了 1 ： 200 000 区域化探的高寒山区方法。

四、1：250 000多目标地球化学调查

本次编图使用了部分多目标地球化学调查数据资料，主要为四川盆地西部绵阳、德阳市等原 1 ： 200 000 区域化探工作的空白区。

多目标地球化学调查起始于 20 世纪 90 年代末，其采样介质规定为土壤样品，分浅层（0.3m 以上）和深层（1.5m 以下）两种采样深度。浅层土壤样品采样密度为 1 ～ 2 点 /km^2，深层采样密度为 1 点 / 4 km^2。样品分析采用组合样分析方式，浅层样品每 4 km^2 组合为一件分析样品，深层样品每 16 km^2 组合为一件分析样品。分析项目除了 1 ： 200 000 区域化探全国扫面规定的 39 种元素外，增加了 Se、Ge、有机碳、氮、pH 值等 15 种元素或地球化学指标。

详细方法在此不再赘述。

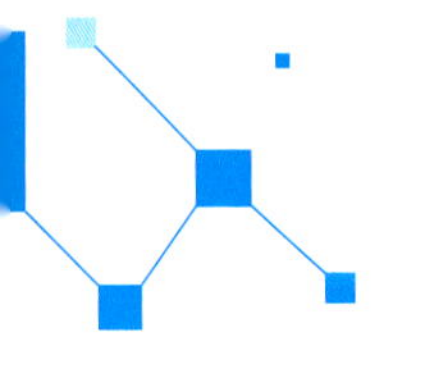

第二节　区域化探工作进展

西南 5 省（自治区、市）区域化探工作开展程度不一（表 2-3）。

西藏地区以 1 ∶ 500 000 和 1 ∶ 200 000 区域化探为主，云南、贵州、四川、重庆以 1 ∶ 200 000 区域化探为主。自 20 世纪 70 年代末 80 年代初开始，云南、贵州两省经过近 20 年的工作，至 90 年代末，已全面完成了本省的 1 ∶ 200 000 区域化探工作，四川、重庆、西藏至今仍存在部分区域化探空白区（表 2-4，图 2-1）。

表2-3　西南地区区域化探完成情况统计表

地区	区域化探完成面积（$\times 10^4 km^2$）	空白区面积（$\times 10^4 km^2$）	空白区占全区比例（%）
重庆	6.46	1.74	21.22
四川	42.7	5.8	11.96
贵州	17.6	0	0
云南	39.4	0	0
西藏	75	45	37.50

注：西藏的完成面积中含有 1∶500 000 区域化探 $42.76\times 10^4 km^2$，四川的完成面积中含有 1∶250 000 多目标 $2.02\times 10^4 km^2$，其余均为 1∶200 000 区域化探。

一、1∶200 000（1∶250 000、1∶500 000）区域化探

西南地区自 20 世纪 70 年代末开始，累积完成了区域化探 1 ∶ 200 000 图幅 230 幅，面积约 $136.4\times 10^4 km^2$；1 ∶ 500 000 图幅 8 幅，面积 $42.76\times 10^4 km^2$，覆盖了云南、贵州全省，四川、重庆大部分地区和西藏中部及东部广大地区（表 2-4）。2000 年以前，西南地区的水系沉积物测量采样粒度基本为《区域化探全国扫面若干规定》中规定的－ 60 目采样粒度。2001 年后，在西藏自治区开展的工作逐渐改为－ 10 目～＋ 80（60）目样品粒，四川、云南等局部“数据更新”图幅也采用了－ 10 目～＋ 80 目样品粒度。

二、1∶250 000多目标地球化学调查

西南地区主要开展了重庆沿江经济带生态地球化学调查、重庆市主城区生态地球化学调查、四川盆地多目标地球化学调查、成都经济区多目标地球化学调查、云南多目标地球化学调查、贵州多目标地球化学调查，调查面积超过 $10\times 10^4 km^2$。四川盆地原 1 ∶ 200 000 区域化探空白区，采用了多目标数据填补。

表2-4　西南地区区域地球化学调查进程一览表

1:200000 区域化探					
序号	图幅号	图幅（项目）名称	面积（km²）	完成单位	工作年份
1	F4702	贵街（弄岛）幅	95	云南省地矿局物化探大队	1991—1995 年
2	F4703	曼科平（南伞）幅	1455	云南省地矿局第三地质大队	1986—1989 年
3	F4704	双江（耿马）幅	7548	云南省地矿局第三地质大队	1986—1989 年
4	F4705	景谷幅	7548	云南省地矿局物化探大队	1996—1999 年
5	F4706	墨江幅	7600	云南省地矿局物化探大队	1988—1990 年
6	F4709	囊棱（上班老）幅	5413	云南省地矿局第三地质大队	1988—1990 年
7	F4710	沧源幅	5413	云南省地矿局第三地质大队	1988—1990 年
8	F4711	思茅幅	7624	云南省地矿局物化探大队	1996—1998 年
9	F4712	普洱幅	7606	云南省地矿局第五地质大队	1990—1993 年
10	F4716	孟连幅	4628	云南省地矿局第五地质大队	1989—1991 年
11	F4717	景洪幅	7568	云南省地矿局第五地质大队	1987—1990 年
12	F4718	江城幅	5608	云南省地矿局第五地质大队	1992—1995 年
13	F4723	勐海幅	5011	云南省地矿局第五地质大队	1986—1989 年
14	F4724	勐腊幅	5720	云南省地矿局物化探大队	1996—2000 年
15	F4730	勐满幅	5720	云南省地矿局物化探大队	1996—2000 年
16	F4801	石屏（建水）幅	7532	云南省地矿局物化探大队	1983—1988 年
17	F4802	个旧幅	7494	云南省地矿局第二地质大队	1990—1993 年
18	F4803	文山幅	7548	云南省地矿局第二地质大队	1988—1990 年
19	F4804	富宁幅	7837	云南省地矿局第二地质大队	1991—1994 年
20	F4805	百色幅	998	云南省地矿局第二地质大队	1990—1992 年
21	F4807	元阳幅	7990	云南省地矿局区调队	1986—1989 年
22	F4808	金平幅	7697	云南省地矿局区调队	1988—1989 年
23	F4809	马关幅	5398	云南省地矿局第二地质大队	1996—1999 年
24	F4810	保乐幅	112	云南省地矿局第二地质大队	
25	F4813	孟谍（大鹿马）幅	7990	云南省地矿局区调队	1986—1989 年
26	F4814	老街（河口）幅	7697	云南省地矿局区调队	1988—1989 年
27	G4703	贡山幅	5020	云南省地矿局第三地质大队	
28	G4704	中甸幅	7252	云南省地矿局第三地质大队	1991—1993 年
29	G4705	永宁幅	7128	云南省地矿局物化探大队	1995—1997 年
30	G4706	盐源幅	7285	四川省地矿局物探大队	1987—1989 年
31	G4709	福贡幅	1985	云南省地矿局第三地质大队	
32	G4710	维西幅	7348	云南省地矿局第三地质大队	1991—1993 年
33	G4711	丽江幅	7252	云南省地矿局第三地质大队	1992—1994 年
34	G4712	盐边幅	5530	四川省地矿局物探大队	1991—1993 年
35	G4715	碧江幅	2650	云南省地矿局第三地质大队	
36	G4716	剑川（兰坪）幅	7473	云南省地矿局第三地质大队	1986—1987 年
37	G4717	鹤庆幅	7473	云南省地矿局第三地质大队	1996 年

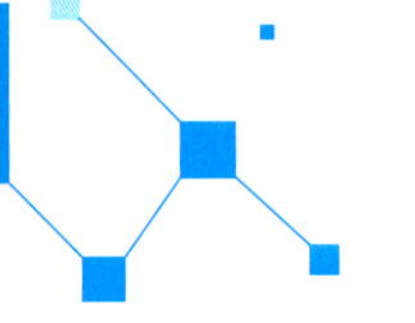

续表2-4

1∶200 000 区域化探					
序号	图幅号	图幅（项目）名称	面积（km^2）	完成单位	工作年份
38	G4718	永仁（渡口）幅	7 404	云南省地矿局第一地质大队	1991—1994 年
39	G4721	泸水幅	4 850	云南省地矿局第三地质大队	
40	G4722	永平幅	7 415	云南省地矿局第三地质大队	1988—1990 年
41	G4723	下关（大理）幅	7 436	云南省地矿局物化探大队	1987—1990 年
42	G4724	大姚幅	7 436	云南省地矿局第一地质大队	
43	G4726	达罗基（盈江）幅	2 100	云南省地矿局物化探大队	
44	G4727	腾冲幅	7 470	云南省地矿局物化探大队	
45	G4728	保山幅	7 472	云南省地矿局物化探大队	1990—1993 年
46	G4729	巍山幅	7 476	云南省地矿局物化探大队	1987—1989 年
47	G4730	楚雄幅	7 478	云南省地矿局第一地质大队	1990—1993 年
48	G4732	八莫（瑞丽）幅	2 900	云南省地矿局物化探大队	1991—1995 年
49	G4733	潞西幅	6 425	云南省地矿局物化探大队	1991—1995 年
50	G4734	凤庆幅	7 425	云南省地矿局物化探大队	1984—1988 年
51	G4735	景东幅	7 425	云南省地矿局区调队	
52	G4736	新平幅	7 485	云南省地矿局第一地质大队	1987—1990 年
53	G4801	西昌幅	7 289	四川省地矿局物探大队	1985—1989 年
54	G4802	大关（昭通）幅	7 503	云南省地矿局物化探大队、贵州省地矿局物化探大队	1992—1994 年
55	G4803	镇雄幅	7 287	云南省地矿局物化探大队、贵州省地矿局物化探大队	1996—1998 年
56	G4804	威信幅	7 287	云南省地矿局物化探大队、四川省地矿局 404 队、贵州省地矿局 101 地质大队	1996—1998 年
57	G4805	遵义幅	7 287	贵州省地矿局物化探大队、四川省地矿局 404 队	1990 年
58	G4806	湄潭幅	7 432	贵州省地矿局物化探大队	1989 年
59	G4807	宁南（米易）幅	7 200	四川省地矿局 404 队	1990—1992 年
60	G4808	鲁甸幅	7 339	云南省地矿局物化探大队、贵州省地矿局物化探大队	1988—1995 年
61	G4809	威宁幅	7 400	贵州省地矿局物化探大队	1988 年
62	G4810	毕节幅	7 400	贵州省地矿局物化探大队	1988 年
63	G4811	息烽幅	7 252	贵州省地矿局区域地质调查院	1989 年
64	G4812	瓮安幅	7 400	贵州省地矿局物化探大队	1986 年
65	G4813	会东（会理）幅	7 391	四川省地矿局 404 队	1987—1990 年
66	G4814	东川幅	7 400	云南省地矿局物化探大队、贵州省地矿局物化探大队	1992—1993 年
67	G4815	水城幅	7 391	贵州省地矿局物化探大队	1988 年
68	G4816	安顺幅	7 400	贵州省地矿局物化探大队	1985 年
69	G4817	贵阳幅	7 400	贵州省地矿局物化探大队	1988 年
70	G4818	都匀幅	7 404	贵州省地矿局物化探大队	1987 年
71	G4819	禄劝（武定）幅	7 425	云南省地矿局物化探大队	1988—1991 年
72	G4820	曲靖幅	7 497	云南省地矿局物化探大队	1985—1988 年

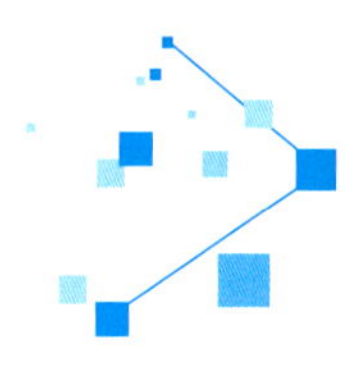

续表2-4

1∶200000 区域化探					
序号	图幅号	图幅（项目）名称	面积（km^2）	完成单位	工作年份
73	G4821	盘县幅	7497	贵州省地矿局物化探大队	1984年
74	G4822	兴仁幅	7624	贵州省地矿局物化探大队	1983年
75	G4823	罗甸幅	7400	贵州省地矿局物化探大队	1985年
76	G4824	独山幅	7352	贵州省地矿局物化探大队	1986年
77	G4825	昆明幅	6856	云南省地矿局物化探大队	1985—1989年
78	G4826	宜良幅	7534	云南省地矿局物化探大队	1987—1989年
79	G4827	罗平幅	7534	云南省地矿局物化探大队、贵州省地矿局物化探大队	1984—1990年
80	G4828	安龙幅	5832	贵州省地矿局物化探大队	1982年
81	G4829	望谟（乐业）幅	3504	贵州省地矿局物化探大队	1983年
82	G4830	南丹幅	985	广西局地矿局物化探大队	
83	G4831	玉溪幅	7332	云南省地矿局物化探大队	1987—1988年
84	G4832	弥勒幅	7494	云南省地矿局区调队	1990—1993年
85	G4833	丘北幅	7494	云南省地矿局第二地质大队	1986—1990年
86	G4834	广南幅	1150	云南省地矿局第二地质大队	
87	G4835	田林幅	75	云南省地矿局第二地质大队	
88	G4901	石阡（江口）幅	6640	贵州省地矿局103地质大队	1989年
89	G4902	怀化（芷江）幅	3645	贵州省地矿局103地质大队	1987年
90	G4907	镇远幅	7332	贵州省地矿局区域地质调查院	1979年
91	G4908	会同幅	2860	贵州省地矿局101地质大队	1986年
92	G4913	雷山（剑河）幅	7374	贵州省地矿局区域地质调查院	1979年
93	G4914	通道（黎平）幅	3108	贵州省地矿局101地质大队	1986年
94	G4919	榕江幅	6160	贵州省地矿局物化探大队	1986年
95	G4920	三江幅	760	贵州省地矿局101地质大队	1988年
96	G4925	河池（罗城）幅	228	贵州省地矿局物化探大队	1986年
97	H4619	曲水幅	7013	西藏自治区地勘局地质调查院	1987—1990年
98	H4620	拉萨幅	7013	西藏自治区地勘局地质调查院	1986—1988年
99	H4621	沃卡（下巴溝）幅	7013	西藏自治区地矿局区调队	1990—1992年
100	H4622	雪喀幅	7013	西藏自治区地矿局区调队	1992—1994年
101	H4623	林芝幅	7013	甘肃省地质调查院	2000—2002年
102	H4624	扎木（波密）幅	7013	海南省地质调查院	2000—2002年
103	H4625	打隆（浪卡）幅	7066	青海省地球化学勘查队	1988—1991年
104	H4626	泽当幅	7066	青海省地球化学勘查队	1988—1991年
105	H4627	加查幅	7066	西藏自治区地矿局区调队	1990—1992年
106	H4628	郎县幅	7066	西藏自治区地矿局区调队	1992—1994年
107	H4629	米林幅	7066	甘肃省地质调查院	2000—2002年
108	H4630	墨脱幅	7066	河南省地质调查院	2000—2002年
109	H4631	溶热幅	6274	西藏自治区地矿局区调队	1995—1997年

续表2-4

1∶200000 区域化探					
序号	图幅号	图幅（项目）名称	面积（km²）	完成单位	工作年份
110	H4632	拉康幅	7052	西藏自治区地矿局区调队	1995—1997 年
111	H4633	隆子幅	7119	西藏自治区地矿局区调队	1995—1997 年
112	H4701	类乌齐幅	6861	云南地矿局物化探大队	1988—1991 年
113	H4702	拉多幅	6861	云南地矿局物化探大队	1988—1991 年
114	H4703	江达（德格）幅	6999	四川省地矿局化探大队	1990—1992 年
115	H4704	甘孜幅	6806	四川省地矿局物探大队	1988—1990 年
116	H4705	炉霍幅	7010	四川省地矿局化探大队	1988—1994 年
117	H4706	观音桥幅	6985	四川省地矿局区调队	1993—1995 年
118	H4707	洛隆幅	6911	青海省地球化学勘查队	1986—1989 年
119	H4708	昌都幅	6911	青海省地球化学勘查队	1986—1989 年
120	H4709	白玉幅	7059	江西省地矿局物化探大队	1987—1990 年
121	H4710	昌台幅	7059	四川省地矿局化探大队	1987—1990 年
122	H4711	新龙幅	7063	四川省地矿局化探大队	1988—1993 年
123	H4712	丹巴幅	7059	四川省地矿局化探大队	1988—1994 年
124	H4713	八宿幅	6962	青海省地球化学勘查队	1990—1992 年
125	H4714	察雅幅	6962	云南地矿局物化探大队	1987—1990 年
126	H4715	雄松幅	6962	江西省地矿局物化探大队	1987—1990 年
127	H4716	八塘（义敦）幅	7107	四川省地矿局化探大队	1989—1991 年
128	H4717	禾尼幅	7107	四川省地矿局物探大队	1993—1996 年
129	H4718	康定幅	7107	四川省地矿局物探大队	1991—1993 年
130	H4719	松宗幅	7013	青海省地球化学勘查队	1990—1992 年
131	H4720	左贡幅	7013	云南地矿局物化探大队	1987—1990 年
132	H4721	芒康幅	7013	云南地矿局物化探大队	1986—1989 年
133	H4722	波密幅	6970	四川省地矿局物探大队	1989—1991 年
134	H4723	理塘幅	7154	四川省地矿局化探大队	1993—1995 年
135	H4724	贡嘎幅	6378	四川省地矿局物探大队	1990—1992 年
136	H4725	松冷幅	7066	云南地矿局物化探大队	1990—1992 年
137	H4726	竹瓦根幅	7066	云南地矿局物化探大队	1990—1992 年
138	H4727	盐井幅	7066	云南地矿局物化探大队	1986—1989 年
139	H4728	乡城（得荣）幅	6100	四川省地矿局物探大队	1993—1996 年
140	H4729	稻城幅	7200	四川省地矿局区调队	1987—1990 年
141	H4730	九龙幅	7210	四川省地矿局物探大队	1988—1991 年
142	H4732	察隅幅	4425	云矿资源物化探院	2001—2003 年
143	H4733	德钦幅	6818	云南省地质调查院	2000—2001 年
144	H4734	古学幅	7876	云南省地矿局物化探大队	1994—1996 年
145	H4735	贡岭幅	6761	四川省地矿局区调队	1987—1989 年
146	H4736	金矿幅	7152	四川省地矿局物探大队	1986—1990 年
147	H4801	马尔康幅	7010	四川省地矿局物探大队	1992—1994 年

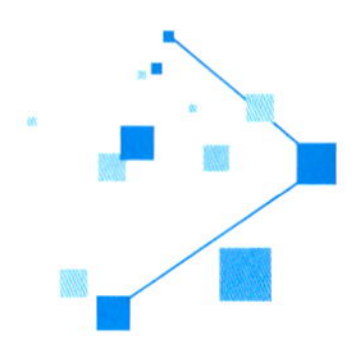

续表2-4

1∶200000 区域化探					
序号	图幅号	图幅（项目）名称	面积（km²）	完成单位	工作年份
148	H4802	茂汶幅	7010	四川省地矿局化探大队	1991—1993 年
149	H4803	绵阳幅	7010	四川省地矿局化探大队	1991—1996 年
150	H4807	小金幅	7059	四川省地矿局区调队	1991—1993 年
151	H4808	都江堰幅	6960	四川省地矿局区调队	1992—1994 年
152	H4813	宝兴幅	7107	四川省地矿局化探大队	1990—1992 年
153	H4814	邛崃幅（西半幅）	3553	四川省地矿局 404 队	1995—1997 年
154	H4818	垫江幅	7107	四川省地矿局物探大队	2001—2003 年
155	H4819	雅安（荥经）幅	7090	四川省地矿局物探大队	1986—1989 年
156	H4820	峨眉幅	7154	四川省地矿局 404 队	1993—1995 年
157	H4822	内江幅	7152	四川省地矿局 404 队	2000—2002 年
158	H4825	石棉幅	7222	四川省地矿局物探大队	1983—1986 年
159	H4826	马边幅	7200	四川省地矿局 404 队	1992—1994 年
160	H4827	宜宾幅	7200	四川省地矿局物探大队	1999—2000 年
161	H4828	泸州幅	7292	四川省地矿局化探大队、贵州省地矿局物化探大队	1998—2001 年
162	H4829	綦江（江津）幅	7740	四川省地矿局化探大队	1997—1999 年
163	H4830	南川幅		四川省地矿局化探大队、贵州省地矿局物化探大队	1997—1999 年、1990 年
164	H4831	冕宁幅	7245	四川省地矿局物探大队	1985—1989 年
165	H4832	雷波幅	5200	四川省地矿局 404 队	1991—1993 年
166	H4833	高县（筠连）幅	4900	四川省地矿局化探大队	1995—1997 年
167	H4834	叙永幅	7237	云南省地矿局物化探大队、四川省地矿局 404 队、贵州省地矿局物化探大队	1996—1999 年
168	H4835	桐梓幅	6120	四川省地矿局化探大队、贵州省地矿局物化探大队	1997—1999 年、1989 年
169	H4836	正安幅	7228	贵州省地矿局物化探大队	1989 年
170	H4901	城口幅	7010	四川省地矿局物探大队	1992—1994 年
171	H4902	巫溪幅	4020	四川省地矿局物探大队	1995—1998 年
172	H4907	万县幅	7000	四川省地质地调院	2002—2003 年
173	H4908	奉节幅	7142	四川省地质地调院	2003—2005 年
174	H4909	巴东幅	7142	四川省地质地调院	2003—2005 年
175	H4913	忠县幅	4050	四川省地矿局 404 队	1997—1998 年
176	H4919	黔江幅	5000	四川省地矿局化探大队	1998—2000 年
177	H4923	重庆幅	7150	四川省地质地调院	2000—2001 年
178	H4924	涪陵幅	7164	四川省地质地调院	2001—2002 年
179	H4925	酉阳幅	1608	贵州省地矿局物化探大队	1990 年
180	H4931	沿河（德江）幅	2480	四川省地矿局物探大队、贵州省地矿局物化探大队	1997—1999 年、1989 年
181	H4932	吉首幅	2480	四川省地矿局物探大队、贵州省地矿局 103 地质大队	1997—1999 年、1988 年

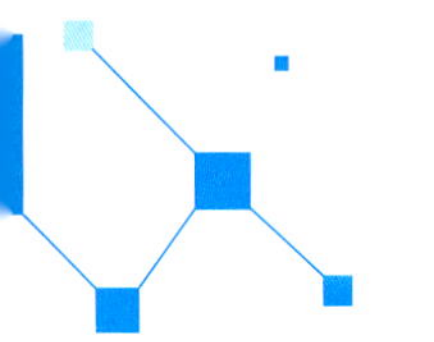

续表2-4

1∶200000 区域化探					
序号	图幅号	图幅（项目）名称	面积（km^2）	完成单位	工作年份
182	I4405	黑石北湖幅	6582	陕西省地质调查院	2001—2002 年
183	I4409	泉水湖幅	6626	湖北省地质调查院	2001—2002 年
184	I4410	邦达错幅	6626	湖北省地质调查院	2001—2002 年
185	I4411	月牙湖幅	6625	陕西省地质调查院	2001—2002 年
186	I4523	达尔沃错温幅	6717	湖北省地质调查院	2002—2003 年
187	I4524	洞错幅	6717	湖北省地质调查院	2002—2003 年
188	I4529	鄂雅错幅	6764	云矿资源物化探院	2000—2002 年
189	I4530	雅根错幅	6764	云矿资源物化探院	2001—2002 年
190	I4535	昔的公社幅	6812	西藏自治区地质调查院	2002—2004 年
191	I4536	面相幅	6812	西藏自治区地质调查院	2002—2004 年
192	I4625	阿尔下穷幅	6764	河南省地质调查院	2001—2002 年
193	I4626	唐古拉山口幅	6764	河南省地质调查院	1990—1993 年
194	I4627	龙亚拉幅	6764	河南省地质调查院	1990—1993 年
195	I4631	兹各塘错幅	6812	河南省地质调查院	2001—2003 年
196	I4632	安多幅	6812	河南省地质调查院	2002—2003 年
197	I4633	聂荣幅	6812	河南省地质调查院	2002—2003 年
198	I4634	老巴青幅	6849	河南省地质调查院	2003—2004 年
199	I4635	江绵幅	6812	河南省地质调查院	2003—2004 年
200	I4636	结多（吉多）幅	6812	河南省地质调查院	2003—2004 年
201	I4720	称多幅	3600	四川省地矿局化探大队	1996—1998 年
202	I4721	长沙贡玛（格呷）幅	4200	四川省地矿局化探大队	1996—1998 年
203	I4724	久治幅	5088	四川省地矿局区调队	1995—1997 年
204	I4726	玉树幅	3620	四川省地矿局 404 队	1996—1998 年
205	I4727	石渠幅	6750	四川省地矿局物探大队	1996—1998 年
206	I4728	下红科乡幅	2482	四川省地矿局物探大队	1995—1997 年
207	I4729	斑玛幅	440	四川省地矿局 404 队	1994—1997 年
208	I4730	阿坝幅	5088	四川省地矿局区调队	1995—1997 年
209	I4732	邓柯幅	4500	四川省地矿局化探大队	1990—1992 年
210	I4733	竹庆幅	6200	四川省地矿局物探大队	1995—1997 年
211	I4734	大塘坝幅	6960	四川省地矿局物探大队	1994—1996 年
212	I4735	色达幅	6770	四川省地矿局 404 队	1994—1997 年
213	I4736	南木达幅	6985	四川省地矿局区调队	1994—1996 年
214	I4813	碌曲幅	1172	四川省地矿局化探大队	1995—1997 年
215	I4814	卓尼幅	263	四川省地矿局化探大队	1995—1997 年
216	I4819	若尔盖	4666	四川省地矿局化探大队	1995—1997 年
217	I4820	巴西幅	4451	四川省地矿局化探大队	1986—1989 年
218	I4821	武都幅	690	四川省地矿局化探大队	1986—1989 年

续表2-4

1:200000 区域化探					
序号	图幅号	图幅（项目）名称	面积（km²）	完成单位	工作年份
219	I4825	红原幅	6771	四川省地矿局化探大队	1995—1997 年
220	I4826	漳腊幅	6909	四川省地矿局化探大队	1986—1988 年
221	I4827	文县幅	2622	四川省地矿局化探大队	1986—1989 年
222	I4828	碧口幅	878	四川省地矿局化探大队	1988—1990 年
223	I4829	冕县幅	450	陕西省地矿局	
224	I4831	龙日坝幅	6960	四川省地矿局化探大队	1994—1996 年
225	I4832	松潘幅	6954	四川省地矿局化探大队	1986—1988 年
226	I4833	平武幅	6812	四川省地矿局化探大队	1987—1990 年
227	I4834	广元幅	6859	四川省地矿局化探大队	1988—1990 年
228	I4835	南江幅	6925	四川省地矿局化探大队	1992—1994 年
229	I4836	镇巴幅	4341	四川省地矿局物探大队	1995—1997 年
230	I4931	紫阳幅	1762	四川省地矿局物探大队	1995—1997 年
1:500 000 区域化探					
231	H44B	普兰幅	58650	西藏自治区地质调查院	2001—2003 年
232	H44D	巴巴扎东幅	7161	西藏自治区地矿厅区调队	1996—1998 年
233	H45A	错勤幅	62200	西藏自治区地矿厅区调队	1994—1996 年
234	H45B	申扎幅	62200	西藏自治区地矿局物探大队	1991—1993 年
235	H45C	萨嘎幅	50655	西藏自治区地矿厅区调队	1996—1998 年
236	H45D	日喀则幅	62352	江西省地矿局物化探大队	1988—1991 年
237	H46A	那曲幅	62200	西藏自治区地矿局物探大队	1987—1989 年
238	H46B	嘉黎幅	62200	江西省地矿局物化探大队	1989—1992 年
1:250 000 多目标地球化学调查					
239		重庆沿江经济带生态地球化学调查	12000	重庆市地勘局川东南地质队	2003—2006 年
240		重庆市主城区生态地球化学调查	7000	重庆市地勘局川东南地质队	2006 年
241		四川盆地多目标地球化学调查	12400	四川省地矿局化探大队、区调队	1999—2001 年
242		成都经济区多目标地球化学调查	48498	四川省地质调查院	2003—2005 年
243		成渝地区土地质量地球化学调查	100000	中国地质调查局成都地质调查中心	2016-

三、中大比例尺地球化学勘查

西南地区1：50 000化探或更大比例尺的化探工作，以云南工作程度相对较高，资料较丰富；贵州省、四川省、重庆市、西藏自治区则程度较低，且分布零星、分析测试数据也不系统。2000年以后，配合矿产调查部署了部分1：50 000的化探工作。据不完全统计，贵州省1：50 000化探工作共74幅（其中涉及1：50 000水系沉积物测量62幅，1：50 000土壤测量12幅）；云南省经查实的化探报告资料共计118份，收集约65份，据不完全统计覆盖面积约10.6×10^4 km^2；西藏自治区158幅、四川省31幅1∶50 000化探工作正在开展或待验收；重庆市仅1999年以来在铅锌矿、铂钯矿、金矿等矿产勘查中开展了部分水系沉积物测量，分布零星，总面积4 600 km^2。这些资料多分散在各工作单位保存，相当大的部分只有纸质成果图，部分残缺不全，所以本次编图未使用。

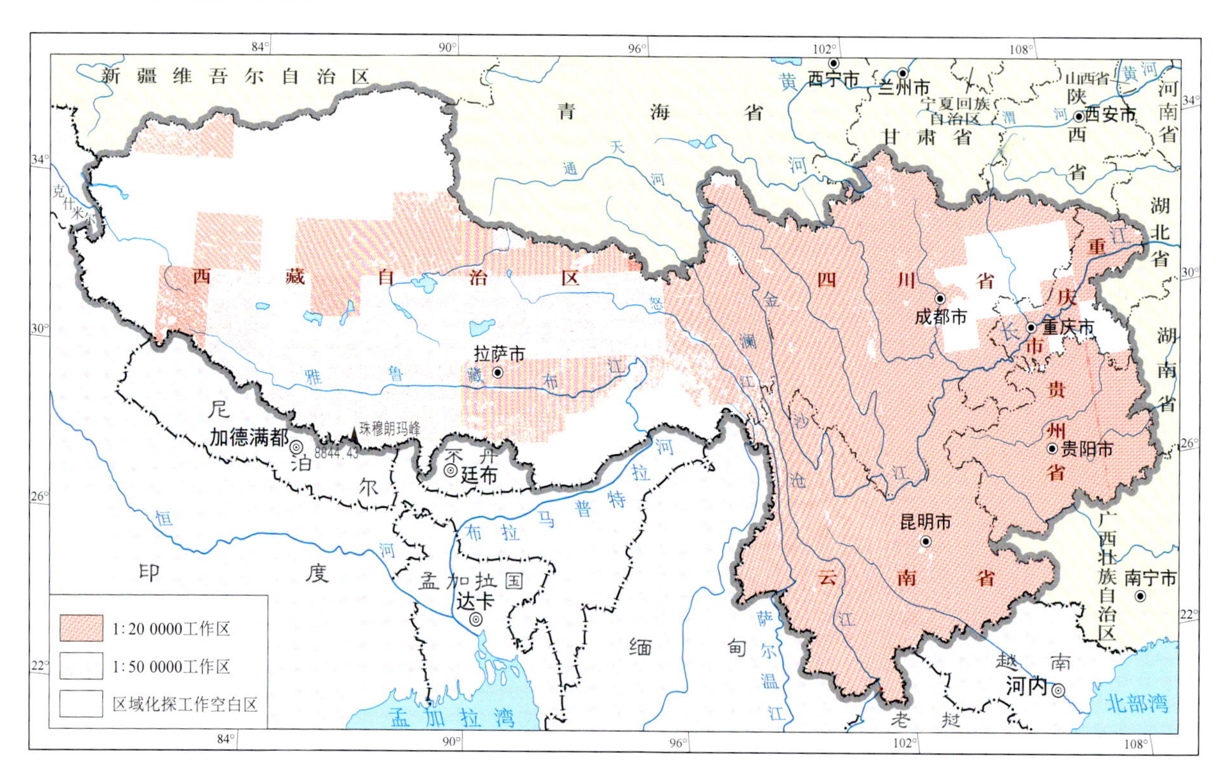

图2-1　西南地区区域化探工作程度示意图

四、综合研究进展

通过十几年的迅速发展，取得了大量的资料和重要成果，极大地推动了西南地质找矿工作的开展。化探已成为寻找贵金属、有色金属、稀有稀土金属等矿产不可缺少的方法技术，在矿产勘查工作中得到广泛应用，为提高找矿效果和矿产勘查工作部署提供了重要保障。在已完成的区域化探图幅中，共圈定各类区域化探异常上万处，三级查证上千处，二级查证数百处，为20世纪80年代以后绝大部分的贵金属、有色金属、稀有分散金属和稀土等矿产资源的找矿突破发挥了重要的先导作用。

据不完全统计，“九五”和“十五”期间，西藏地区新增加的大、中型矿产地，90%以上是由化探异常查证发现的。其中有代表性的矿产地有冲江、驱龙、多不杂、雄村的铜（钼）矿；洞嘎、马攸木、浪卡子、阿中等地的岩金矿；拉诺玛、都日、足那、格拉贡、干中雄、赵发涌、松多雄、同龙卜、日乌多的银铅多金属矿等，沙拉岗、当许、雪拉的锑矿。有的化探异常是当年查证、当年见矿、当年开发、当年见效，取得了明显的找矿效果，提高了地质矿产研究程度。对四川西部46个图幅的统计，共圈定综合化探异常2 898个，开展异常检查510个，见矿异常200个，其中小型以上矿床37处，包括九寨沟马脑壳金矿、甘孜嘎拉金矿、巴塘夏塞银多金属矿、平武银厂金矿、德昌大陆乡稀土矿等大型、特大型矿床，见矿率及找矿效果居全国

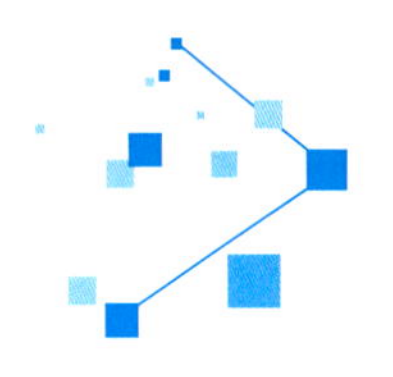

先进水平。云南省1：200 000区域化探圈定数千处综合异常，对金、铜、铅锌、银、锡钨等贵金属、有色金属和稀有、稀土、分散元素成矿有极好的指示作用。根据异常查证，直接发现数十处矿床和矿点，其中金矿10处（包括小水井、长安、老寨湾、金坝、勐满等十余处矿床和矿点），银矿2处，铜多金属矿3处。贵州省更是通过1：200 000区域化探取得了金、铅锌等矿产的找矿重大突破（重点是黔西南地区的一系列大中型金矿），加上商业开采的及时跟进，一段时期内，贵州省的金矿采掘规模和效益达到了位居全国前列和西南地区首位的高度，大大改善了当地经济长期落后的局面。

为了更好地利用所取得的化探成果资料，西南各省（区、市）开展了一系列综合研究工作，又发现和预测了一批找矿靶区和成矿区带，为西南地区地质找矿工作部署提供了重要依据，提高了区域地球化学研究程度。同时，该成果受到其他行业和政府部门的关注，将在资源环境评价、农牧业发展规划、地方病防治等方面发挥其应有的作用（表2-5）。

“十五”期间，在谢学锦院士的组织和指导下，云南省、四川省（含重庆市）、贵州省三省地矿局从长期保存1：200 000水系沉积物扫面样品（附样）的样品库内提取单样，按1：50 000图幅范围每图幅组合一件样品，进行了76个元素的分析，编制了四川省、重庆市、云南省、贵州省四省（市）地球化学图集。

表2-5　西南地区研究成果统计表

序号	研究范围	成果名称	完成时间	完成单位或作者
1	四川省（含重庆市）	三江地区（川西部分）铜元素异常图说明书	1988 年	四川省地矿局区调队
2		秦岭、大巴山地区地球化学图说明书（1:500000）	1990 年	秦巴编图组
3		四川省西部地区铜、铅、锌、金、银异常图说明书（1:500 000）	1991 年	四川省地矿局区调队
4		川西片区 1:500000 金（银）异常草图	1990 年	四川省地矿局区调队
5		西昌地区区域化探说明书（1:500000—1:200000）	1991 年	四川省地矿局物探队
6		四川省西部地球化学图集	2000 年	四川省地矿局
7	云南省	云南省区域物化探资料综合研究报告	1986—1988 年	云南省地矿局物化探大队
		云南省 39 个元素区域地球化学图、异常图（1:50000）	1987 年	云南省地矿局物化探大队
8		云南省物化探成果编图及优势、重要矿产资源勘查选区研究报告	2008 年	云南省地质调查院
9	贵州省	贵州省地球化学图集	2007—2008 年	贵州省地矿局
10	西藏自治区	《西藏地区地球化学勘查成果及资源评价》。首次完成了全区区域化探数据的汇总与 1:1500000、1:3500000 地球化学系列图编图	1998—1999 年	西藏区调队（云南省地矿局物化探大队协助）

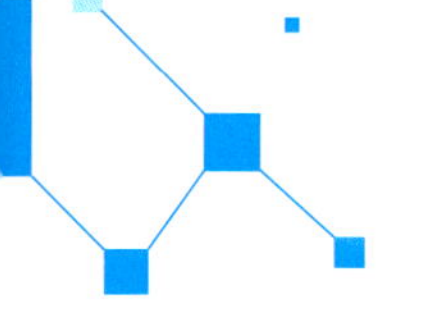

续表2-5

序号	研究范围	成果名称	完成时间	完成单位或作者
11	跨省（区）研究	西南三江成矿带地质、矿产、物化遥综合图件	1992—1996年	地矿部云南省地矿局
12		西南三江地区中段地球化学图说明书（1∶1 000 000）	1996—1998年	地矿部西南三江地区中段地球化学编图组（云南省地矿局、四川省地矿局、西藏自治区地矿厅）
13		西南三江地区地球化学图及编图技术说明书（1∶1 000 000）	1997—1998年	地矿部西南三江地区中段地球化学编图组［云南省地矿局（牵头）、四川省地矿局、西藏自治区地矿厅］
14		我国西部地区地球化学块体内矿产资源潜力预测成果报告（四川、重庆、云南、贵州、西藏）	2001年	四川省地矿局、云南省地矿局、贵州省地矿局、西藏自治区地矿局
15		青藏高原及邻区地球化学图说明书（1∶3 000 000）	2006-2010年	中国地质调查局成都地质调查中心
16		中国西南地区76种元素地球化学编图	1998—2008年	中国地质科学院地球物理地球化学研究所

第三节　工作质量评述

笔者从1983年参加工作起，就一直从事区域化探工作，直接承担和组织完成的区域化探项目超过20项，对西南地区区域化探工作的过程、质量具有全面而深刻的认识与理解。西藏、云南和四川西部地区的区域化探扫面数据汇总和初次大范围计算机编图工作亦由笔者亲自完成。在首次数据汇总过程中，发现了大量问题，如西藏部分数据分析数据或坐标数据记录丢失，云南个别项目数据张冠李戴，数据系统错误等。多数的问题经过处理可以完全解决，对质量不会构成影响，但个别问题非常棘手，如西藏部分分析数据已经录入的空间数据库连同分析报告一并遗失，所有的空间数据需要手工再次录入，又如西藏某1∶500 000区域化探坐标数据记录和电子文档一并遗失，笔者不得已只有通过游标式数字化仪从采样点位图重新读取了点位数据。但总体上讲，由于高度统一的操作规程和质量检查体系的有效运行，本轮区域化探的野外采样质量、分析质量是优良的。

一、野外工作质量

如此大规模的全国区域化探扫面计划能够有条不紊地在全国范围内同时开展，离不开严格、统一并涵盖了项目执行过程全部环节的质量检查、验收体系作保证。西南地区各省（区、市）在项目执行过程中，不断总结经验，结合本省（区、市）的地质、地理、地貌、气候、植被等景观特点，有针对性地开展了试验研究工作，相应出台了适合本省（区、市）的实施细则。每年雨季和每次开展项目工作前，坚持对从业人员进行严格的培训。野外工作中严格执行全国统

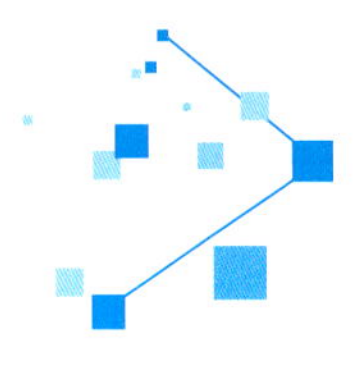

一的“三级质量检查验收体系”（小组自查、分队级抽查、大队级检查验收）。除了严格的“三级质量检查验收”，全省（区、市）乃至全国坚持每年不定期举行资料、报告联审或展评。这些措施的落实，有效地保障了区域化探扫面工作的高效、高质量完成。

二、样品分析质量

区域化探工作刚刚起步，地质矿产部各省局就不惜花费巨资，为各自的实验室装备了当时最先进的多元素测试分析设备，包括最先的大型 XRF 和中期的 ICP，以及后来的 ICP-MS 等。全国统一技术标准，对承担区域化探测试任务的实验人员进行了严格的培训、考核和准入制度。这使得中国的区域地球化学样品分析水平得到了大幅度提升。

区域化探工作一开始，针对试验测试制定了严格的分析质量监控方案，其主要的监控指标包括方法的实用性、准确度和精密度 3 个。在分析方法选定方面：一般抽取 8 ～ 12 个一级标准物质，供拟选方法进行多次测定，最后统计测定值平均值与推荐可用值的对数偏差（$\triangle \lg C$）或相对误差 (RE%) 来衡量元素测定的准确性；统计各标样多次测定的相对标准误差（RSD%）来衡量测试的精密度。只有检出限、准确度、精密度达到了统一要求，且稳定高效，方能投入使用。

区域化探样品多元素分析质量监控包括以下内容：

对工作区样品的分析数据报出率达到 90% 以上（少数元素允许 80% 以上）。

每个工作图幅选 12 个一级标准物质各作 4 次分析，每次分析结果单独计算其与推荐值的对数差（$\triangle \lg C$）和相对标准差（RSD%），用以监控实验室间（或省际间）可能出现的系统偏倚。当元素在标样中的含量值在 3 倍检出限以内、3 倍检出限～ 1%、1% ～ 5%、＞ 5% 区间时，$|\triangle \lg C|$ 应不大于 0.15、0.1、0.1 和 0.07，|RE%| 应不大于 23、12、10 和 4，RSD% 应不大于 17、10、8 和 3。

根据工区地质与矿产特点，选定 4 个不同的监控样（通常为各省研制的二级标准物质），密码编入每批（约 50 个号码）预先由采样单位留好的编号位置，与样品同时进行分析。每批分析完毕，由质量管理人员计算插入的 4 个监控样的平均对数偏差，用以衡量批与批之间的分析偏倚。同时计算插入的 4 个监控样的对数偏差的标准离差，用以衡量本批样品分析的精密度。当元素在标样中的含量值在 3 倍检出限以内、3 倍检出限～ 1%、1% ～ 5%、＞ 5% 区间时，要求 $|\triangle \lg C|$ 分别小于或等于 0.2 ～ 0.25、0.1 ～ 0.15、0.1 和 0.05，4 次分析的对数标准差（λ）不大于 0.34 ～ 0.4、0.17 ～ 0.25、0.17 和 0.085（DZ/T 0167—1995 标准改为 0.25、0.17、0.17、0.08）。

部分图幅抽取了一定比例的样品（通常为 1% ～ 2%），作为密检样送其他同级或更高级别的实验室作密检分析。

每个工作图幅按约 50 个样品为一批，采集一件重复样，每个重复样再缩分为两个重复分析样提交分析。重复样分析结果采用三层套合方差分析方法，统计采样误差和分析误差的范围及对地球化学变化的（掩盖）影响。统计表明，通常采样误差远远大于分析误差，但采样、分析的联合误差，均未对元素的地球化学变差造成显著影响（置信度 99.5%）。

经过严密、认真的监控、检查和验收，西南地区各项目（1 ∶ 20 000 和 1 ∶ 500 000 图幅）的精密度、准确度全部达到优良标准；经区域地质－地球化学成图对照检验，地球化学图地质效果均十分显著。

第三章 编图方法技术

第一节 数据处理

一、数据源的选择

地球化学景观分区图：编图资料包括省界、主要水系、气候、地形地貌、植被及覆盖、全国二级地球化学景观分区等资料。地形地貌图高程数据来源于美国地质调查局USGS / NASA SRTM数据，经CIAT进行无缝拼接和网格化处理。

地球化学图、异常图：采用经各省（自治区、市）校核、调平的区域化探数据库（1：200 000～1：500 000区域化探和部分1：250 000多目标地球化学调查成果数据库）。构造分区图引自全国重要矿产资源潜力评价构造组下发的《全国大地构造分区图（MapGIS版）》。矿床资料引自西南地区重要矿产潜力评价项目矿产课题组汇总的各省（区、市）矿产地分布资料（MapGIS格式）修编。

二、数据处理方法

数据处理主要是应用计算机和GIS技术，处理软件为MapGIS、GeoExpl、Surfer15和自行研制的数据可视调平、统计等适用软件（1996—1998年专为“西南三江地区地球化学编图研究项目”开发）。

数据处理方法包括数据系统偏差可视调平、分布检验、数据变换、参数统计和网格化等。

1. 数据统计分析

1）基础统计分析

按照以往的经验，地球化学数据主要为正态分布和对数正态分布两种模型，因此首先对原始数据进行了简单的偏度-丰度检验，然后对数据进行对数变换，再次进行偏度-丰度检验。为保证统计参数的适用性，共统计采用了算术平均值、几何平均值、方差、变异系数、中位数等多项地球化学数据分布参数。

2）聚类分析

为了解地球化学数据的结构，分析区域内总体的地质-地球化学作用规律，采用全区数据进行了R型聚类分析。

考虑到地球化学数据主要由局部异常和区域背景构成，R型聚类分析在数据平面滤波的基础上分两次进行。用剩余值作R型聚类分析，以反映成矿作用为主的异常元素组合规律；用区域值作R型聚类分析，以反映区域地质作用造就的地球化学元素组合及分布规律。

对地质—地球化学分区（或地质体）的多元素分布特征比较和分类，则采用了Q型聚类分析方法。

3）因子分析

西南地区的地质作用、成矿作用十分复杂。为了更详细地了解元素分布与极其复杂的组合关系，用R型聚类分析的空间数据，进一步进行了因子分析统计。

西南地区地形地貌复杂，地质工作条件十分艰苦，地质调查和研究工作总体程度偏低。尤其是青藏高原地区，区域地质工作对地质体的分布及其属性的认知水平不够，不同的工作者之间得出的结论还存在许多不一致甚至对立的观点。在这种情况下，采用地球化学客观数据的分类、判断，对统一认识、发现新问题、总结新规律将有其不可取代的重要意义。例如，在青藏高原及邻区地球化学编图研究中，应用Q型因子分析方法，很好地反映了超基性岩（蛇绿混杂岩）、基性岩、中酸性岩和碱性岩浆岩的分布规律。又如，在西南三江地区中段地球化学编图研究中，利用Q型因子分析，很好地反映了已知斑岩型铜矿的分布，并对斑岩型铜金多金属矿完成了较为可靠的成矿预测。

2. 数据调平

由于从事区域化探的单位和人员较多，工作时间跨度近20年，分析方法、地理景观、采样介质等因素变化大，导致数据存在较大的系统误差，为了消除系统误差，达到较为理想的成图效果，更好地反映地质构造和区域地球化学信息，对明显存在系统偏差的图幅或分析批次数据进行了系统调平处理。系统误差调平原则上以独立工作区域为单元，对独立工作区域内存在的分析批次误差也进行了适当的调整。调平步骤为人机交互模式：

（1）以链接空间数据库的分类色块图显示浏览数据分布图，人工观察、发现存在系统偏差（“台阶”）的数据图块。

（2）提取与地质构造相交的“台阶”边缘两侧数据集（如果平行，“台阶”可能由地质构造引起，不能视为系统误差数据）。

（3）按尊重多数数据的原则，假设占多数的数据边界数据为“正常”数据，计算其“正常”的平均值和方差。

（4）计算存在“误差”一侧的平均值和方差。

（5）按“台阶”两侧地质地球化学特征接近、数据特征等效的假设，计算出“误差”数据调平转换模型参数（乘系数a、加常数b）。

（6）用下式（数据调平模型）对偏差数据进行调平处理：

$$V_{ai}=a\times V_i+b$$

式中，V_{ai} 为校正值；V_i为校正点原始数据；a为校正系数；b为校正常数。

对于服从正态分布的数据，直接用原始数据进行调平处理；对于服从对数正态分布的数据，采用经对数变换后的数据进行调平处理。

（7）经过调平处理，获得原“台阶”两侧的平均值和方差相等或相近的空间数据库。

3. 数据网格化

西南地区多数区域采用了1：200 000规则网组合样品分析，平面数据间隔（2km×2km），部分区域采用1：500 000非规则网测量，平均采样密度1件/（10～25）km^2，按单样作测试分析，平面数据间隔多数在4km左右。

经过多种网格化参数试验，最终采用了如下网格化方法：①克里金插值法；②八方位搜索，各方位最多只取一个数据；③搜索半径22.5km；④网格化节点间距3km。

第二节　编图方法

一、地球化学工作程度图

西南地区地球化学工作程度图直接于图上投绘分析样品坐标点位绘制，直观显示分析样品的分布密度。具体工作项目、工作比例尺及工作单位等信息，可从西南地区区域地球化学调查进程一览表（表2-4）中查询。

二、地球化学景观分区图

该图根据全国二级地球化学景观分区，结合主要水系、气候、地形地貌、植被、地质等资料修编而成。底图地形地貌图采用表面阴影图方式制作，为了从图面上能够识别高程等信息，不同的高程段赋予了不同的颜色。高程数据来源于美国地质调查局USGS / NASA SRTM数据。

三、地球化学（异常）区带图

该图主要以客观的地球化学元素（组）分布特征、异常分布及其组合规律为依据划分，参考了西南地区地质、构造、矿床等分布资料成果。在区带划分的基础上，对各区带地球化学特征参数进行分析统计，并用Q型聚类分析方法对区带进行了分类。最后按同族赋予了区带相同的颜色。

四、地球化学图

首先对各省（自治区、市）已有的1∶200 000（1∶500 000）区域化探数据的区域，优先使用区域化探数据，没有区域化探数据而有1∶250 000多目标地球化学调查数据的区域，采用1∶250 000多目标地球化学调查数据补充。

调平数据通过网格化处理，形成网度3km×3km网格化数据，在Golden Surfer 15等软件中形成表面图，在MapGIS 6.7中将表面图转换为msi图像文件，并勾绘相应的等值线图。

色区分隔值即等值线值采用累积频率法确定，把成图区含量数据从小到大累积，固定18条等值线，取值依次与累积频率值（%）1、3、6、10、15、21、28、36、45、55、64、72、79、85、90、94、97、99相对应。

五、组合异常图

1. 单元素异常求取

西南大区单元素异常图编制采用云南省、贵州省、西藏自治区、四川省、重庆市调平后整合数据，将整合调平后的数据取对数（Al_2O_3和SiO_2除外），用以下方法求取异常：

$$X_{异常}=(X_i-X_{背景i})$$

式中，X_i为i点位原始数据对数值；$X_{背景i}$为以i点位为中心，21×21节点窗口内的中位数（节点距2km，下同）。

为提高异常的圆滑度，部分元素采用3×3节点窗口对异常数据网进行了移动平均处理。

最后的异常值，其实等同于原始含量与以其为中心的方形窗口内的中位数之比的对数值。

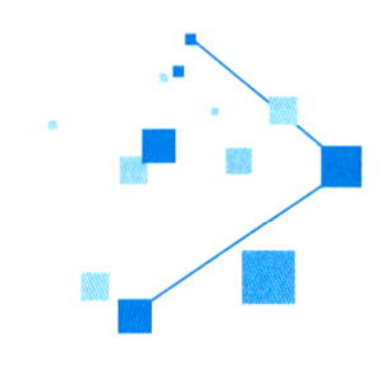

通过异常下限的计算，圈定单元素异常。

2. 元素组合

通过开展异常网格数据的R型聚类分析和因子分析等，挑选出所表达的地质或成矿作用明确的4种主要元素（一般相关性较好），以不同线条属性组合绘制在一张图上，以集中反映某种（某些）地质作用或成矿作用的分布规律。

第三节　数据解释

一、岩（矿）石元素组合规律

1. 成岩元素组合规律

不同的岩石类型有不同的元素分配特征，可划分为不同的成岩元素序列。

在岩浆岩中，超基性岩相对富集Fe_2O_3、MgO、Ni、Cr、Pt等；基性岩相对富集CaO、Al_2O_3、Ti、V、Mn、Cu、Sc等；酸性岩石相对富集K_2O、Na_2O、SiO_2、Li、Ba、Rb、Cs、Ti、Sr、Ba、Y、REE、Zr、Hf、U、Th、Nb、Ta、W、Mo、Sn、Pb、B、F、Cl等。

在沉积岩中，砂岩相对富集SiO_2、Zr、Cd；碳酸盐岩相对富集CaO、MgO、Mn；页岩中相对富集的元素或氧化物较多，如Al_2O_3、Li、Be、V、Ti、Sr、Fe_2O_3、Co、Ni、Cu、Pb、Zn、Mo、Sn、Sb、Hg、U、Th等。

2. 成矿元素组合规律

成矿元素在不同的成矿地质作用下形成不同的矿床类型。根据预测方法类型划分，主要有侵入岩体型、复合内生型、火山岩型、层控内生型、变质型和沉积型。内生矿床与成矿元素的成矿温度密切相关。高、中、低温作用形成不同的矿化元素组合，沉积矿床在成矿过程中与元素的氧化还原环境相关。如：

高温成矿带元素组合：W、Mo、Sn、Bi、Ni、Cu等。

中温成矿带元素组合：Cu、Pb、Zn、Ag、Au等。

低温成矿带元素组合：Au、As、Sb、Hg等。

Mn、Co、Ni、Zn、Fe、Pb、Cu、Ag、Au、Hg在富硫和含氧的溶液中搬运，它们的元素活动性由小变大，迁移距离由近变远，析出时间由早变晚。

在造矿元素和矿物的共生组合中，不同成因的矿床具有不同的成矿元素组合。如：

1）超基性和基性岩中的岩浆矿床

含铂铬铁矿：Cr、Fe_2O_3、Mg、Pt；

钛磁铁矿：Fe_2O_3、Ti、V、P；

铜镍硫化物矿：Ni、Cu、Fe_2O_3、Co、Pt。

2）酸性及碱性伟晶岩中的稀土稀有矿床

锡钨锂矿：Sn、W、Li；

独居石矿：Ce、Th；

铌矿：Nb、Ta、Th、Ce。

3）与花岗岩-花岗闪长岩类有关的矽卡岩矿床

铁铜矿：Fe_2O_3、Cu、Co；

钼钨矿：Mo、W、Fe_2O_3、Sn、Cu、Zn；

铅锌矿：Pb、Zn、Ag、Cu、Fe_2O_3。

4）主要与酸性侵入体有关的斑岩和热液矿床

铜钼矿：Cu、Mo、Pb、Zn、Ag；

金多金属硫化物矿：Au、Cu、Pb、Fe_2O_3、As、Bi、Zn；

钨锑金矿：W、Sb、Au。

5）风化矿床

含铁红土矿：Fe_2O_3、Co、Ni、Cr。

6）沉积矿床

铁铅锌矿：Fe_2O_3、Pb、Zn；

铁锰矿：Fe_2O_3、Mn。

7）变质矿床

铁-稀土矿：Fe_2O_3、REE；

铁-铀矿：Fe_2O_3、U；

铁-硼矿：Fe_2O_3、B。

二、地球化学推断解释

地球化学解释推断地质构造，主要是根据成矿元素、伴生元素、造岩元素分布规律，元素组合特征，在研究已知地质、构造元素组合模式的基础上，开展未知地区地质构造的推断工作。

1. 地质构造特征识别

地球化学推断地质构造图，主要根据以上各元素组合特征和规律，提取区域地球化学主要元素异常特征线（或轴线）或特征区表达地质、构造意义。据实践经验大致有3种情况：

（1）反映深大断裂或区域性断裂构造的特征线，多数是地球化学异常组的界线。

（2）反映含矿地层和特征地质体的特征线，多是地球化学某元素富集区高背景区和特征元素组合异常区。

（3）反映控制矿床分布的特征线，多是已知矿异常的轴线。后两种除相当部分是断裂带、韧性剪切带外，还有各种侵入体接触带及某些地球化学专属性强的岩体、岩脉或岩性。

2. 地球化学推断构造及岩体的主要元素组合

（1）应用Ni、Cr、Co、V、Ti、Fe_2O_3、Mn等铁族元素或氧化物的组合富集规律，推断基性、超基性岩和太古宙、元古宙绿岩分布区。

（2）利用Sr、Ba、P、Sb、La、CaO、As、Pb、Bi、U、Th、W、F、Sn元素或氧化物异常和综合异常圈定碱性岩分布。

（3）利用Sr、Na_2O、Ba元素或氧化物异常和综合异常可圈定中—中酸性岩分布。

（4）用Bi、Sn、W、Na_2O、U、Th元素或氧化物异常和综合异常来圈定酸性岩分布。

（5）应用Au、As、Sb、Hg等元素，并结合B、Ag、Cd等元素的富集规律，推断断裂构造。

（6）应用亲地壳元素或氧化物SiO_2、K_2O和亲核族元素或氧化物TFe_2O_3、Ni、Cr、Ti、Co、V，推断陆块区地质构造和造山区的地质构造边界。

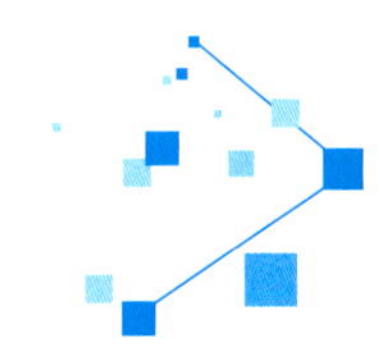

第四章　区域地球化学特征简述

第一节　水系沉积物地球化学特征概述

一、元素区域丰度特征

与全国背景值相比，西南地区7种常量元素氧化物中仅Fe、Mg显著富集，Si、Al基本持平，Ca、Na等显著贫化。

Fe的富集主要由以峨眉山玄武岩为主的基性岩类引起，富集部位主要在滇东、滇东北及与川、黔接壤的广大地区和滇西、滇西北丽江—木里地区。从面上看，Mg的富集主要由幔源超基性岩引起，富集部位主要为龙门山、金沙江、雅鲁藏布江等超深断裂带。Mg的富集并不明显，甚至有的地区相对中国西北地区偏贫，这与西南地区潮湿多雨的景观条件有关。

Ca、Na等的贫化主要受景观条件的制约，往北干旱、多风尘沙，有利于其富集，往南则潮湿多雨，淋失作用明显。

微量元素中，除Ba、Sr、Zr等少数几个元素具有一定贫化特征外，其他元素总体上都相对富集。其中La、Li、U、Th、Be、B、Sn、W、Bi、Pb、Zn、Ag、As、Sb、Au等更偏向于在金沙江结合带以西（南）青藏高原呈弧形带状富集，显然与带内构造岩浆弧有着密切的关系。Cr、Ni、Co、Cu、V、Ti、Mn、P、Zn、Cd、Sb、As、F、Y等元素则偏向于在峨眉山玄武岩分布区及外围富集。Cr、Ni等亲超基性岩浆元素则主要呈线状富集，多数强富集部位在有地幔橄榄岩出露的超深断裂带上。

在西南地区微量元素普遍富集的基本特征下，元素的不均匀性更显特别，而且，这种物质的不均匀性彰显了西南地区地质作用中物质分异的成熟度，是西南地区多种成矿物质大量聚集成矿的有利基础。Cr、Ni；V、Ti；Au、As、Sb、Hg；Sn、W、Bi、Mo、U；Pb、Zn、Ag、Cd；Sr、Ba； B、Li、Mg、Fe、Mn、Al、P等，不均匀性远远高于全国水平，表明其在西南地区的成矿条件优越。

二、元素组合特征

根据聚类分析结果（图4-1），39种元素或氧化物在西南地区总体上可以分为五大组。

1.Cr、Ni、Cu、Co组合

（1）深源超基性岩浆特征组合：多富集在构造结合带、超深断裂带、玄武岩喷溢裂隙等部位。区内主要集中在雅鲁藏布江超基性岩浆带、班公湖-怒江结合带、金沙江-红河结合带、甘孜-理塘-木里-丽江结合带、龙门山-攀枝花构造带等。这类组合异常是铬铁矿找矿的主要化探异常标志。因为是幔源超基性岩的特征组合，所以其异常多与重力高异常带和航磁强异常带一一对应。

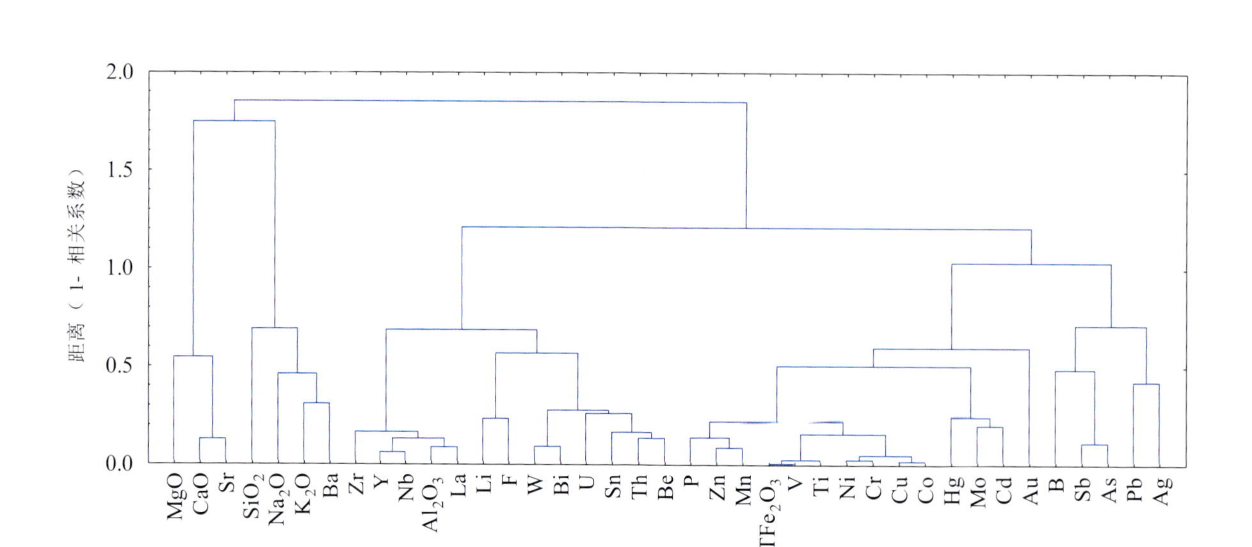

图4-1　西南地区39种元素或氧化物分类谱系图

（注：Mg、Ca、Si、Na、K、Al、Fe均指相对应的氧化物，后文图同。）

（2）Fe、V、Ti组合：基性岩浆活动的特征组合，多在玄武岩、基性侵入岩分布区富集。区内滇东、滇西北、川南以及整个贵州地区，也就是峨眉山玄武岩广泛分布的区域，为这组元素的主要富集区域。从地球化学特征上来看，同样是峨眉山玄武岩，其地域特征差异十分明显。以绿汁江断裂带（磨盘山断裂带）-小江断裂带为界，以西的甘孜-理塘-木里-丽江富集带、道孚-康定-盐源-永胜-宾川富集带与东侧的滇东-贵州富集带存在显著差别，前者Fe、Co等亲铁元素更富集，而V、Ti等亲基性岩浆元素处于次要地位，后者则是大面积富集V、Ti等亲基性岩浆元素，而Fe、Co等元素的富集处在次要地位。这种富集元素组合的差异，表明两区域的玄武岩来源深度的差别，西面玄武岩与幔源物质更接近。

（3）Mn、P、Zn组合：这组元素的富集区域不仅仅在基性岩类直接出露的地区，其富集区域可从岩浆溢流区域一直向岩浆未到达的更广阔的外围区域。表明这组元素除了随岩浆溢流相迁移外，更多的还会以火山灰及气、水溶胶等方式被水和大气带向更广的区域富集。Mn、P、Zn的富集介质，可能与凝灰岩、磷块岩等有关。

2. Al_2O_3、La、Y、Nb、Zr、W、Bi、Be、Th、Sn、U、F、Li组合

这是一组亲石元素组合，总体上讲，其在内生作用中主要与二长花岗岩、二云花岗岩、黑云母花岗岩有较密切的关系。在云母片岩、片麻岩等富含长石、云母的变质岩中也有富集特征。在滇东及贵州地区，这组元素在中生界关岭组和古生界内显著富集，尤其Li和F在关岭组的富集堪称所有地质单元之最。这组元素中一些元素富集，还与绢云板岩等碎屑岩类有关。进一步可将这组元素细分为2组。

（1）Al_2O_3、Y、La、Nb、Zr组合：除了上述富集因素，花岗岩等风化壳黏土矿物对稀散元素的吸附作用不容忽视，它是寻找稀土和稀散元素矿床的重要异常。

（2）Be、Th、Sn、U、Bi、W、F、Li组合：岩浆期后高温气液作用的特征组合，是寻找锡钨矿、（伟晶岩型）锂铍矿等矿产的重要异常。

3. Na_2O、K_2O、Ba组合

这组元素或氧化物的富集首先与中酸性岩浆作用和区域深变质作用紧密相关。在冈底斯岩浆弧、临沧花岗岩体、滇西腾冲花岗岩带、哀牢山混合花岗岩带等地区，Na_2O、K_2O、Ba富集

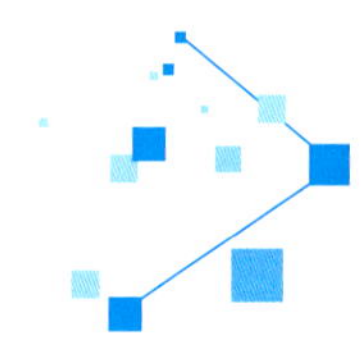

与构造岩浆作用和深变质作用中后期的富碱交代过程有关。这组元素与沿断裂构造的低温热液活动也有关系，比如沿澜沧江断裂均形成了明显的线状异常带。同时，这组元素或氧化物的区域分布特征，也明显受到了气候干湿度的影响。

4. Ag、Cd、Mo、Sb、Bi、Cu、W、Sn、As、Pb、Zn组合

利用因子分析对元素的组合关系作进一步的解剖，可以得到一组主要由成矿元素或指示元素构成的特征组合，它们在西南地区的富集与岩浆侵入、火山活动及其成矿热液活动等有密切的关系。进一步可划分出4组特征组合。

（1）Ag、Cd、Mo、Sb组合：火山、次火山及其热液活动特征组合，与火山喷流成矿作用关系密切。

（2）Bi、Cu、W组合：斑岩铜矿特征组合，表明斑岩铜矿在西南地区铜矿类型中的重要地位。

（3）Sn、As组合：与中酸性岩浆侵入和喷发活动关系较为密切；含锡岩体的有利组合。

（4）Pb、Zn组合：西南地区一般铅锌成矿作用的特征组合。

5. Au、As、Sb、Hg组合

在大区域范围内，这组元素是高度相关的。由于这组元素是典型的低温热液元素，很容易发生远程迁移，在迁移过程中又因为地球化学性状和环境条件的微小差别而产生分离（尤其Hg、Sb元素）。无论如何，这组元素是金、锑、汞成矿带的重要特征组合。

第二节　单元素分布特征

一、铜元素

西南地区水系沉积物Cu元素背景值为35.3×10^{-6}（表4-1），与全国水系沉积物Cu元素含量26.1×10^{-6}相比，西南地区Cu元素相对富集。

各成矿带与大区Cu背景值、异常下限值相比，Cu高背景值及正异常主要分布于Ⅲ-44雅鲁藏布江（缝合带，含日喀则弧前盆地）Cr-Au-Ag-As-Sb成矿带及Ⅲ-40班公湖-怒江（缝合带）Cr成矿带东段、III-39保山（地块）Pb-Zn-Sn-Hg成矿带、Ⅲ-75盐源-丽江-金平（陆缘坳陷和逆冲推覆带）Au-Cu-Mo-Mn-Ni-Fe-Pb-S成矿带、Ⅲ-77上扬子中东部（坳褶带）Pb-Zn-Cu-Ag-Fe-Mn-Hg-Sb-P-铝土矿-硫铁矿成矿带、Ⅲ-89滇东南Sn-Ag-Pb-Zn-W-Sb-Hg-Mn成矿带、Ⅲ-77上扬子中东部及Ⅲ-30北巴颜喀拉-马尔康Au-Ni-Pt-Fe-Mn-Pb-Zn-Li-Be-云母成矿带缝合线上。

二、铅元素

西南地区水系沉积物Pb元素背景值为35.8×10^{-6}（表4-1），与全国水系沉积物Pb元素含量29.2×10^{-6}相比，Pb元素相对富集。

各成矿带与大区Pb背景值、异常下限值相比，Pb高背景值及正异常主要分布于Ⅲ-34墨江-绿春（小洋盘）Au-Cu-Ni成矿带、Ⅲ-36昌都-普洱（地块/造山带）Cu-Pb-Zn-Ag-Fe-Hg-Sb-石膏-菱铁矿-盐类成矿带、Ⅲ-37羌南（地块/前陆盆地）Fe-Sb-B-（Au）成矿带东段、III-38

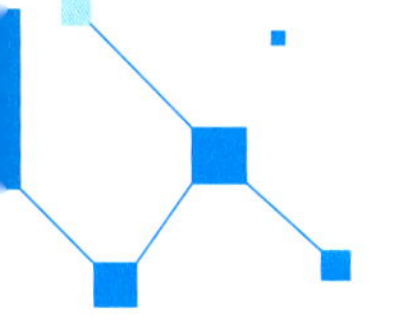

昌宁-澜沧（造山带）Fe-Cu-Pb-Zn-Ag-Sn-白云母成矿带、Ⅲ-39保山（地块）Pb-Zn-Sn-Hg成矿带、Ⅲ-42班戈-腾冲（岩浆弧）Sn-W-Be-Li-Fe-Pb-Zn成矿带、Ⅲ-43拉萨地块（冈底斯岩浆弧）Cu-Au-Mo-Fe-Sb-Pb-Zn成矿带、Ⅲ-77上扬子中东部（坳褶带）Pb-Zn-Cu-Ag-Fe-Mn-Hg-Sb-P-铝土矿-硫铁矿成矿带、Ⅲ-89滇东南Sn-Ag-Pb-Zn-W-Sb-Hg-Mn成矿带。

三、锌元素

西南地区水系沉积物Zn元素背景值为90×10^{-6}（表4-1），与全国水系沉积物Zn元素含量75.7×10^{-6}相比，西南地区Zn元素相对富集。

各成矿带与大区Zn背景值、异常下限值相比，Zn高背景值及正异常主要分布于Ⅲ-31南巴颜喀拉-雅江Li-Be-Au-Cu-Zn-水晶成矿带、Ⅲ-32义敦-香格里拉（造山带，弧盆系）Au-Ag-Pb-Zn-Cu-Sn-Hg-Sb-W-Be成矿带、Ⅲ-37羌南（地块/前陆盆地）Fe-Sb-B-（Au）成矿带东段、Ⅲ-39保山（地块）Pb-Zn-Sn-Hg成矿带、Ⅲ-40班公湖-怒江（缝合带）Cr成矿带、Ⅲ-43拉萨地块（冈底斯岩浆弧）Cu-Au-Mo-Fe-Sb-Pb-Zn成矿带、Ⅲ-44雅鲁藏布江（缝合带，含日喀则弧前盆地）Cr-Au-Ag-As-Sb成矿带、Ⅲ-45喜马拉雅（造山带）Au-Sb-Fe-白云母成矿带、Ⅲ-73龙门山-大巴山（陆缘坳陷）Fe-Cu-Pb-Zn-Mn-V-P-S-重晶石-铝土矿成矿带、Ⅲ-75盐源-丽江-金平（陆缘坳陷和逆冲推覆带）Au-Cu-Mo-Mn-Ni-Fe-Pb-S成矿带、Ⅲ-77上扬子中东部（坳褶带）Pb-Zn-Cu-Ag-Fe-Mn-Hg-Sb-P-铝土矿-硫铁矿成矿带、Ⅲ-88桂西—黔西南（右江海槽）Au-Sb-Hg-Ag-水晶-石膏成矿区、Ⅲ-89滇东南Sn-Ag-Pb-Zn-W-Sb-Hg-Mn成矿带。

Zn元素异常高背景区主要集中于云南省境内Ⅲ-34墨江-绿春（小洋盘）Au-Cu-Ni成矿带、Ⅲ-36昌都-普洱（地块/造山带）Cu-Pb-Zn-Ag-Fe-Hg-Sb-石膏-菱铁矿-盐类成矿带、Ⅲ-37羌南（地块/前陆盆地）Fe-Sb-B-（Au）成矿带东段、Ⅲ-38昌宁-澜沧（造山带）Fe-Cu-Pb-Zn-Ag-Sn-白云母成矿带、Ⅲ-39保山（地块）Pb-Zn-Sn-Hg成矿带、Ⅲ-42班戈—腾冲（岩浆弧）Sn-W-Be-Li-Fe-Pb-Zn成矿带、Ⅲ-43拉萨地块（冈底斯岩浆弧）Cu-Au-Mo-Fe-Sb-Pb-Zn成矿带、Ⅲ-77上扬子中东部（坳褶带）Pb-Zn-Cu-Ag-Fe-Mn-Hg-Sb-磷-铝土矿-硫铁矿成矿带、Ⅲ-89滇东南Sn-Ag-Pb-Zn-W-Sb-Hg-Mn成矿带。

四、金元素

西南地区水系沉积物Au元素背景值为2.28×10^{-9}（表4-1），与全国水系沉积物Au元素含量2.2×10^{-9}相比，西南地区Au元素略显富集。

各成矿带与大区Au背景值、异常下限值相比，Au元素高背景值及正异常主要分布于Ⅲ-30北巴颜喀拉-马尔康Au-Ni-Pt-Fe-Mn-Pb-Zn-Li-Be -云母成矿带、Ⅲ-31南巴颜喀拉-雅江Li-Be-Au-Cu-Zn-水晶成矿带、Ⅲ-32义敦-香格里拉（造山带，弧盆系）Au-Ag-Pb-Zn -Cu-Sn-Hg-Sb-W-Be成矿带、Ⅲ-42班戈-腾冲（岩浆弧）Sn-W-Be-Li-Fe-Pb-Zn成矿带、Ⅲ-43拉萨地块（冈底斯岩浆弧）Cu-Au-Mo-Fe-Sb-Pb-Zn成矿带、Ⅲ-44雅鲁藏布江（缝合带，含日喀则弧前盆地）Cr-Au-Ag-As-Sb成矿带、Ⅲ-75盐源-丽江-金平（陆缘坳陷和逆冲推覆带）Au-Cu-Mo-Mn-Ni-Fe-Pb-S成矿带、Ⅲ-77上扬子中东部（坳褶带）Pb-Zn-Cu-Ag-Fe-Mn-Hg-Sb-P-铝土矿-硫铁矿成矿带西部、Ⅲ-88桂西-黔西南（右江海槽）Au-Sb-Hg-Ag-水晶-石膏成矿区、Ⅲ-89滇东南Sn-Ag-Pb-Zn-W-Sb-Hg-Mn成矿带。

五、钨元素

西南地区水系沉积物W元素背景值为2.52×10^{-6}（表4-1），与全国水系沉积物W元素含量2.68×10^{-6}相比，西南地区W元素略显贫化。

各成矿带与大区W背景值、异常下限值相比，W元素高背景值及正异常主要分布于Ⅲ-30北巴颜喀拉–马尔康Au-Ni-Pt-Fe-Mn-Pb-Zn-Li-Be –云母成矿带、Ⅲ-31南巴颜喀拉–雅江Li-Be-Au-Cu-Zn–水晶成矿带、Ⅲ-32义敦—香格里拉（造山带，弧盆系）Au-Ag-Pb-Zn -Cu-Sn-Hg-Sb-W-Be成矿带、Ⅲ-37羌南（地块/前陆盆地）Fe-Sb-B-（Au）成矿带东段、Ⅲ-38昌宁–澜沧（造山带）Fe-Cu-Pb-Zn-Ag-Sn–白云母成矿带、Ⅲ-39保山（地块）Pb-Zn-Sn-Hg成矿带、Ⅲ-40班公湖–怒江（缝合带）Cr成矿带、Ⅲ-41狮泉河–申扎（岩浆弧）W-Mo-（Cu-Fe）–硼–砂金成矿带、Ⅲ-42班戈–腾冲（岩浆弧）Sn-W-Be-Li-Fe-Pb-Zn成矿带、Ⅲ-43拉萨地块（冈底斯岩浆弧）Cu-Au-Mo-Fe-Sb-Pb-Zn成矿带、Ⅲ-44雅鲁藏布江（缝合带，含日喀则弧前盆地）Cr-Au-Ag-As-Sb成矿带、Ⅲ-45喜马拉雅（造山带）Au-Sb-Fe–白云母成矿带、Ⅲ-89滇东南Sn-Ag-Pb-Zn-W-Sb-Hg-Mn成矿带。

六、锑元素

西南地区水系沉积物Sb元素背景值为2.13×10^{-6}（表4-1），与全国水系沉积物Sb元素含量1.45×10^{-6}相比，西南地区Sb元素相对富集。

各成矿带与大区Sb背景值、异常下限值相比，Sb元素高背景值及正异常主要分布于Ⅲ-32义敦–香格里拉（造山带，弧盆系）Au-Ag-Pb-Zn-Cu-Sn-Hg-Sb-W-Be成矿带、Ⅲ-35喀喇昆仑–羌北（弧后/前陆盆地）Fe-Au–石膏成矿带、Ⅲ-37羌南（地块/前陆盆地）Fe-Sb-B-（Au）成矿带、III-45喜马拉雅（造山带）Au-Sb-Fe–白云母成矿带、Ⅲ-38昌宁–澜沧（造山带）Fe-Cu-Pb-Zn-Ag-Sn–白云母成矿带、Ⅲ-39保山（地块）Pb-Zn-Sn-Hg成矿带、Ⅲ-77上扬子中东部（坳褶带）Pb-Zn-Cu-Ag-Fe-Mn-Hg-Sb-P–铝土矿–硫铁矿成矿带、Ⅲ-78江南隆起西段Sn-W-Au-Sb-Cu–重晶石–滑石成矿带、Ⅲ-88桂西—黔西南（右江海槽）Au-Sb-Hg-Ag–水晶–石膏成矿区、Ⅲ-89滇东南Sn-Ag-Pb-Zn-W-Sb-Hg-Mn成矿带。

七、镧、钇元素

西南地区水系沉积物La、Y元素背景值为41.3×10^{-6}、26.5×10^{-6}（表4-1），与全国水系沉积物La、Y元素含量40.7×10^{-6}、25.9×10^{-6}相比，西南地区La、Y元素略微富集。

各成矿带与大区La、Y背景值、异常下限值相比，La、Y元素高背景值及正异常主要分布于西藏东南部、四川西北部、云南东南部及贵州西部地区。

八、锡元素

西南地区水系沉积物Sn元素背景值为4.08×10^{-6}（表4-1），与全国水系沉积物Sn元素含量4.12×10^{-6}相比，西南地区Sn元素略微贫化。

各成矿带与大区Sn背景值、异常下限值相比，Sn元素高背景值及正异常主要分布于Ⅲ-38昌宁–澜沧（造山带）Fe-Cu-Pb-Zn-Ag-Sn–白云母成矿带、Ⅲ-39保山（地块）Pb-Zn-Sn-Hg成矿

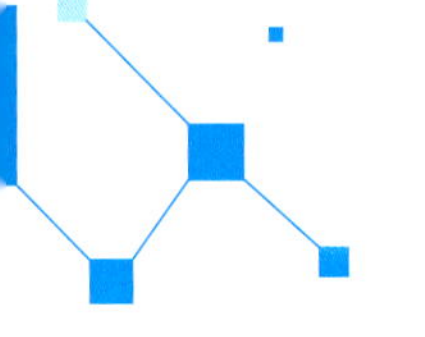

带、Ⅲ-40班公湖-怒江（缝合带）Cr成矿带、Ⅲ-42班戈-腾冲（岩浆弧）Sn-W-Be-Li-Fe-Pb-Zn成矿带、Ⅲ-43拉萨地块（冈底斯岩浆弧）Cu-Au-Mo-Fe-Sb-Pb-Zn成矿带、Ⅲ-45喜马拉雅（造山带）Au-Sb-Fe-白云母成矿带、Ⅲ-89滇东南Sn-Ag-Pb-Zn-W-Sb-Hg-Mn成矿带。

九、钼元素

西南地区水系沉积物Mo元素背景值为1.1×10^{-6}（表4-1），与全国水系沉积物Mo元素含量1.14×10^{-6}相比，西南地区Mo元素略微贫化。

各成矿带与大区Mo背景值、异常下限值相比，Mo元素高背景值及正异常主要分布于Ⅲ-39保山（地块）Pb-Zn-Sn-Hg成矿带、Ⅲ-43拉萨地块（冈底斯岩浆弧）Cu-Au-Mo-Fe-Sb-Pb-Zn成矿带、Ⅲ-73龙门山-大巴山（陆缘坳陷）Fe-Cu-Pb-Zn-Mn-V-P-S-重晶石-铝土矿成矿带、Ⅲ-75盐源-丽江-金平（陆缘坳陷和逆冲推覆带）Au-Cu-Mo-Mn-Ni-Fe-Pb-S成矿带、Ⅲ-77上扬子中东部（坳褶带）Pb-Zn-Cu-Ag-Fe-Mn-Hg-Sb-P-铝土矿-硫铁矿成矿带、Ⅲ-88桂西-黔西南（右江海槽）Au-Sb-Hg-Ag-水晶-石膏成矿区、Ⅲ-89滇东南Sn-Ag-Pb-Zn-W-Sb-Hg-Mn成矿带。

十、镍元素

西南地区水系沉积物Ni元素背景值为38.7×10^{-6}（表4-1），与全国水系沉积物Ni元素含量28×10^{-6}相比，西南地区Ni元素显示富集。

各成矿带与大区Ni背景值、异常下限值相比，Ni元素高背景值及正异常主要分布于Ⅲ-39保山（地块）Pb-Zn-Sn-Hg成矿带、Ⅲ-40班公湖-怒江（缝合带）Cr成矿带、Ⅲ-44雅鲁藏布江（缝合带，含日喀则弧前盆地）Cr-Au-Ag-As-Sb成矿带、Ⅲ-75盐源-丽江-金平（陆缘坳陷和逆冲推覆带）Au-Cu-Mo-Mn-Ni-Fe-Pb-S成矿带、Ⅲ-77上扬子中东部（坳褶带）Pb-Zn-Cu-Ag-Fe-Mn-Hg-Sb-P-铝土矿-硫铁矿成矿带、Ⅲ-88桂西-黔西南（右江海槽）Au-Sb-Hg-Ag-水晶-石膏成矿区、Ⅲ-89滇东南Sn-Ag-Pb-Zn-W-Sb-Hg-Mn成矿带。

十一、锰元素

西南地区水系沉积物Mn元素背景值为848×10^{-6}（表4-1），与全国水系沉积物Mn元素含量735×10^{-6}相比，西南地区Mn元素显示富集。

各成矿带与大区Mn背景值、异常下限值相比，Mn元素高背景值及正异常主要分布于III-39保山（地块）Pb-Zn-Sn-Hg成矿带、Ⅲ-44雅鲁藏布江（缝合带，含日喀则弧前盆地）Cr-Au-Ag-As-Sb成矿带、Ⅲ-75盐源-丽江-金平（陆缘坳陷和逆冲推覆带）Au-Cu-Mo-Mn-Ni-Fe-Pb-S成矿带、Ⅲ-77上扬子中东部（坳褶带）Pb-Zn-Cu-Ag-Fe-Mn-Hg-Sb-P-铝土矿-硫铁矿成矿带、Ⅲ-88桂西-黔西南（右江海槽）Au-Sb-Hg-Ag-水晶-石膏成矿区、Ⅲ-89滇东南Sn-Ag-Pb-Zn-W-Sb-Hg-Mn成矿带。

十二、铬元素

西南地区水系沉积物Cr元素背景值为88.1×10^{-6}（表4-1），与全国水系沉积物Cr元素含量65.5×10^{-6}相比，西南地区Cr元素相对富集。

各成矿带与大区Cr背景值、异常下限值相比，Cr元素高背景值及正异常主要分布于Ⅲ-31

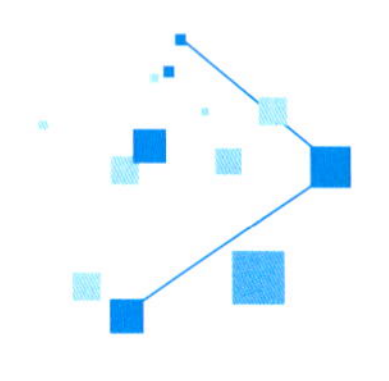

南巴颜喀拉-雅江Li-Be-Au-Cu-Zn-水晶成矿带、Ⅲ-40班公湖-怒江（缝合带）Cr成矿带、Ⅲ-44雅鲁藏布江（缝合带，含日喀则弧前盆地）Cr-Au-Ag-As-Sb成矿带、Ⅲ-75盐源-丽江-金平（陆缘坳陷和逆冲推覆带）Au-Cu-Mo-Mn-Ni-Fe-Pb-S成矿带、Ⅲ-77上扬子中东部（坳褶带）Pb-Zn-Cu-Ag-Fe-Mn-Hg-Sb-P-铝土矿-硫铁矿成矿带、Ⅲ-89滇东南Sn-Ag-Pb-Zn-W-Sb-Hg-Mn成矿带。

十三、银元素

西南地区水系沉积物Ag元素背景值为0.096 6×10^{-6}（表4-1），与全国水系沉积物Ag元素含量0.091×10^{-6}相比，西南地区Ag元素略显富集。

各成矿带与大区Ag背景值、异常下限值相比，Ag元素高背景值及正异常主要分布于Ⅲ-35喀喇昆仑-羌北（弧后/前陆盆地）Fe-Au-石膏成矿带、Ⅲ-39保山（地块）Pb-Zn-Sn-Hg成矿带、Ⅲ-43拉萨地块（冈底斯岩浆弧）Cu-Au-Mo-Fe-Sb-Pb-Zn成矿带、Ⅲ-73龙门山-大巴山（陆缘坳陷）Fe-Cu-Pb-Zn-Mn-V-P-S-重晶石-铝土矿成矿带、Ⅲ-89滇东南Sn-Ag-Pb-Zn-W-Sb-Hg-Mn成矿带。

十四、氟元素

西南地区水系沉积物F元素背景值为583×10^{-6}（表4-1），与全国水系沉积物F元素含量517×10^{-6}相比，西南地区F元素略显富集。

各成矿带与大区F背景值、异常下限值相比，F元素高背景值及正异常主要分布于Ⅲ-37羌南（地块/前陆盆地）Fe-Sb-B-（Au）成矿带、Ⅲ-39保山（地块）Pb-Zn-Sn-Hg成矿带、Ⅲ-43拉萨地块（冈底斯岩浆弧）Cu-Au-Mo-Fe-Sb-Pb-Zn成矿带、Ⅲ-73龙门山-大巴山（陆缘坳陷）Fe-Cu-Pb-Zn-Mn-V-P-S-重晶石-铝土矿成矿带、Ⅲ-77上扬子中东部（坳褶带）Pb-Zn-Cu-Ag-Fe-Mn-Hg-Sb-P-铝土矿-硫铁矿成矿带、Ⅲ-88桂西-黔西南（右江海槽）Au-Sb-Hg-Ag-水晶-石膏成矿区、Ⅲ-89滇东南Sn-Ag-Pb-Zn-W-Sb-Hg-Mn成矿带。

十五、钡元素

西南地区水系沉积物Ba元素背景值为437×10^{-6}（表4-1），与全国水系沉积物Ba元素含量530×10^{-6}相比，西南地区Ba元素略显贫化。

各成矿带与大区Ba背景值、异常下限值相比，Ba元素高背景值及正异常主要分布于Ⅲ-35喀喇昆仑-羌北（弧后/前陆盆地）Fe-Au-石膏成矿带、Ⅲ-38昌宁-澜沧（造山带）Fe-Cu-Pb-Zn-Ag-Sn-白云母成矿带、Ⅲ-41狮泉河-申扎（岩浆弧）W-Mo-（Cu-Fe）-硼-砂金成矿带、Ⅲ-43拉萨地块（冈底斯岩浆弧）Cu-Au-Mo-Fe-Sb-Pb-Zn成矿带、Ⅲ-73龙门山-大巴山（陆缘坳陷）Fe-Cu-Pb-Zn-Mn-V-P-S-重晶石-铝土矿成矿带、Ⅲ-78江南隆起西段Sn-W-Au-Sb-Cu-重晶石-滑石成矿带。

十六、汞元素

西南地区水系沉积物Hg元素背景值为0.116×10^{-6}（表4-1），与全国水系沉积物Hg元素含量0.08×10^{-6}相比，西南地区Hg元素相对富集。

各成矿带与大区Hg背景值、异常下限值相比，Hg元素高背景值及正异常主要分布于Ⅲ-36昌都-普洱（地块/造山带）Cu-Pb-Zn-Ag-Fe-Hg-Sb-石膏-菱铁矿-盐类成矿带、Ⅲ-37羌南（地块/前陆盆地）Fe-Sb-B-（Au）成矿带、Ⅲ-39保山（地块）Pb-Zn-Sn-Hg成矿带、Ⅲ-44雅鲁藏布江（缝合带，含日喀则弧前盆地）Cr-Au-Ag-As-Sb成矿带、Ⅲ-73龙门山-大巴山（陆缘坳陷）Fe-Cu-Pb-Zn-Mn-V-P-S-重晶石-铝土矿成矿带、Ⅲ-77上扬子中东部（坳褶带）Pb-Zn-Cu-Ag-Fe-Mn-Hg-Sb-P-铝土矿-硫铁矿成矿带、Ⅲ-78江南隆起西段Sn-W-Au-Sb-Cu-重晶石-滑石成矿带、Ⅲ-88桂西-黔西南（右江海槽）Au-Sb-Hg-Ag-水晶-石膏成矿区、Ⅲ-89滇东南Sn-Ag-Pb-Zn-W-Sb-Hg-Mn成矿带。

十七、铁氧化物（TFe_2O_3）

西南地区水系沉积物TFe_2O_3背景值为5.61×10^{-2}（表4-1），与全国水系沉积物TFe_2O_3含量4.67×10^{-2}相比，西南地区TFe_2O_3相对富集。

各成矿带与大区TFe_2O_3背景值、异常下限值相比，TFe_2O_3高背景值及正异常主要分布于Ⅲ-39保山（地块）Pb-Zn-Sn-Hg成矿带、Ⅲ-44雅鲁藏布江（缝合带，含日喀则弧前盆地）Cr-Au-Ag-As-Sb成矿带、Ⅲ-45喜马拉雅（造山带）Au-Sb-Fe-白云母成矿带、Ⅲ-75盐源-丽江-金平（陆缘坳陷和逆冲推覆带）Au-Cu-Mo-Mn-Ni-Fe-Pb-S成矿带、Ⅲ-77上扬子中东部（坳褶带）Pb-Zn-Cu-Ag-Fe-Mn-Hg-Sb-P-铝土矿-硫铁矿成矿带、Ⅲ-88桂西-黔西南（右江海槽）Au-Sb-Hg-Ag-水晶-石膏成矿区、Ⅲ-89滇东南Sn-Ag-Pb-Zn-W-Sb-Hg-Mn成矿带。

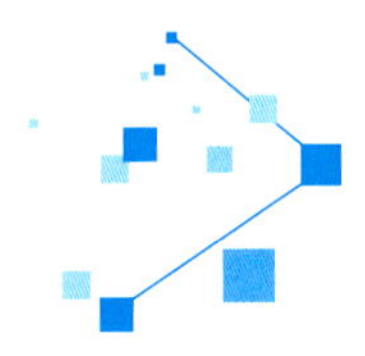

表4-1 西南地区39种元素或氧化物在水系沉积物中的分布特征

元素或氧化物	西南地区						全国				区域／全国	
	平均值（X）	均方差（S）	几何平均值	5%分位值	中值	95%分位值	平均值（X）	中值	均方差（S）	几何平均值	中值	均值
Ag	0.096 6	0.302	0.076	0.035	0.070 8	0.178	0.091	0.07	0.297	0.072 1	1.01	1.05
As	18.6	82.9	11	2.089	11.2	51.3	13.2	8.7	41.9	8.5	1.29	1.29
Au	2.28	39.9	1.34	0.398	1.29	4.37	2.2	1.22	20.6	1.27	1.06	1.05
B	60.4	60.8	48.4	11	55	117	49	42	44.3	36.2	1.31	1.34
Ba	437	493	381	170	389	741	530	483	425	461	0.81	0.83
Be	2.36	2.63	2.14	0.933	2.24	3.8	2.32	2.06	7.91	2.02	1.09	1.06
Bi	0.45	2.69	0.307	0.1	0.295	0.891	0.49	0.29	4.77	0.291	1.02	1.06
Cd	0.354	3.3	0.198	0.068	0.178	0.933	0.26	0.125	1.7	0.138	1.42	1.44
Co	16.4	11	13.7	5.01	13.5	39.8	13.1	11.6	16.6	10.8	1.16	1.27
Cr	88.1	128	66.4	19.5	67.6	204	65.5	56.2	84.3	49.7	1.2	1.34
Cu	35.3	61.3	25.1	7.94	23.4	102	26.1	21	38.1	20.2	1.12	1.24
F	583	383	522	245	513	1096	517	470	579	459	1.09	1.14
Hg	0.116	3.21	0.039	0.008	0.036	0.219	0.08	0.035	1.358	0.037	1.04	1.06
La	41.3	77.7	37.7	18.6	38	70.8	40.7	37.6	19.9	37.5	1.01	1
Li	41.1	22.6	36.7	16.2	37.2	74.1	33.2	30.1	19.8	28.9	1.23	1.27
Mn	848	614	717	288	692	1820	735	638	630	616	1.08	1.16
Mo	1.1	3.5	0.768	0.269	0.692	2.75	1.14	0.76	2.49	0.81	0.91	0.95
Nb	18.1	10.4	16	6.92	15.8	38	16.8	15	10.5	14.9	1.06	1.08
Ni	38.7	53.6	29.8	9.55	29.5	85.1	28	23	36.3	20.9	1.28	1.43
P	695	498	601	245	589	1380	129	549	441	539	1.07	1.12
Pb	35.8	369	25.1	11.7	24	60.3	29.2	22.5	127	23.3	1.07	1.08
Sb	2.13	46.4	0.901	0.2	0.832	5.13	1.45	0.6	17.2	0.657	1.39	1.37
Sn	4.08	33.8	3.05	1.23	3.09	6.76	4.12	2.9	25.1	2.94	1.07	1.04
Sr	134	1285	98.6	30.2	97.7	339	168	137	154	121	0.71	0.81

续表4-1

元素或氧化物	西南地区						全国				区域/全国	
	平均值（X）	均方差（S）	几何平均值	5%分位值	中值	95%分位值	平均值（X）	中值	均方差（S）	几何平均值	中值	均值
Th	13.3	8.85	12	5.75	12	22.9	13.2	11.3	10.8	11.4	1.06	1.05
Ti	5426	4401	4390	1514	4169	14454	4352	3956	3019	3722	1.05	1.18
U	3.37	4.39	2.79	1.259	2.69	7.08	2.99	2.4	3.22	2.46	1.12	1.13
V	107	76.3	88.7	30.2	87.1	257	85.7	77.3	56.9	72.2	1.13	1.23
W	2.52	35.1	1.76	0.692	1.7	4.9	2.68	1.68	22.4	1.69	1.01	1.04
Y	26.5	12.6	24.5	12.3	24.55	43.7	25.9	24	14.8	24	1.02	1.02
Zn	90	313	73.9	30.2	75.86	155	75.7	66.4	171	63.9	1.14	1.16
Zr	273	135	248	107	251	457	279	254	166	246	0.99	1.01
SiO_2	62.7	12.2	61.1	39.8	63.1	79.4	64.9	65.5	10	63.9	0.96	0.96
Al_2O_3	12.7	3.74	12	5.888	12.6	18.2	12.8	12.9	3.24	12.3	0.98	0.97
TFe_2O_3	5.61	3.05	4.93	1.95	5.01	12	4.67	4.38	2.41	4.16	1.14	1.19
CaO	3.33	6.14	1.36	0.2	1.17	14.5	3	1.51	4.44	1.4	0.78	0.97
MgO	1.67	1.55	1.35	0.49	1.35	3.72	1.54	1.26	1.42	1.15	1.07	1.17
K_2O	2.13	0.959	1.9	0.708	2.09	3.63	2.43	2.38	0.943	2.23	0.88	0.85
Na_2O	1.15	1.12	0.727	0.1	0.794	3.09	1.44	1.3	1.14	0.921	0.61	0.79

注：（1）全国水系沉积物参数引自王永华《西南地区矿产部署研究报告（2009）》。
（2）含量单位：氧化物为%，Au为$\times10^{-9}$，其他为$\times10^{-6}$。

第三节　地球化学（异常）分区

一、重要控制（断裂）构造

西南地区地球化学异常分带明显，总体特征与构造特征完全一致。但西南地区的地球化学异常由于受复杂地质作用的综合影响，组合分布规律也十分复杂。在对比研究了区域构造分带和地球化学元素分布规律的基础上，发现区内以下主要构造对元素区域地球化学分布的控制作用最为明显。

1. 澜沧江断裂带

澜沧江断裂带是亲中酸性岩浆元素西富东贫的分界线。Sn、W、Bi、Be、U、Th、K_2O等元素或氧化物在断裂以西普遍呈带状富集，以东则普遍贫化，仅局部呈岛状富集。

2. 金沙江-红河断裂带（结合带）

以金沙江断裂带之字嘎寺-羊拉断裂、金沙江-红河断裂（大理以南以阿墨江-李仙江断裂）为界，V、Ti、Cu、Fe、Zn等亲基性岩浆元素在断裂东侧普遍面型富集，而西侧相对贫化。在金沙江-红河结合带以西（南），所有富集区或异常的条带状特征非常明显，而且多数呈弧形分布；结合带以东则多为形状各异的富集区或异常区分布，总体条带特征不明显。

3. 龙门山-金河-程海断裂带

该带深部可能为龙门山-安宁河-罗茨-易门断裂带。

地表面与此断裂对应的地球化学异常是一组亲超基性岩浆元素Ni、Cr、Co、Fe等的条带状异常。断裂带处于泛扬子构造区内，是青藏高原和扬子陆块的碰撞推覆断裂带。

4. 拉萨河断裂带（重力、化探推测的北东向断裂带）

该断裂带在地表有北东向断裂断续分布，地球化学特征显示为区域性控制断裂，它制约着青藏高原东西两侧诸多内生地质作用的强弱分布，当然也是内生成矿作用强弱的分界线。如驱龙铜矿等多种成矿作用，均在断裂以东分布，以西则各种内生成矿作用明显变弱甚至截然消失。

5. 雅鲁藏布江结合带

该结合带以亲超基性岩浆元素Cr、Ni、Co、Cu、Fe、Mg等的线状异常分布为标志，与一套线状分布的蛇绿岩群相对应，其中最具代表性的当数地幔橄榄岩。雅鲁藏布江断裂为结合带北界，是一条十分明显的地球化学分界线，南界则不够清晰，多数富集元素的富集强度由北向南逐渐降低。

6. 班公湖-怒江结合带

该结合带以亲超基性岩浆元素Cr、Ni、Co、Cu、Fe、Mg等的线状异常分布为标志，异常多与一套线状分布的地幔橄榄岩相对应，但与雅鲁藏布江结合带不同，该带除了自身形成了亲超基性岩浆元素高强异常条带外，对青藏高原内部地球化学元素分布的控制作用并不明显，只对少数元素的空间上的突变产生了控制作用。Cr、Ni等异常带的延续性较差，断裂带本身的界线及主次断裂也不易界定。从地球化学特征分析，该带的北界大约为班公错-康托-怒江断裂，而南界的特征模糊；西段大约为噶尔-古昌-吴如错断裂，东段大致相当于嘉黎-然乌断裂。

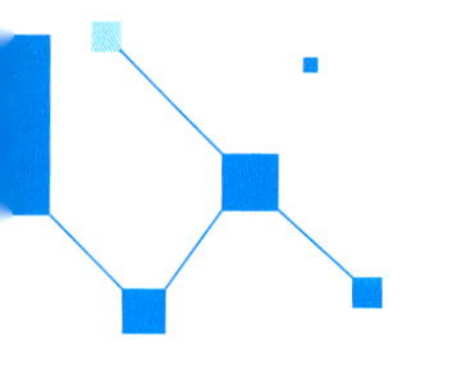

二、地球化学（异常）区带划分及特征简述

西南地区的地质构造分区，通常是以班公湖—怒江结合带作为一级构造单元的分界线。在对地球化学元素分布规律进行对比研究后，发现起明显控制作用的为澜沧江结合带。这种与地质划分方案的差异，主要是由划分依据的差异引起的，除了有形的地质构造特征外，地球化学划分方案和地质体的分布更多地还受无形的地球化学作用的影响。内生地质作用过程，其实质主要是地球化学元素（组分）的物理化学变化过程，元素的变化首先是一个多因素环境下的量变过程，在量变没有达到质变（相变）较长过渡态中，仅仅依靠结晶学及矿物学的理论和规律，无法准确描述元素的空间分布。成岩后以热液叠加为主的多种地质（成矿）作用，就是这种仅以地球化学指标能够精确描述的典型代表。不以矿物存在为证据的“叠加晕”找矿理论和多项隐伏金矿体找矿突破（李惠等，2011），证实了地球化学（异常）不完全依附于区域岩性、岩相的宏观可视质变，而更多的只从地球化学（元素）的量变反映地质成矿作用过程的重要性。

西南地区39种元素或氧化物的独立或关联分布特征，总体上清楚地反映了西南地区区域地质构造分区的全貌，同时也反映了传统的地质构造分区所无法反映的更多区域和局部地段的地质-地球化学规律（图4-2）。

沿澜沧江断裂，可以将西南地区首先划分成两大地球化学域，即泛扬子亲铁亲铜元素地球化学域和藏滇冈底斯-喜马拉雅亲氧元素地球化学域。

对泛扬子亲铁亲铜元素地球化学域，根据地球化学元素的背景变化规律，进一步划分为9个地球化学省，并根据异常分布特征进一步划分了与区域成矿作用规律和成矿带基本对应的16个异常区带。

对藏滇冈底斯-喜马拉雅亲氧元素地球化学域，则进一步划分了10个地球化学省，19个异常区带。

各（异常）区带或地球化学背景各异，或异常特征各异，虽然有很多方面与以地质构造分区为基础的成矿带的划分存在差异，但其对成矿作用的类型和影响范围的确定，相比之下具有更大的实际意义。

限于篇幅，西南地区35个地球化学（异常）区带的元素分布特征以简表（表4-2）列出。各区的典型矿床类型，或与元素的高背景相关，或与成矿元素的局部强富集、强异常相关，与地球化学省、地球化学（异常）区带特征对应关系显著，充分反映了地质-成矿作用与地球化学作用过程的一致性。

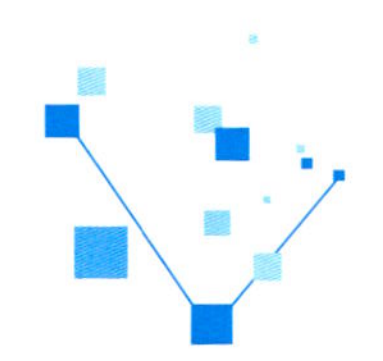

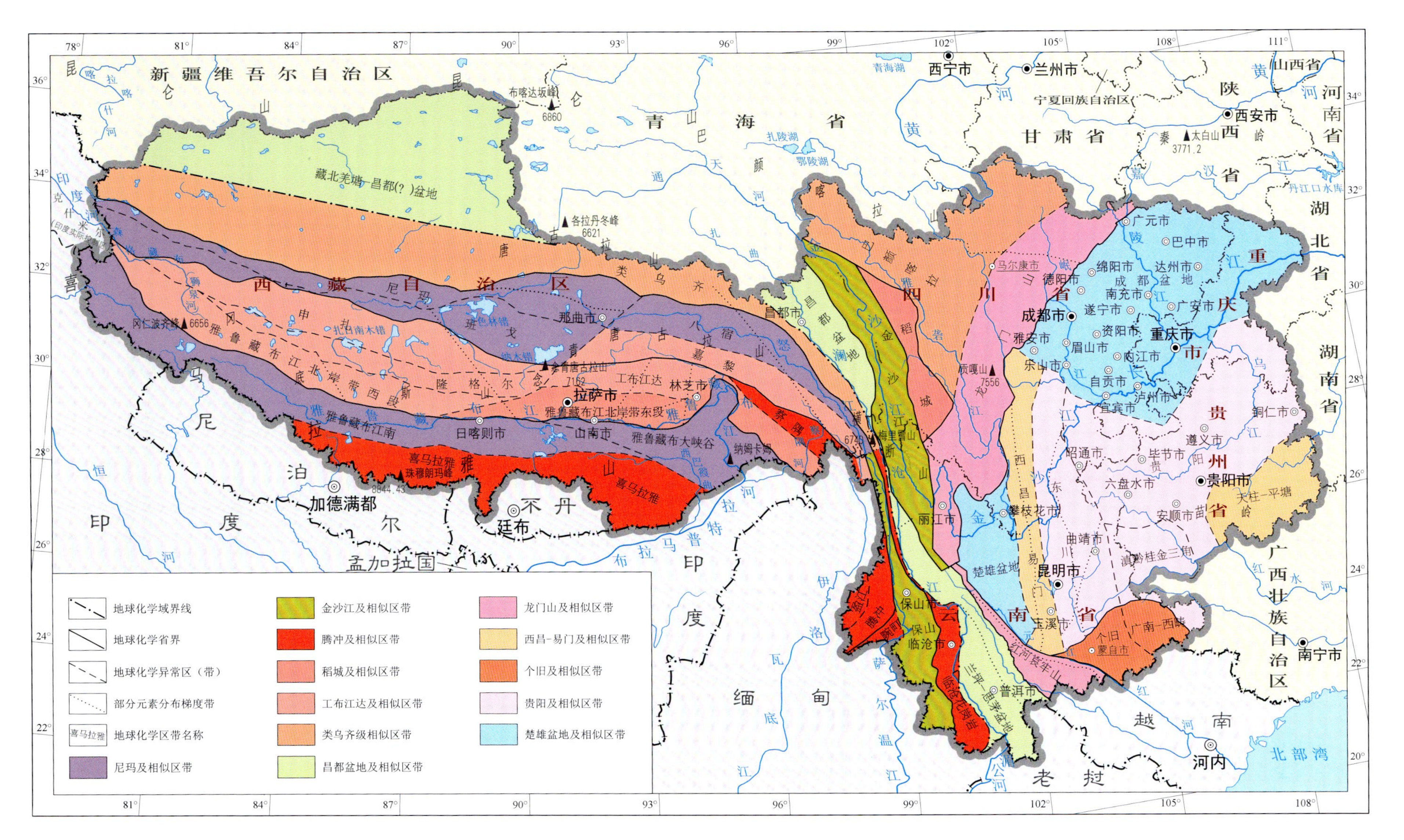

图4-2 西南地区地球化学（异常）区带划分图

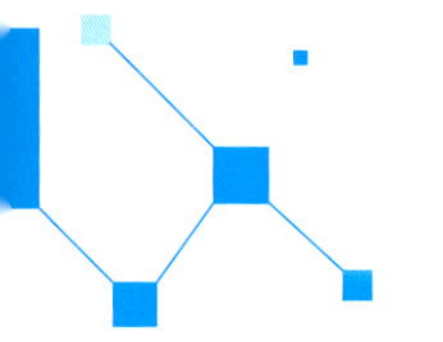

表4-2　西南地区地球化学（异常）区带划分及主要特征简表

地球化学分区			地球化学特征		典型矿床
域	省	异常区带	高背景元素	强异常元素	
泛扬子亲铁亲铜元素地球化学域	巴颜喀拉	巴颜喀拉	(Au)	(Au)	金木达等金矿
		龙门山	Ag、Au、Cu、Zn、Mn、Cr、Ni、Ti	Ag、Au、Cu、Mo、Cr、Ni、Ti	扬柳坪铂镍矿、木里金铁矿等
	稻城	稻城	(Sn、W)	(Cu、Ni、W)	赠科嘎衣穷铜镍锌矿、呷村锌矿
	金沙江	金沙江	Ag、Au、Cu、Ni、Pb、Zn	Ag、(Au)、Cu、Pb	普郎铜矿
	昌都－思茅盆地	昌都盆地	Cu	Ag、Pb、Cu、(Mo、Sb)	玉龙铜(钼)矿床
		兰坪－思茅盆地	Ag、Pb	Zn、Al	金顶铅锌矿
	红河－哀牢山	红河－哀牢山	Ag、Au、Cu、Cr、Ni	Ag、Au、Pb、(Sb)、Cr、Ni	镇沅金矿、金宝山铂钯矿、元江镍矿、长安金矿、攀枝花铁矿
	西扬子	楚雄盆地	(Ag)	(Cr)	—
		西昌－易门	—	Ag、Cu、Pb、Zn、Mn、Ti	易门狮子山铜矿、鱼子甸铁矿
	四川盆地	四川盆地	Au	—	古龙锶矿
	东扬子	东川－黔中	Ag、Au、Cr、Ni、Cu、Mn、Mo、Pb、Zn、Sb、Ti	Cu、Pb、Zn、Sb、Ti	东川铜矿、滥坝镇铅锌矿
		天柱－平塘	Mn、Mo、Sb、Zn	Au	大梁子锌矿、八克金矿
		滇黔桂金三角	Au、Sb、Cu、Mo、Zn、Ni、Mn、Ti	Au、Cu、Mo、(Zn)、Mn、Sb、Cr、Ti	老万场金矿、烂泥沟金矿
	个旧－越北	个旧	Ag、Au、Cu、Mo、Pb、Zn、Sb、Sn、W、Bi	Ag、Cu、Mo、Bi、Sb、Pb、Zn、Sn、W、Mn、Ti	个旧锡矿、“白牛厂锡矿”是以银为主，或叫成“白牛厂银锡铅锌多金属矿”
		广南－西畴	Ag、Au、Sb、Bi、Cu、Zn、Mn、Cr、Ni、Ti、(Mo)	Mo、Zn	老寨弯金矿

续表4-2

地球化学分区			地球化学特征		典型矿床
域	省	异常区带	高背景元素	强异常元素	
冈底斯-喜马拉雅亲氧元素地球化学域	临沧花岗岩	临沧花岗岩	Bi、Sn、W、Al	Sn	惠民铁矿、西定铁矿
	保山	保山	Ag、Sb、Cu、Cr、Ti、(Pb、Zn、Sn)	Pb、Zn、Sn、Bi、Sb Mn、Ni、Ti	芦子园铅锌矿、勐兴铅锌矿
	畹町	畹町	Sn、W、Bi、Al	Au、Sn、W、Bi、Mo、Ni	黄莲沟铍矿
	腾冲	腾冲	Sn、W、Bi、Pb、Al	Au、Sb、Sn、W、Bi、Cu、Ni	铁窑山钨锡矿、滇滩铁矿、铜厂山铅锌矿等
		盈江	Au、Pb、Sn、Al	Bi、(Sb)	—
	类乌齐	类乌齐	Sb、Cu	Sn、W、Bi、Ag、Pb、Zn、Cu、Ti	赛北弄锡矿
	怒江	八宿县	Pb、Bi、W、Cr、Ni、Hg	Cr、Ni	—
		嘉黎县	Pb、Au、Bi、W、Hg	Ag、Pb、Au、(Sn)、W、Bi	龙卡朗铅锌矿、沙拢弄锌矿、聪古拉铜多金属矿
	班公湖-尼玛	尼玛县	Cr、Ni、Cu	Cr、Ni、Zn、Au	东巧铬铁矿、依拉山铬铁矿
		班戈县	Cr	Cr、Ni、Sn	屋素拉金矿、下吴弄砂金矿
	冈底斯-念青唐古拉东	察隅县	W、Sn	Au、Ag、W、Sn	—
		工布江达县	Hg	Ag、Cd、W、Bi、Mo	洞中松多多金属矿
		雅鲁藏布江北岸带东段	Cu、Pb	Au、Cu、Mo、(Ag、Bi、W)、Pb	驱龙铜矿
	冈底斯-念青唐古拉西	申扎县	W	W、U、Th、Sr	崩纳藏布砂金矿
		隆格尔县	Sn、W、U、Pb	Sn、W、Mo、U	尼雄磁铁矿
		雅鲁藏布江北岸带西段	W、Cu、Mo	Cu、Mo	白容铜(金)矿、冲江铜(金)矿
	喜马拉雅弧	雅鲁藏布江大峡谷	Au、Cu、Cr、Ni、Ti	(Sb)	罗布莎铬铁矿、格刀北铜矿
		雅鲁藏布江南	Ni、Cu	Cr、Ni、(Cu、Mn、Ti、W)	搭格架铯矿床、柳区北西铂矿、休古嘎布铬铁矿
		喜马拉雅	Bi、W、Be、Li	W、Be、Li	亚东磁铁矿、扎西康铅锌矿

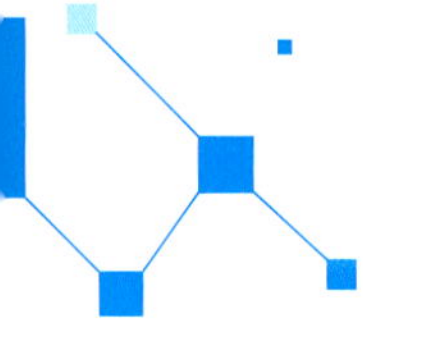

三、地球化学（异常）区带对比

地质作用（特别是内生地质作用）往往没有截然的界限与范围，而是不同的地质作用相互交叉、重叠、过渡，所以某些地质作用所引起的地球化学场，地球化学异常也往往交叉、重叠、过渡渐变。虽然本区划分了35个异常区带，但这些区带的界限往往很模糊，有时从元素的富集带到贫化带，找不到元素含量的突变带，完全是一种过渡性的相变特征。这种特征在青藏高原中部尤其明显，如雅鲁藏布江北岸带西段—隆格尔县—申扎县3个平行的东西向地球化学异常带，多数元素的平面分布呈渐变特征。

为了解西南地区各地球化学异常区带之间的相似性，并解决其不同带之间的对比问题，就35个区带的元素平均含量和离散特性指标进行了Q型聚类分析，结果如图4-3所示。

地球化学指标的聚类分析结果，多数区带的相似性与已知的相似的地质作用完全一致，但也发现了一些与以往认识相悖的问题，主要包括：

（1）保山地球化学异常带相似于金沙江地球化学异常带。

（2）龙门山地球化学异常带相似于红河哀牢山地球化学异常带。

（3）楚雄盆地与四川盆地地球化学特征高度相似。

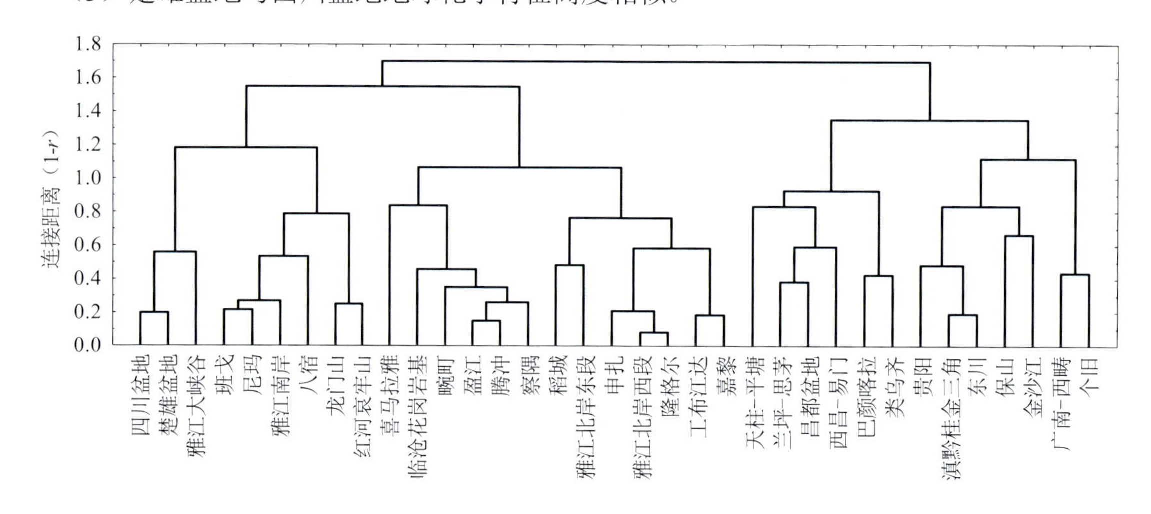

图4-3　西南地区地球化学异常区带分类谱系图

（注：雅江即雅鲁藏布江）

这些现象，至少可以解释为这3对地质块体之间地球化学成分上的相似性。对保山地球化学异常带和金沙江地球化学异常带，以及对龙门山地球化学异常带和红河哀牢山地球化学异常带，可以认为其深源物质具备同期同源特征。对楚雄盆地与四川盆地，可以认为其沉积物来源相似，沉积环境相似，后期改造作用和程度也不存在大的差别。

其他族群关系在此不再详述，留待各区详细研究时参考。

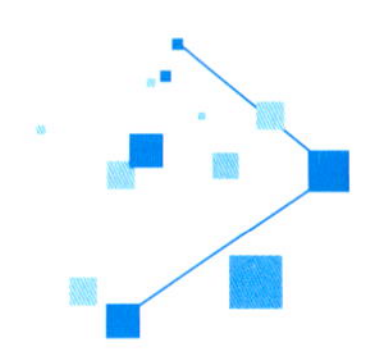

第四节　青藏高原岩浆岩推断解释

西藏高原作为青藏高原主体，岩浆作用广泛，类型复杂。对西藏高原岩浆岩的认识，仅以为数不多的地表露头观测和部分岩浆岩的岩石化学特征、同位素特征为依据，始终存在较多的问题，缺少多个岩浆系统的全局性统一认识。为了发挥水系沉积物测量的“面型控制”优势，这里专门对岩浆岩的地球化学分类、预测特征进行系统统计研究，并将其置于整个青藏高原的大系统下，以期对西藏高原的岩浆系统获得更全面的解释。

根据1∶500 000地质图对应区域地球化学平面分布数据进行空间检索分析，对各岩浆岩类统计地球化学参数（不包括划分到沉积地层层序中的喷出岩）。

各类侵入岩区，水系沉积物地球化学元素含量与青藏高原全区平均值比较，其富集和组合规律是明显的。其中一些共性的规律为：

（1）绝大多数元素在各类侵入岩中的含量差异明显，不同岩浆岩类的元素平均值在全区平均值（横轴）上下波动。

（2） B、Cd、Hg、Sb等低温元素和CaO等在大多数侵入岩中偏低，分布在全区平均值以下。显示在地层中富集，在岩浆岩中贫化。

（3） Na_2O等少数组分在多数侵入岩区的平均值处于青藏高原全区平均值之上，是多数岩浆岩中普遍富集的组分。

（4）从超基性岩—基性岩—中性岩—中酸性岩—酸性岩，所有造岩元素都表现出非常连续的变化态势，微量元素中的多数也都呈现为一种递变规律。尤其K_2O、Na_2O、CaO、MgO等，在岩浆演化过程中，其变化完全呈现为连续变化规律。这种连续的变化，表明促使其分散富集的地球化学作用在岩浆演化过程中也是逐渐变化的。钾化在岩浆分异演化过程中属于不断增强的地球化学过程，所以K_2O的富集连续增强，而钠化则会经历一个弱—强—弱的渐变过程。多数亲石元素或碱金属元素，如Be、La、Li、Nb、Y、Zr、Th、Sn、W、Bi、K_2O、SiO_2等，其演变过程基本上是一个单向的递增过程，随岩浆酸度的增加而逐步富集；而B、Co、TFe_2O_3、CaO等基本上是一个递减过程，随岩浆酸度的增加而逐渐带出贫化。

2006—2010年，《青藏高原及邻区地球化学图说明书》利用各种典型岩浆岩区的地球化学特征总结，分析了青藏高原地区岩浆岩演化和关联特点，并建立水系沉积物地球化学预测模型，对超基性岩、蛇绿混杂岩、基性岩、中性岩、中酸性岩、碱性岩和花岗斑岩的区域分布进行了全面预测。

一、超基性岩及蛇绿岩区

1. 超基性岩元素含量特征

超基性岩分布区共检索出475件分析样，表明其分布范围、岩体面积很小。对小面积分布的地质体，相应的水系沉积物统计特征被围岩稀释混染的程度很高，所以对其地球化学特征的讨论，一般只能在定性或相对比较的层面上进行。

青藏高原地区的超基性岩分布区，Cr、Ni、Co及MgO等强富集，区域富集系数达2～10倍，其他元素Au、Ag、Hg、Sb、Pb、Cu及TFe_2O_3等也有不同程度的富集（图4-4）。K_2O、SiO_2、Al_2O_3、Sn、W、Mo、La、Li、Be、U、Th、Zr等区域富集系数小于1.0，与其他侵入岩相比，也是贫化最明显的组分。

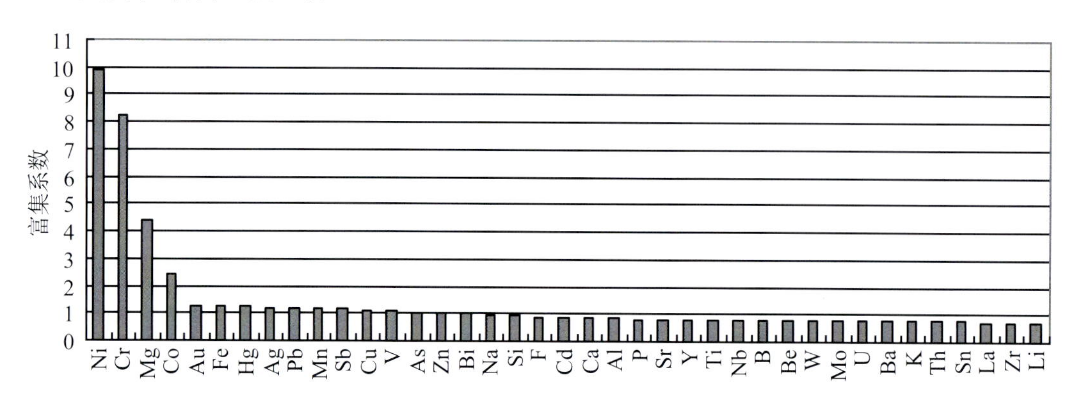

图4-4　超基性岩区元素或氧化物富集序列

不同分区和不同时代的超基性岩，元素分布存在着巨大的差异。总体上，不同超基性岩元素的差异与岩浆来源、演化分异阶段（岩性）、受变质程度等因素有关。

秦岭-祁连-昆仑构造区的超基性岩类，Cr、Ni、MgO等亲超基性岩浆元素或氧化物的含量从老到新呈有规律的递减，晚古生代的超基性岩Cr、Ni的含量相当于晚三叠世超基性岩的20倍，MgO的含量也相当于晚三叠世的5倍以上，表明这一区域的超基性岩岩浆来源逐渐变浅或演化分异（包括同化围岩以改变自身性质）的过程延长，但这并不是普遍规律。冈底斯-喜马拉雅构造区内，同组元素由老到新的变化呈现高—低—高走势；扬子构造区内，同组元素由老到新的变化则总体呈递增趋势。

岩性的影响也是至关重要的，秦岭-祁连-昆仑构造区石炭纪的超基性岩中，橄榄辉石岩的Cr、Ni、MgO含量是橄榄岩的2倍以上。

2. 蛇绿岩元素含量特征

蛇绿岩中最为特征的富集元素或氧化物为Ni、Cr、MgO，区域富集系数Ni 6.24、Cr 5.51、MgO 3.25，达到了极高的富集强度（图4-5）。其次，Co、Au、TFe_2O_3、Hg、Ag等略为富集。蛇绿岩富集元素组合几乎与超基性岩完全一致，略微有差异的是Ni、Cr、MgO、Co富集强度降幅较大，仅相当于超基性岩2/3的富集水平。 Au、Hg等低温热液特征元素富集程度上升，而CaO、Na_2O等由超基性岩中偏贫至蛇绿岩中略偏富集。

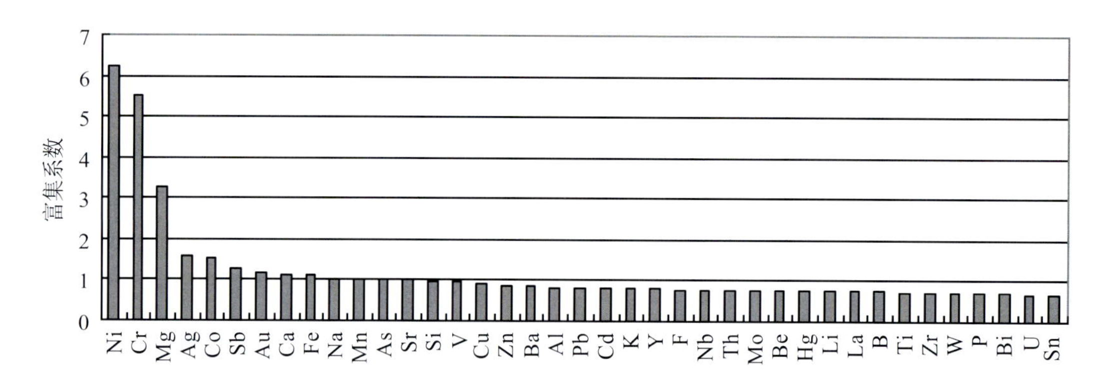

图4-5　蛇绿岩区元素或氧化物富集序列

蛇绿岩的元素富集特征，可能是深源的超基性岩和其他浅源物质、沉积岩类混杂堆积的结果。碳酸盐岩、黏土岩类富集元素或氧化物CaO、MgO、Na_2O的富集程度相对上升，而深源特征元素Cr、Ni、Co等富集比例一致，呈现出以超基性岩为主（占2/3），其他富CaO、MgO、Na_2O浅源物质或沉积岩为次（占1/3）的蛇绿混杂岩组成特点。

在不同构造带和不同时代蛇绿岩中，随岩浆来源深度的不同，亲超基性岩浆元素Cr、Ni等与V、Ti、CaO等呈反消长关系。在蛇绿岩分布区，SiO_2、Au、Ag、Sb等显著富集， Cu、Mn、Fe、Sn、Bi、Be、F等贫化，表明蛇绿岩带形成过程中还存在其他复杂的地球化学作用。从相对富集和贫化的元素组合特征分析，蛇绿岩化过程主要为中低温地质作用过程。或许，蛇绿岩（套）、蛇绿混杂岩的形成过程可能是一种非熔融、机械混杂堆积为主的过程。

3. 超基性岩及蛇绿岩分布预测

利用超基性岩和蛇绿岩类的元素分布特征，对区内超基性岩及蛇绿岩可能的分布范围进行预测，结果见图4-6。

超基性岩和蛇绿岩的平面分布具有一定的相似性。蛇绿混杂岩的分布面较超基性岩广泛，推测为超基性岩出露范围，一般会有蛇绿岩相伴，超基性岩范围较小，异常清晰，多数处于蛇绿岩带中间位置。预测的超基性岩，一般都能与已知地质体对应，而预测的蛇绿岩区却未必都有蛇绿岩出露。其中的主要原因，一是超基性岩一般比较完整，受后期改造程度较差，而蛇绿岩一般为后期改造作用形成的混杂岩，完整性差、识别困难，地质填图过程中漏填的几率较大；二是部分预测的蛇绿岩分布区内，可能存在沉积物来源为基性岩、超基性岩、蛇绿岩等沉积混杂堆积，但从地球化学特征上与构造蛇绿混杂岩较难区分。

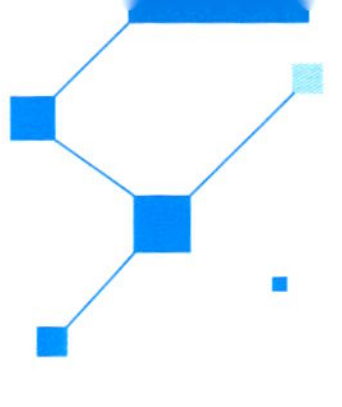

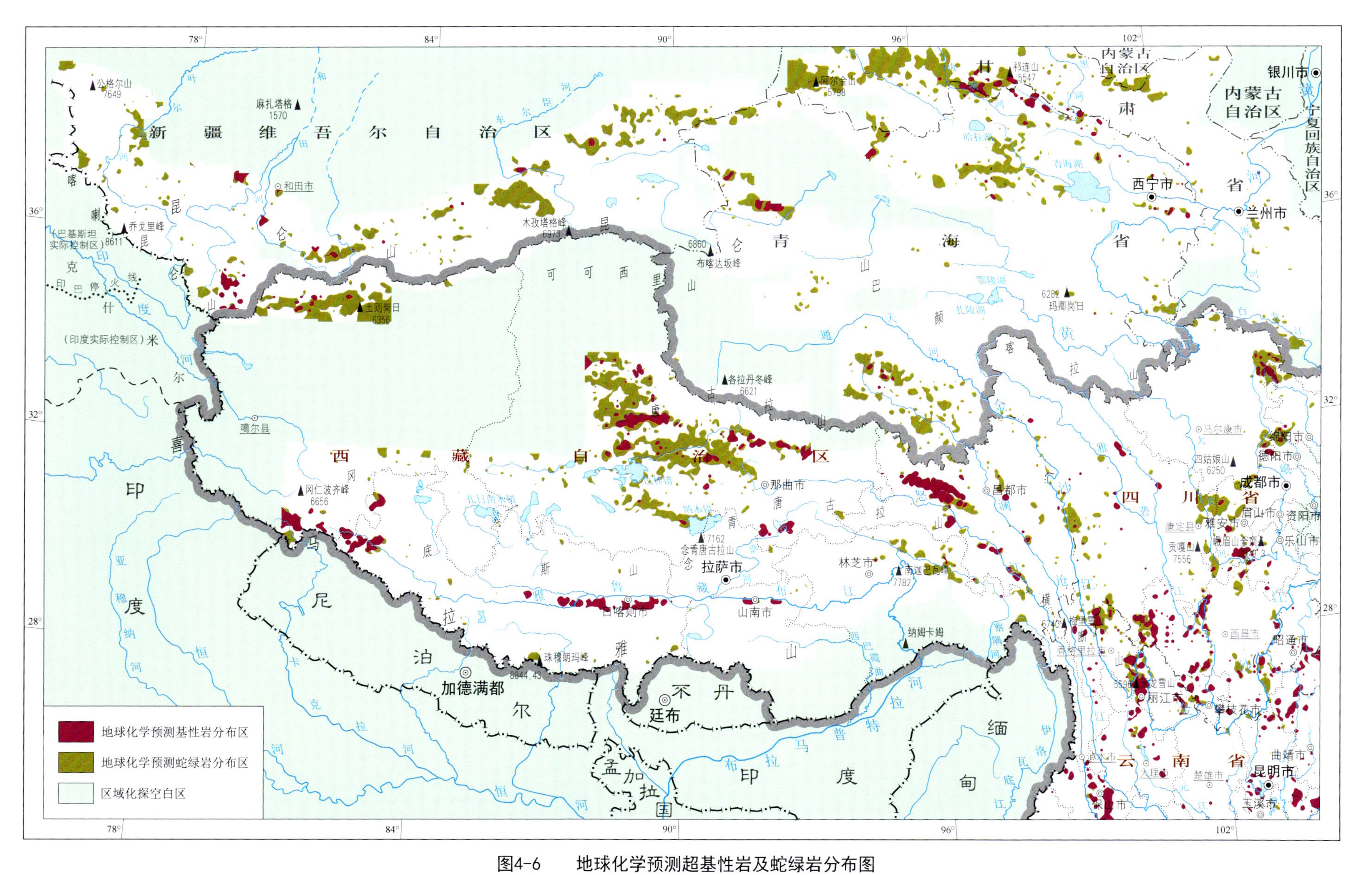

图4-6 地球化学预测超基性岩及蛇绿岩分布图

二、基性岩区

1. 基性岩区元素含量特征

青藏高原地区的基性岩类以玄武岩为主，基性侵入岩区仅检索出700余件分析样品。与超基性岩一样，因其分布范围小，所以水系沉积物内统计特征同围岩均有不同程度的稀释混染现象。

总体上，基性侵入岩分布区以强富集TFe_2O_3、Cu、V、Ti、Mn、P等为特征，Au、Cd等较其他岩浆岩类也有较明显的富集（图4-7）；SiO_2及Pb等少数元素贫化。水系沉积物中元素这种富集特征完全符合基性岩类一般的地球化学元素分布规律。

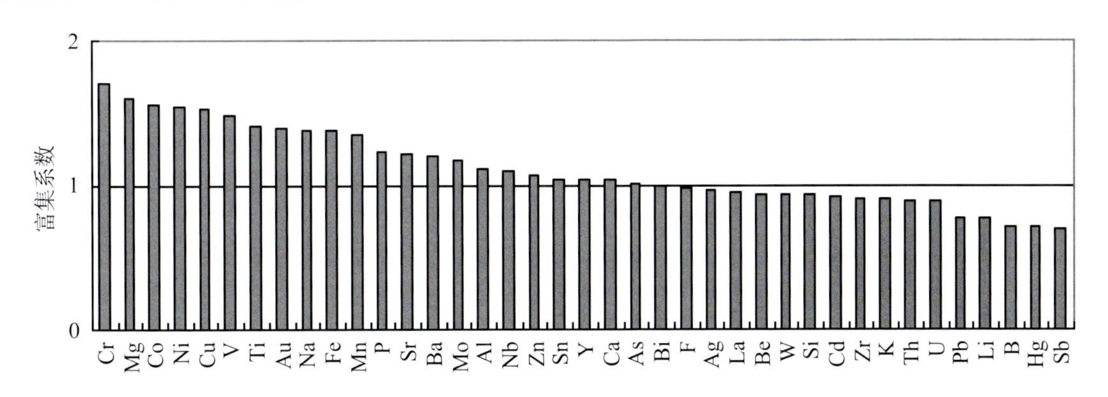

图4-7　基性岩区元素或氧化物富集序列

把基性侵入岩与基性喷出岩（玄武岩等）进行比较，玄武岩元素或氧化物富集序列为：Cu、Ti、V、Co、TFe_2O_3、Nb、Pb、Mn、Ni、Zn、Zr、Cd等。喷出岩区Cu含量几乎是基性岩区的2倍，Ti、Nb是基性侵入岩区的1.5倍， Pb、Zn、Cd等也明显比侵入岩富集（图4-8）。

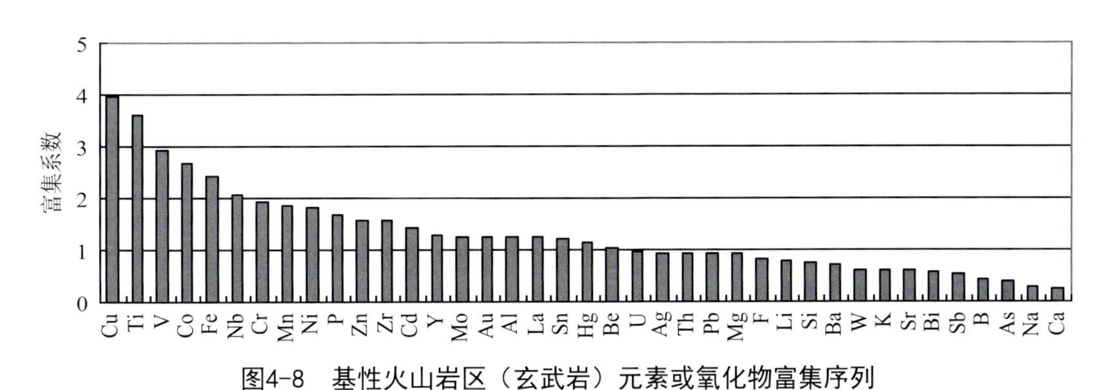

图4-8　基性火山岩区（玄武岩）元素或氧化物富集序列

2. 基性岩分布预测

青藏高原地区的亲基性岩浆元素组（指示侵入岩和喷出岩）高含量区域，主要分布在编图区的南东地区，向北西逐渐减弱，不仅区域内总体如此，即便在同一地层分区内，也是从南（东）向北（西），亲基性岩浆元素组富集强度逐渐减弱。这种变化主要是围绕峨眉山玄武岩喷发活动中心展开的，可以认为峨眉山玄武岩浆活动代表了青藏高原地区基性岩浆活动的主体，其地球化学特征元素的富集范围显示，若以大理—丽江地区为中心，则岩浆活动及特征元素的富集，向北西方向对青藏高原地区的影响（作用）范围半径在1000km以上。

地球化学图预测的基性岩分布详见图4-9。推测基性岩（含基性火山岩、富基性成分沉积岩）分布范围，与区域地质填图所反映的基性岩分布较为一致。重要的差别之一是雅鲁藏布江以南，即喜马拉雅山北坡或低喜马拉雅地带，地球化学特征显示基性物质分布特征明显，与一般沉积岩分布地区完全不同。

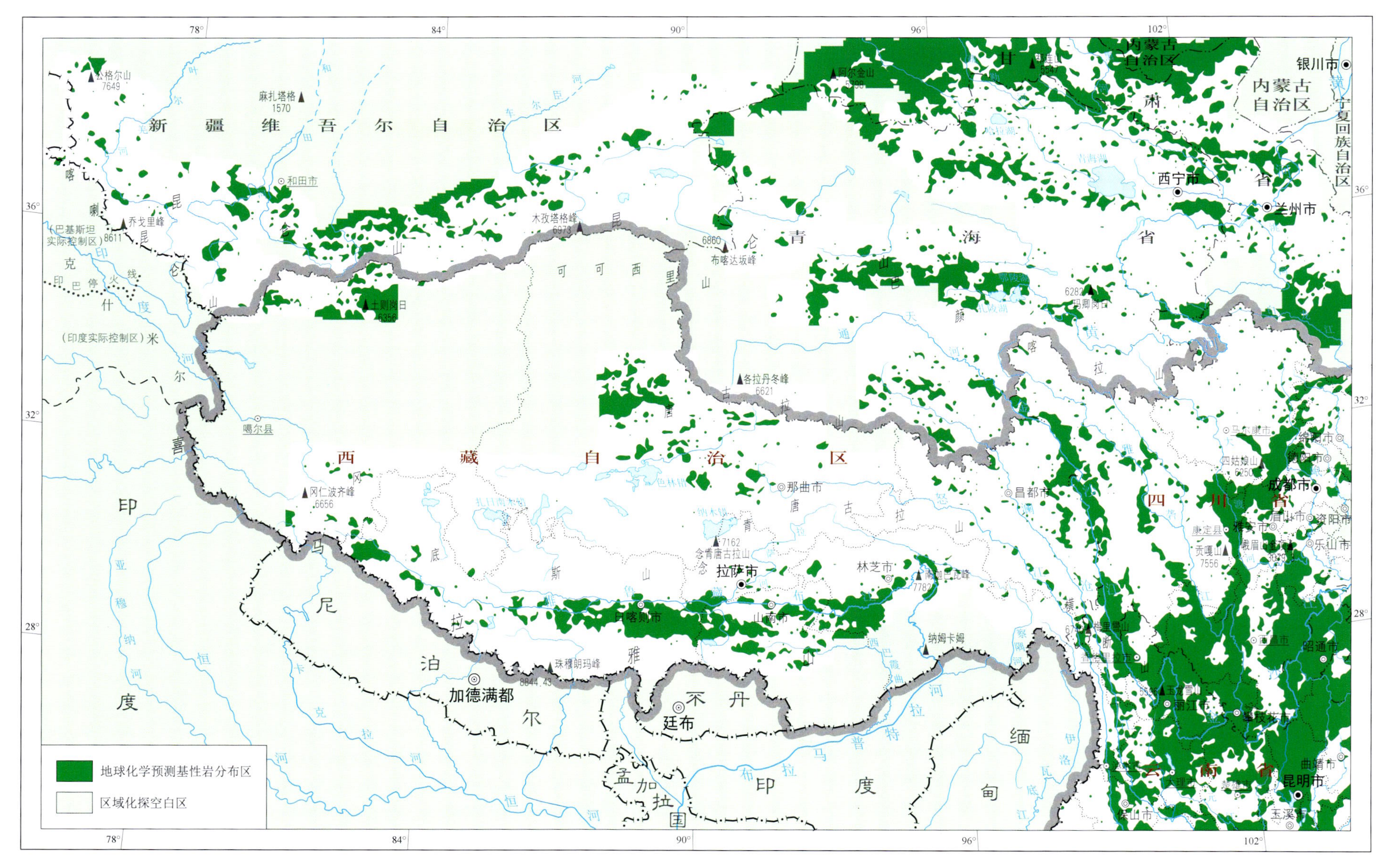

图4-9　地球化学预测基性岩分布图

三、中性岩区

中性岩的分布范围小，其检出样品仅872件，零星分布于整个高原地区。

相对其他岩类，中性岩Sr、Na_2O、W、P、U、MgO等元素或氧化物组分有一定程度的富集（图4-10），Hg、B、Cd、Sb等低温易挥发元素贫化，其他大多数元素均处于各岩类平均值附近。

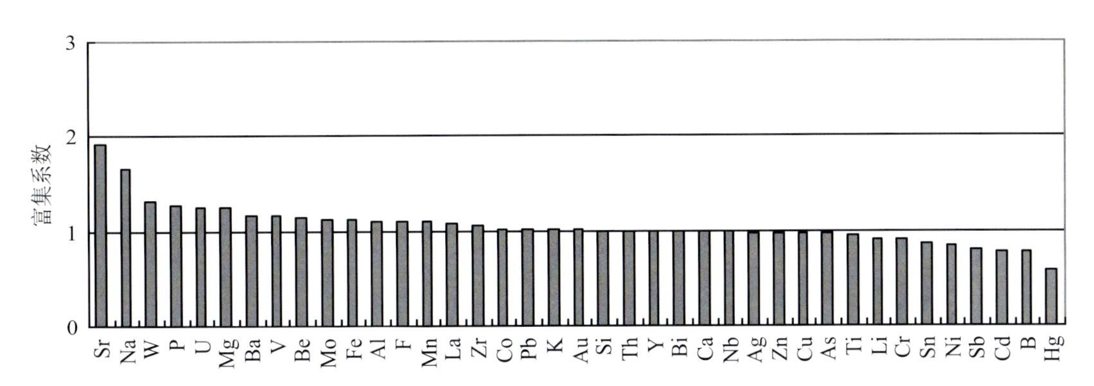

图4-10　中性岩区元素或氧化物富集序列

按中性岩地球化学特征预测的中性岩分布见图4-11。

四、中酸性—酸性岩区

1. 中酸性岩区元素含量特征

中酸性岩在青藏高原侵入岩中所占比重最大，以检出地球化学样品数计算，占77%。

Na_2O、U、Bi、W是中酸性岩浆岩最为富集的元素，其平均含量为区域平均值的1.5～1.7倍。Th、Be、Sr、K_2O等也有一定程度的富集（图4-12），富集系数稳定在1.25倍左右。

Hg、Sb、B、Cd、As等易挥发元素和亲基性—超基性岩浆元素Ni、Cr、Co、Cu、V、Ti等贫化。

总体上，青藏高原中酸性岩的成矿有利组分的富集程度均不高。高钠低钾，弱Sn、W富集，以及矿化剂元素B、As等贫化，对大规模成矿作用不利。

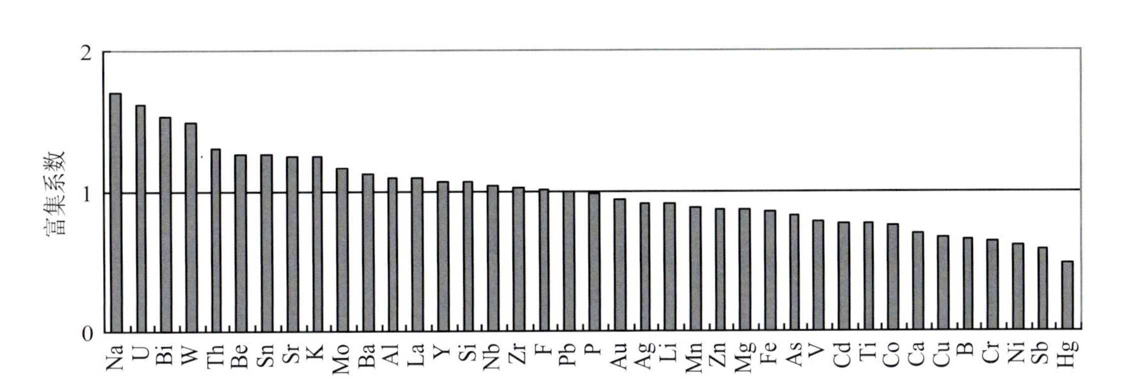

图4-12　中酸性岩区元素或氧化物富集序列

2. 酸性岩区元素含量特征

在侵入岩中，酸性岩分布面积所占比例约16.4%。酸性岩区U、W、Bi、Th、Sn、Be等显著富集，U、W、Bi区域富集程度分别达到3.25倍、2.78倍和2.04倍，Sn、Th、Be等富集系数达

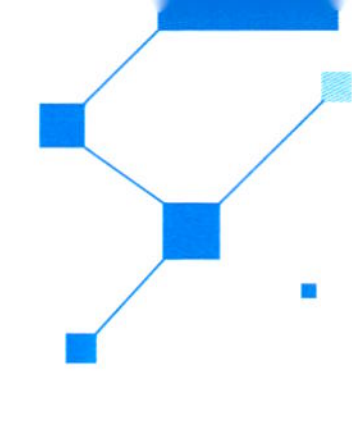

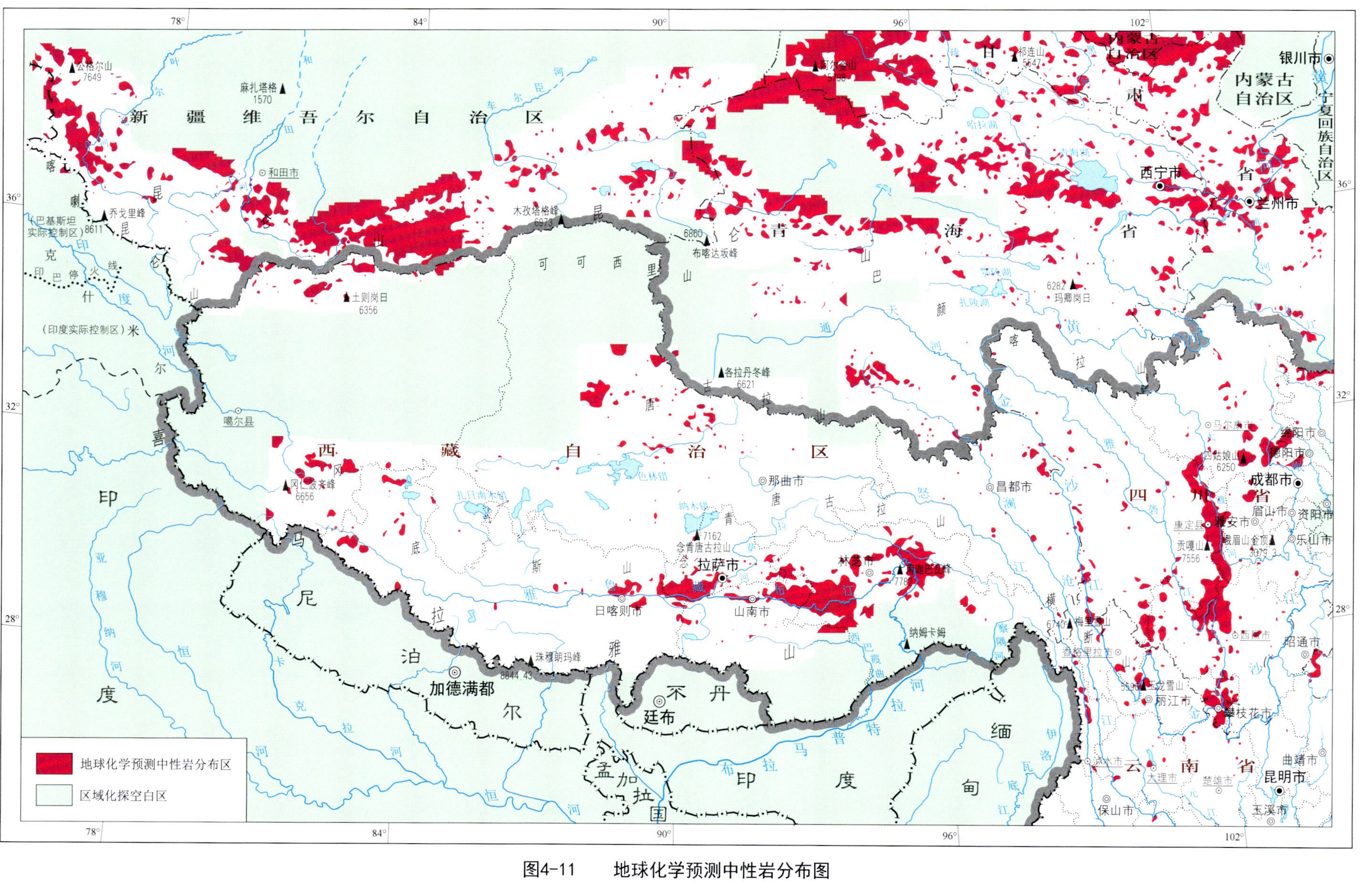

图4-11 地球化学预测中性岩分布图

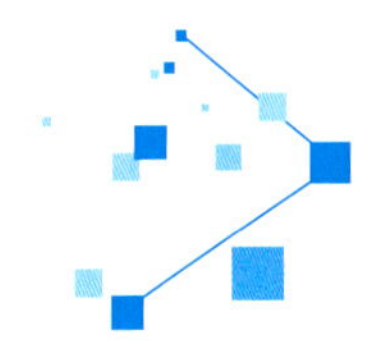

1.8（图4-13）。CaO、Ni、Cr、Cu、Hg、B、Sb等显著贫化。

相对中酸性岩，酸性岩区Na_2O的富集程度有所降低，K_2O和成矿元素Sn、W及矿化剂组分As等富集程度有所增强，但K/Na较低，成矿元素富集程度不高等，表明酸性岩的演化分异程度总体不高，仍然是Sn、W等大规模成矿的不利因素。

酸性岩的生成过程对成矿作用的影响是巨大的。其中大多数的接触交代型矿床与局部（单个）岩体有明显的成因联系，而多数热液矿床，尤其中低温热液矿床，则只表现为矿床（带）与岩浆作用带之间的紧密或模糊的空间共生关系。总体上，青藏高原地区酸性岩浆作用过程对成矿作用的影响以能量交换为主，物质交换为辅。

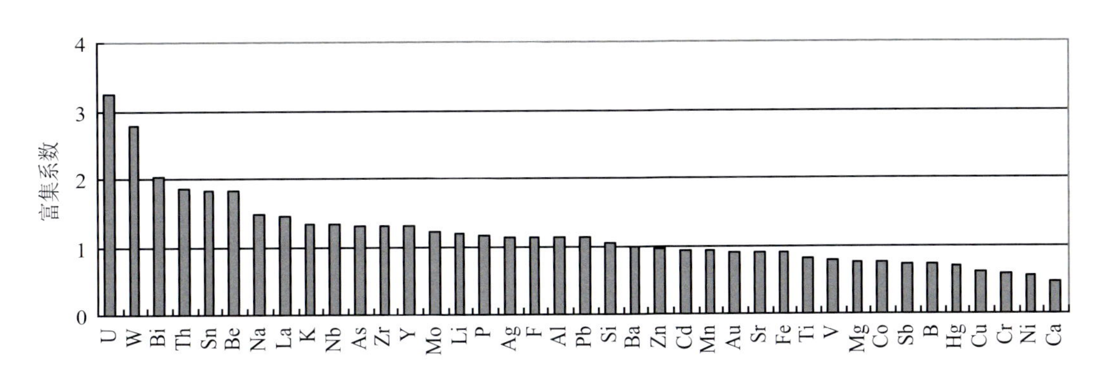

图4-13　酸性岩区元素或氧化物富集序列

3. 中酸性—酸性岩分布预测

地球化学预测的中酸性岩浆岩分布如图4-14所示。中酸性岩浆岩分布范围广泛，其中以班公湖-怒江构造带以南（西）地区和昆仑构造带以北（西）地区最为普遍。其间的巴颜喀拉构造区和羌塘-三江构造区中酸性岩分布零星。尤其向东（南），中酸性岩浆岩分布的地球化学特征逐渐减弱，三江地区进入云南境内已基本看不到中酸性岩浆岩大规模分布的地球化学痕迹。

预测显示，酸性岩主要分布在冈底斯-腾冲构造带上（图4-15），松潘-甘孜构造区东（南）缘，即龙门山构造带以西（北），酸性岩分布密度也较大，而且从增强带走向势态上似乎能与雅鲁藏布江构造区相呼应。其他区域酸性岩分布孤立、零星，没有明显的成带分布规律。

五、斑(玢)岩区

1. 斑（玢）岩区元素含量特征

数据检索结果，已知中酸性浅成岩（斑岩）所占比例仅为岩浆岩总数的0.6%。与其他岩类相比，斑岩类有其独特的地球化学特征，强富集元素主要是Bi、W、Mo、Sn、Ag、Pb、U、K_2O等，富集强度在1.5倍以上，Au、As、Sb、Cd等也相对富集，CaO、MgO、Hg、B、Cr、Ni、Co、V、TFe_2O_3、Ti等贫化（图4-16）。

对一些成矿作用比较强烈的斑岩体，则有更为复杂的特征元素组合。

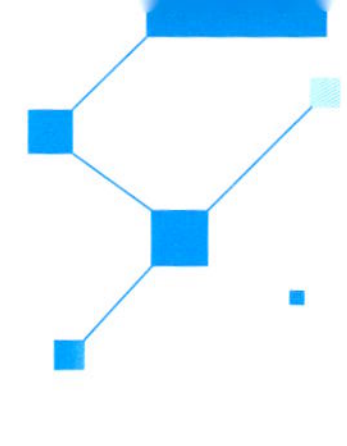

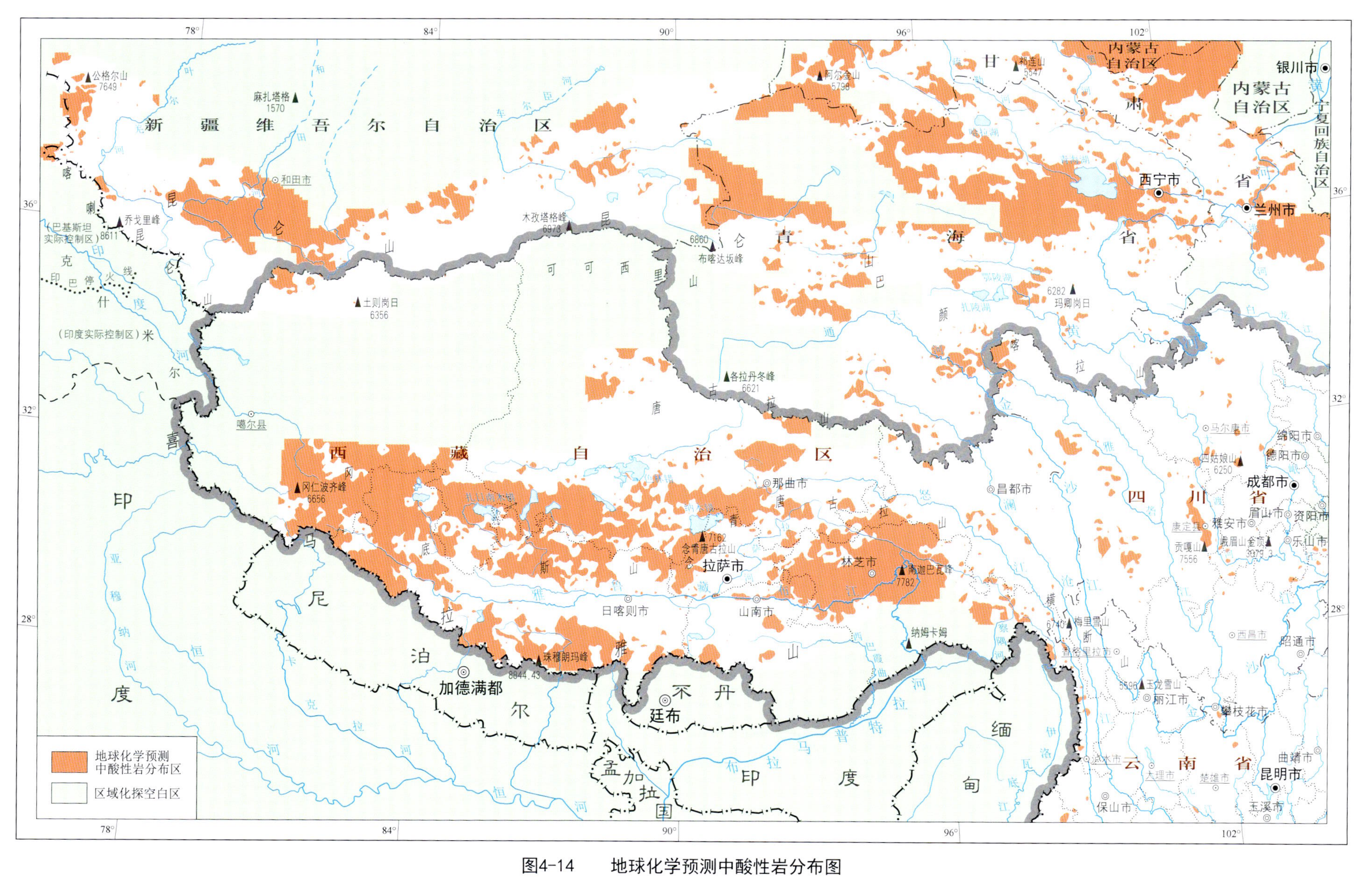

图4-14　地球化学预测中酸性岩分布图

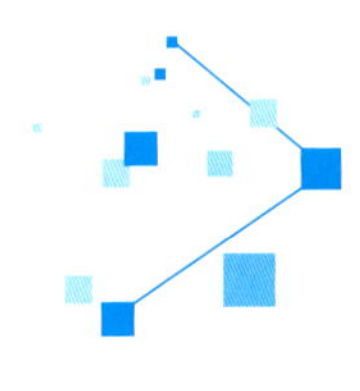

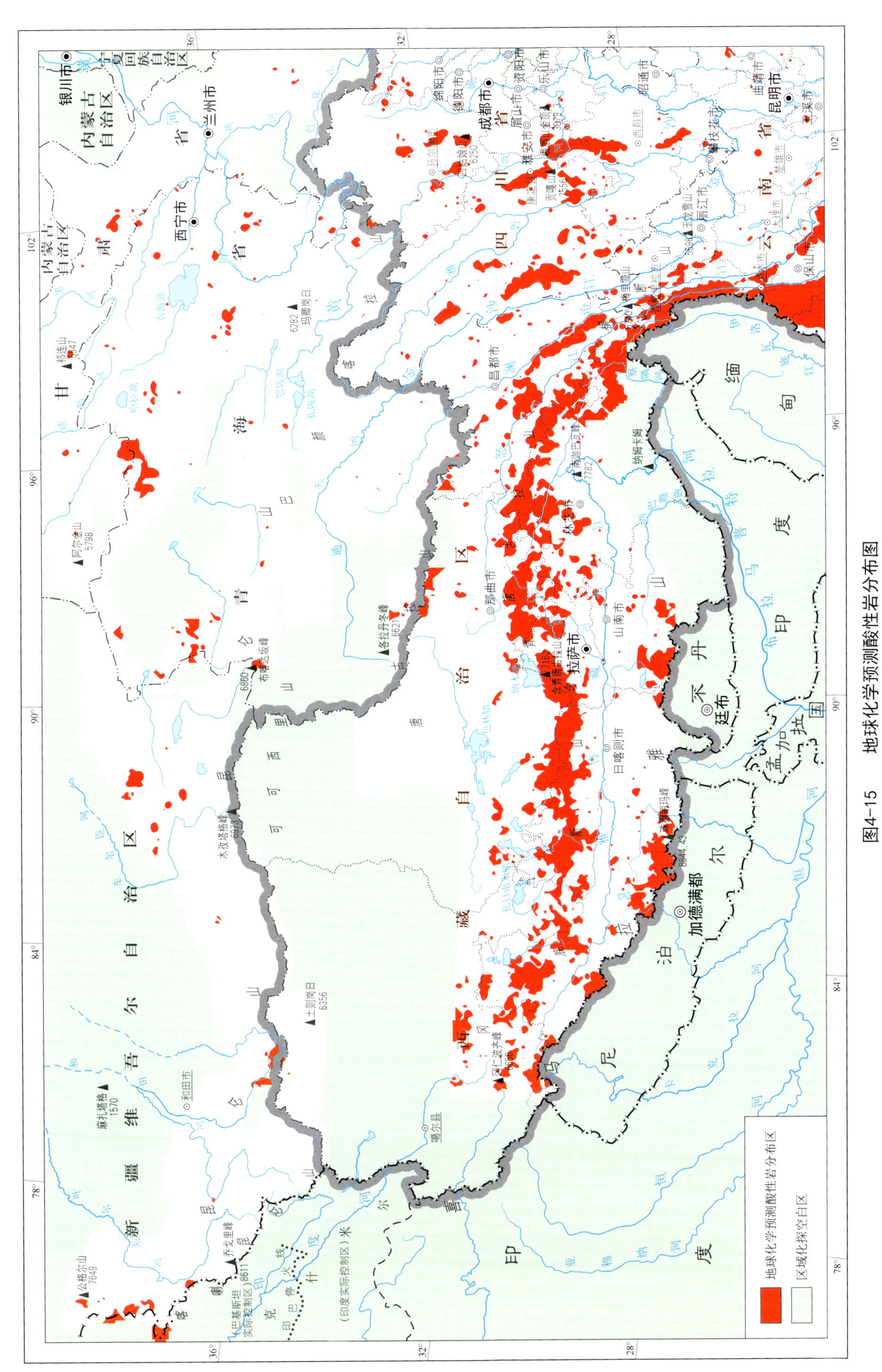

图4-15　地球化学预测酸性岩分布图

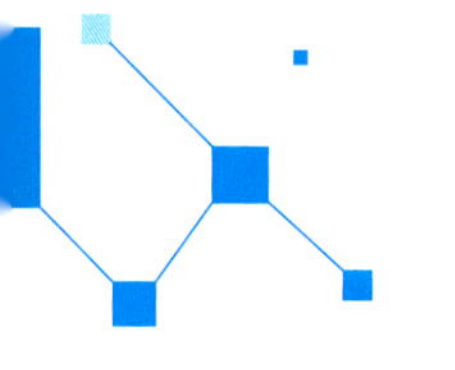

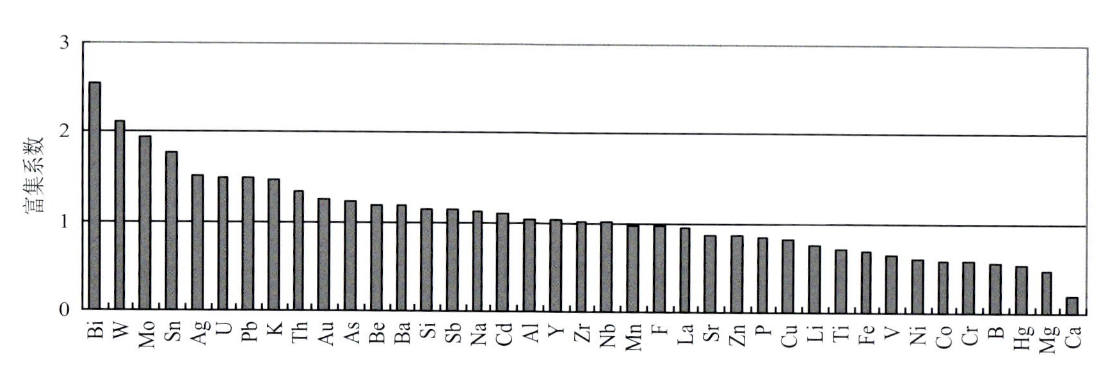

图4-16　花岗斑岩区元素或氧化物富集序列

藏东玉龙铜矿的含矿斑岩体（二长花岗斑岩-正长花岗斑岩-碱长花岗斑岩）出露区，水系沉积物中Cu的富集达到了区域背景值的200倍，Bi、Mo、Ag、Sb、W、Au、Pb等达到10倍以上，Cd、As、Zn等也明显富集（图4-17）。

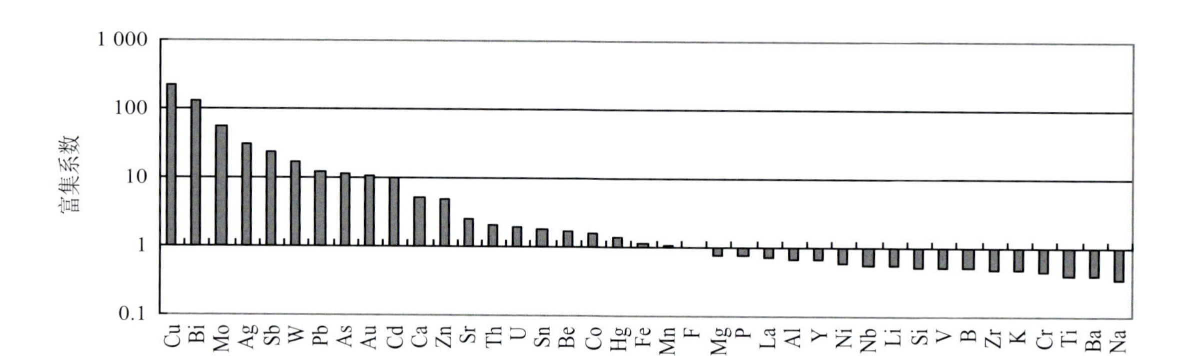

图4-17　玉龙铜矿含矿斑岩区元素或氧化物富集序列

云南普朗铜矿含矿斑（玢）岩元素富集序列为Mo 6.0、Cu 5.0、Bi 4.4、As 3.4、Pb 2.9、Zn 2.8、Cd 2.6，其他依次为Ba、Sr、W、Ag、Sn、TFe_2O_3、K_2O、U、F等（图4-18），富集元素非常复杂。大量亲基性岩浆元素没有贫化的迹象，与岩浆上升过程中摄取围岩成分有关。CaO、Hg在斑岩内极度贫化，其富集系数CaO为0.24、Hg为0.44。

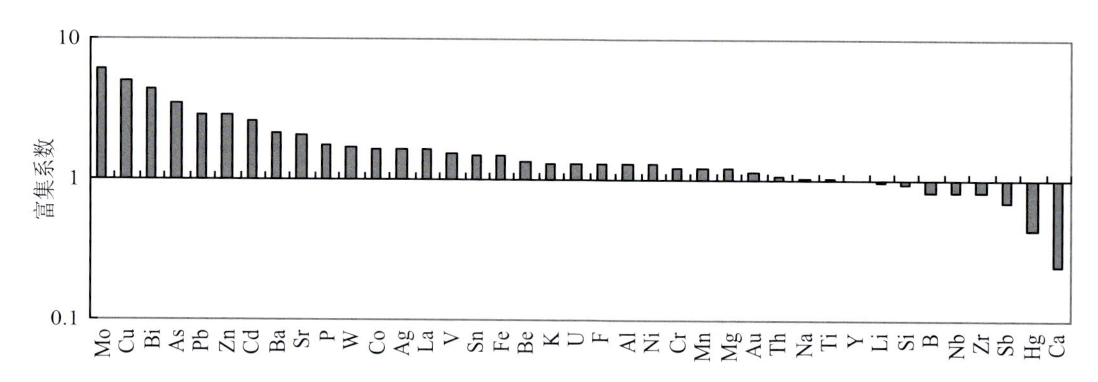

图4-18　普朗含矿斑岩区元素或氧化物富集序列

含（铜）矿斑岩与斑岩平均值比较，多了Cu、As、Sb等成矿或矿化剂元素富集，少了Sn、U、K_2O等亲酸性岩浆特征元素或氧化物强烈富集。

驱龙铜矿的斑岩富集元素缺少一般斑岩和含（铜）矿斑岩普遍富集的Bi、Mo等元素（图4-19），因此推测驱龙铜矿并非典型的斑岩型铜矿。与玉龙、普朗等相比，驱龙铜矿的成矿条件更具中低温特性，也有可能驱龙铜矿的剥蚀深度较浅。

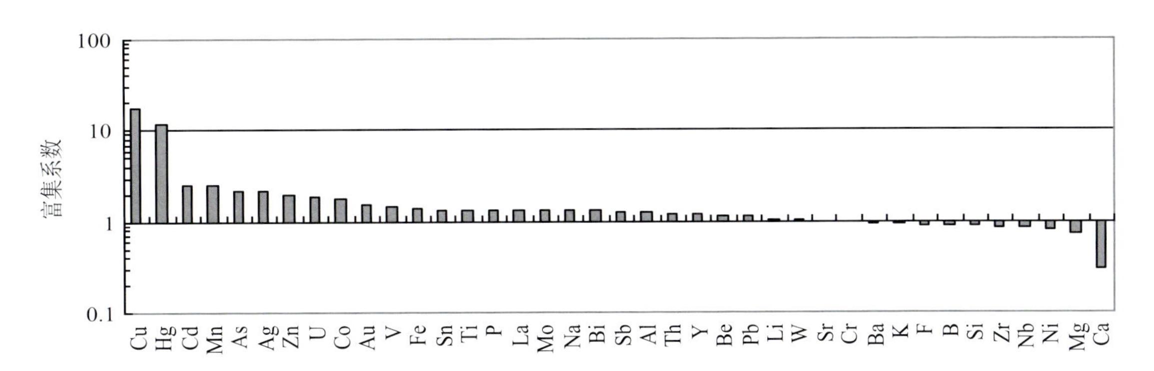

图4-19　驱龙含矿斑岩区元素或氧化物富集序列

在地球化学异常特征上，含矿斑（玢）岩与接触交代型（矽卡岩型）多金属矿异常有很强的相似性，所以，预测含矿斑岩时，同时也圈定了接触交代型成矿作用的范围。要进一步对二者加以区分，可通过异常元素空间关系，尤其是水平分带规律做出判断。

2. 斑（玢）岩分布预测

按斑岩的区域地球化学分类特征进行预测，斑岩的分布主要集中在青藏高原南部，重点分布于冈底斯-腾冲岩浆弧内和三江构造带内（图4-20）。

冈底斯-腾冲岩浆弧内的斑岩与中酸性、酸性岩浆岩密切共生，多以复式杂岩体形式产出，地球化学异常宽大凌乱，亚区带划分标志不明显。斑岩成矿作用十分明显，西藏驱龙铜矿（超大型）、云南腾冲大硐厂铅锌矿（中型）等均产于其中。

三江构造带内的斑岩则可划分为多个亚区带。重要的有：

澜沧江西岸带。与酸性岩混合分布，表明岩浆分异程度较差或剥蚀程度较高，对寻找斑岩型矿产稍有不利。

纳日贡玛-玉龙-兰坪斑岩带。中酸性岩浆岩出露很少，仅斑岩体呈孤立的串珠状产出。地球化学特征表明岩浆分异程度高，岩体剥蚀程度低，一些地段仅仅是前缘元素异常出露。本斑岩带为最典型的斑岩（独立）成矿作用带，典型矿床由北向南分布有纳日贡玛铜钼矿、玉龙铜（钼）矿、莽总铜矿、多霞松多铜矿、马拉松多铜（钼）矿、各贡弄银铅锌矿等，由北向南有侵位变深或剥蚀程度变浅的变化趋势，以至于向南斑岩型矿产逐渐消失而代之以热液型矿产分布。

义敦-普朗-北衙斑岩带。沿走向（纵向）岩浆侵位深度不一（或为剥蚀程度变化较大），地球化学特征反映呈南北向串珠状分布，密集区段大致呈等间隔展布，由义敦岛弧带向南经云南普朗直到北衙，甚至可延续到祥云马厂箐。由于剥蚀程度差异，斑岩的酸性母岩在一些地段已经大范围出露，而部分地段则只有浅成高温云英岩脉出露。本斑岩带特征的斑岩型矿床有普朗铜矿床、北衙铜金矿（大型）、马厂箐钼铜金矿。

由于含矿斑岩也形成接触交代型（矽卡岩）矿床，在地球化学异常特征上与单一的矽卡岩型矿床有很多相似之处，所以只用一个综合指标预测的含矿斑（玢）岩，有时与矽卡岩型矿床较难区分。预测斑岩分布见图4-20。预测图在全面含矿斑岩信息的同时，也出现了较多

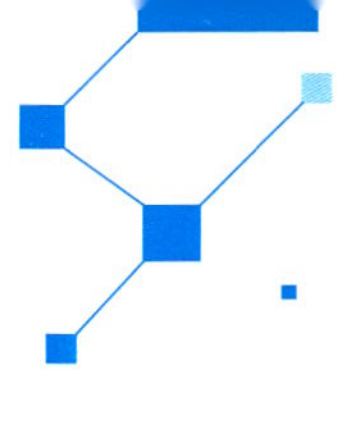

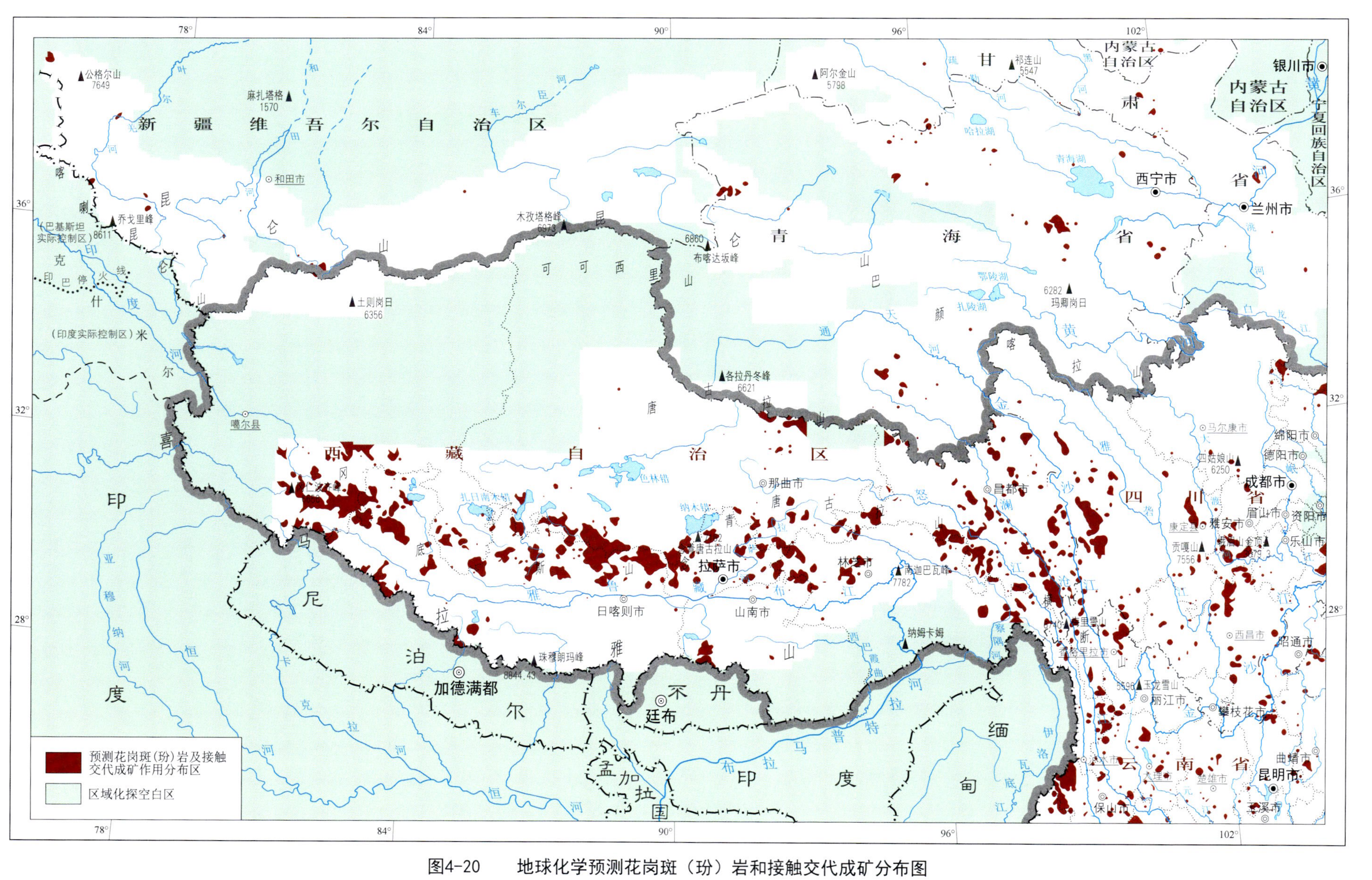

图4-20 地球化学预测花岗斑（玢）岩和接触交代成矿分布图

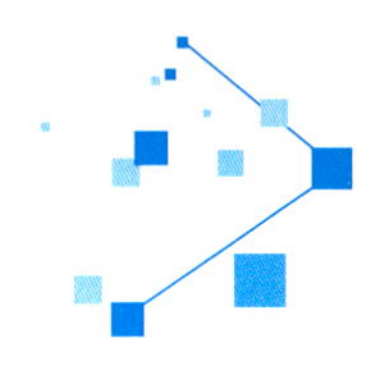

的矽卡岩型、岩浆热液型等成矿作用信息。

六、碱性岩区

1.碱性岩区元素含量特征

全区检索出碱性岩区样品113件，仅占岩浆岩总数的0.3%。青藏高原碱性岩分布区高度富集的元素依次为Nb、Ti、 P、Sr、Zr、Ba、Mn、Cr、La、TFe_2O_3、Co、V、Zn、Ni、Y、Cu、Be等（图4-21），主要由碱土金属元素、稀散元素和亲基性—超基性岩浆元素构成。在以距离系数作出的岩浆岩分类图中，碱性岩与基性岩有较近的距离，其次为中性岩、超基性岩。碱性岩富集元素组成规律同样反映了这种亲缘关系。

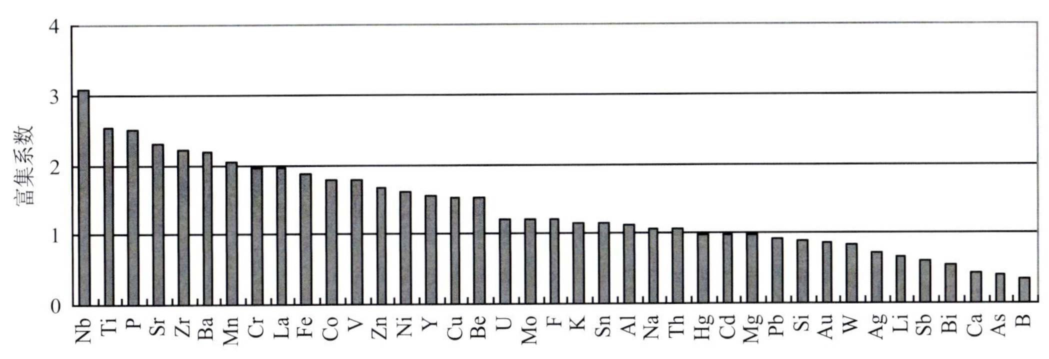

图4-21　碱性岩区元素或氧化物富集序列

分解到各构造分区来看，仅扬子构造分区和羌塘-三江构造分区检出有碱性岩区样品分布，扬子构造区的碱性岩占据了80%比例。其元素富集特点为扬子构造分区富集Nb、Ti、Zr、Mn、Cr、TFe_2O_3、Co、V、Zn、P、Ni、Y、Cu、La、Be等（图4-22），显示了该区域基性—超基性岩浆活动的重要影响。羌塘-三江构造分区古近纪碱性岩富集Sr、Ba、P、La、Zr、Be、K_2O等（图4-23），亲基性—超基性岩浆元素也普遍富集，而新近纪碱性岩（浅成）与之富集特征几乎完全相同。

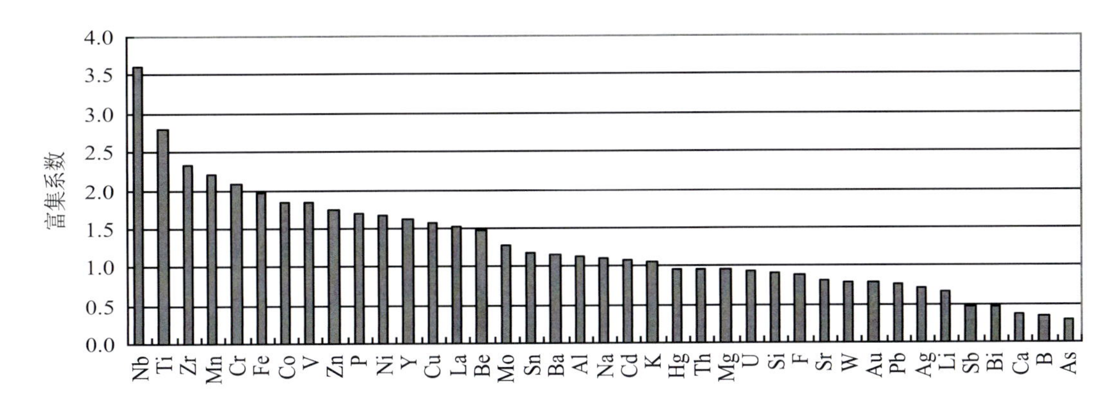

图4-22　扬子构造分区碱性岩分布区元素或氧化物富集序列

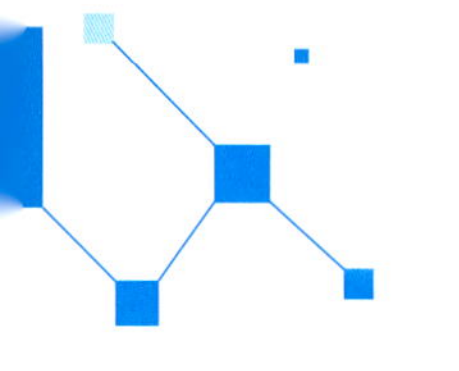

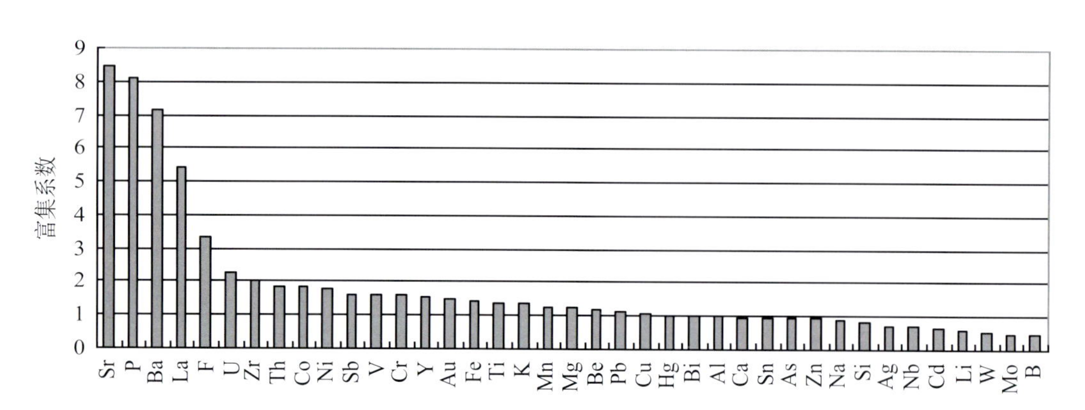

图4-23　羌塘-三江构造分区碱性岩分布区元素或氧化物富集序列

2. 碱性岩分布预测

地球化学对碱性岩分布区的预测结果见图4-24。

碱性岩区均位于扬子构造分区和羌塘-三江构造分区内，而根据碱性岩地球化学分类特征所预测的碱性岩分布范围也主要集中在这两个构造分区内。沿康滇裂谷带分布的碱性岩带，其地球化学特征与峨眉山玄武岩有极其相似之处。扬子构造分区的其他似碱性岩分布区，Nb、Zr、Y、La等碱性岩特征元素富集明显，与峨眉山玄武岩的某些喷发旋回或其上的凝灰质岩地层对应，应属于偏碱性的峨眉山玄武岩类。大理、宾川一带的峨眉山玄武岩，较之滇东北-黔西南地区的峨眉山玄武岩碱性特征更强。

地处南加巴瓦峰周围的雅鲁藏布江大转弯地带，地球化学特征显示具有碱性岩大面积分布的迹象，但地表并未见碱性岩分布，而与蛇绿混杂岩和混合岩等变质岩类相对应，推测应与原岩中的碱性成分有关。

青藏高原地区的碱性岩尚未见大规模专属成矿作用发生，但其Nb、Sr、Ba、Ti、REE、Be等元素在碱性岩内富集程度较高，其找矿价值仍值得重视。此外，羌塘-三江构造分区内浅成的碱性岩Pb、Zn元素富集系数分别高达2.2和1.8，如果有进一步的叠加改造作用发生，极可能富集成矿。

七、岩浆岩地球化学相似性

用全区8种侵入岩区元素地球化学均值计算其距离系数（表4-3），能反映出岩浆岩类的演化轨迹（图4-25）。基于元素含量统计的空间距离表明，青藏高原地区的岩类地球化学亲疏关系为超基性岩-基性岩-中性岩-中酸性岩-酸性岩，与各岩类不同深度来源或不同演化阶段的地质亲疏关系完全一致。

蛇绿岩和超基性岩区的地球化学特征差异很小，距离几乎为零，表明二者具有同源性；碱性岩与基性岩、中性岩有比较相近的亲缘关系；花岗斑岩则主要应由中酸性、酸性岩浆演化生成。

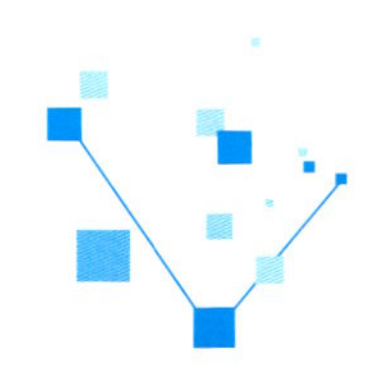

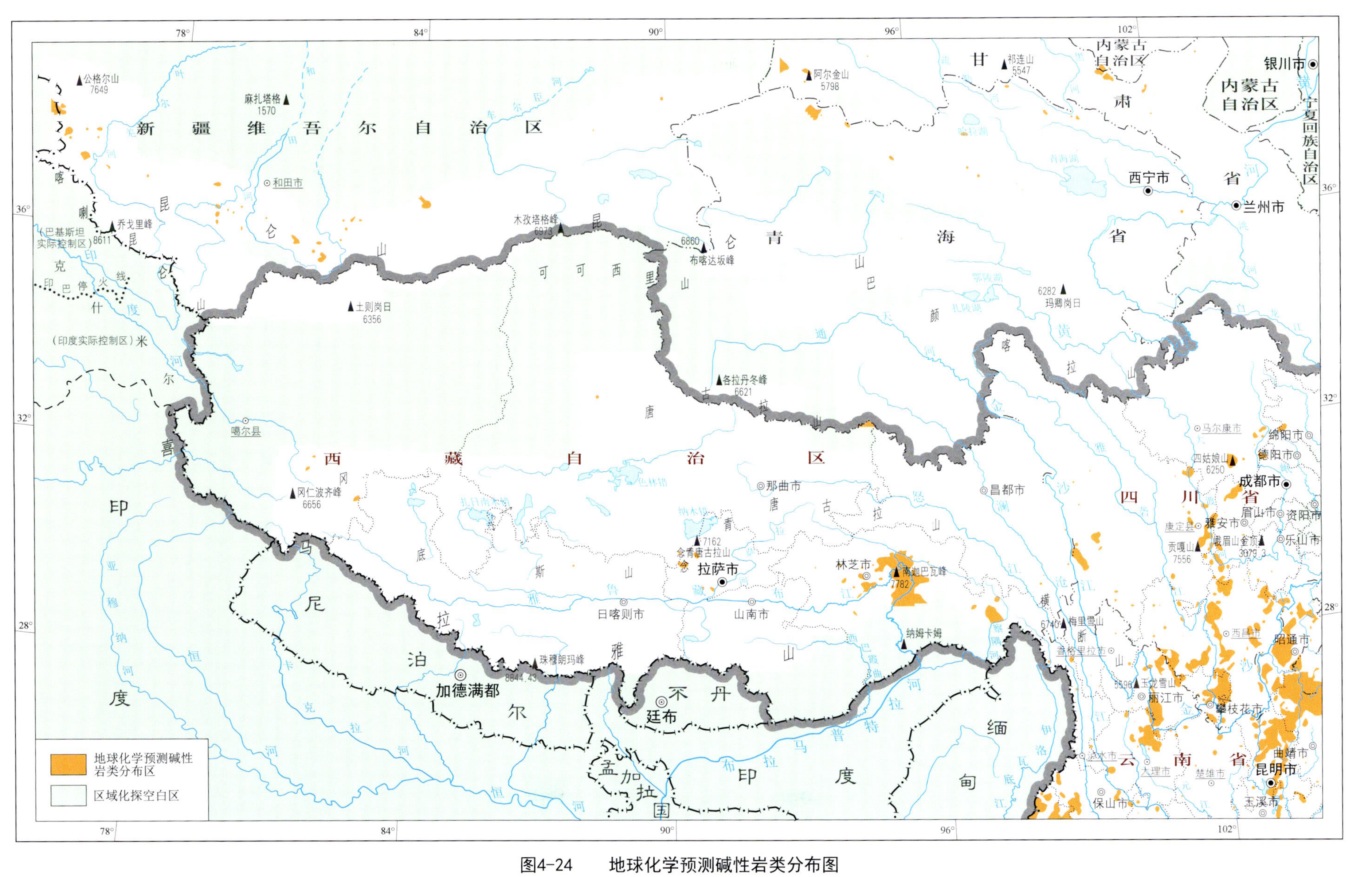

图4-24　地球化学预测碱性岩类分布图

表4-3　各侵入岩类距离系数矩阵

距离系数	超基性岩						
蛇绿岩	0.009 2	蛇绿岩					
基性岩	0.450 7	0.447 6	基性岩				
中性岩	1.165 4	1.129 1	0.719 6	中性岩			
中酸性岩	1.362 5	1.361 3	1.182 7	0.391 1	中酸性岩		
酸性岩	1.327 9	1.351 0	1.383 8	0.733 5	0.179 2	酸性岩	
碱性岩	0.899 2	0.923 7	0.549 2	0.717 1	1.025 5	1.130 6	碱性岩
花岗斑岩	1.316 1	1.327 8	1.345 9	0.892 1	0.310 3	0.300 2	1.269 1

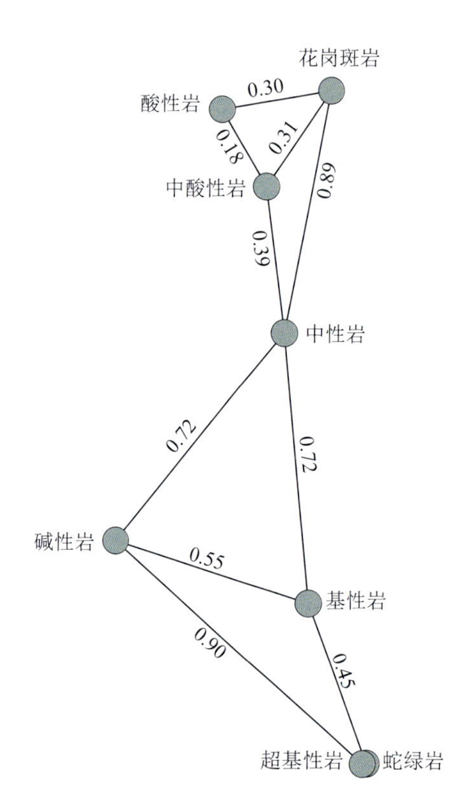

图4-25　岩浆岩距离系数连接空间位置关系图

地理底图图例

◉	省级行政中心	唐古拉山	山脉
◎	地级行政中心		国界
⊙大理市	自治州行政中心 地区、盟行政公署驻地		省级界
⊙	县(市、区)行政中心		地级界
各拉丹冬峰 ▲ 6621	山峰及高程		常年河及湖泊

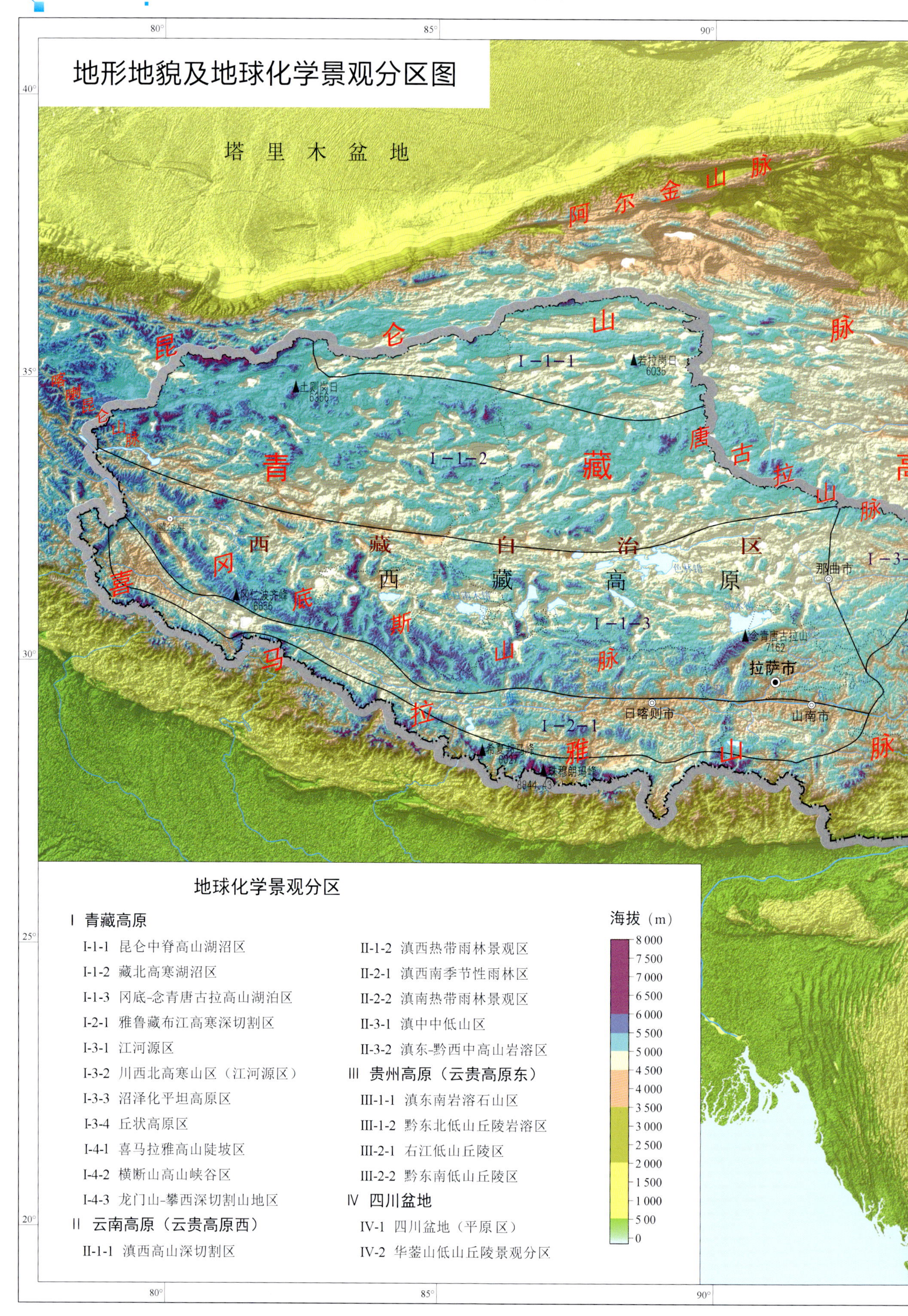
地形地貌及地球化学景观分区图
80°
85°
90°
40°
35°
30°
25°
20°
塔 里 木 盆 地
阿 尔 金 山 脉
昆 仑 山 脉
喀喇昆仑山脉
唐 古 拉 山 脉
青 藏 高 原
西 藏 自 治 区
西 藏 高 原
冈 底 斯 山 脉
喜 马 拉 雅 山 脉
I-1-1
I-1-2
I-1-3
I-2-1
I-3-
若拉岗日 6035
土则岗日 6356
冈仁波齐峰 6656
念青唐古拉山 7162
拉萨市
日喀则市
山南市
那曲市
色林错
珠穆朗玛峰 8844.43
地球化学景观分区
I 青藏高原
I-1-1 昆仑中脊高山湖沼区
I-1-2 藏北高寒湖沼区
I-1-3 冈底-念青唐古拉高山湖泊区
I-2-1 雅鲁藏布江高寒深切割区
I-3-1 江河源区
I-3-2 川西北高寒山区（江河源区）
I-3-3 沼泽化平坦高原区
I-3-4 丘状高原区
I-4-1 喜马拉雅高山陡坡区
I-4-2 横断山高山峡谷区
I-4-3 龙门山-攀西深切割山地区
II 云南高原（云贵高原西）
II-1-1 滇西高山深切割区
II-1-2 滇西热带雨林景观区
II-2-1 滇西南季节性雨林区
II-2-2 滇南热带雨林景观区
II-3-1 滇中中低山区
II-3-2 滇东-黔西中高山岩溶区
III 贵州高原（云贵高原东）
III-1-1 滇东南岩溶石山区
III-1-2 黔东北低山丘陵岩溶区
III-2-1 右江低山丘陵区
III-2-2 黔东南低山丘陵区
IV 四川盆地
IV-1 四川盆地（平原区）
IV-2 华蓥山低山丘陵景观分区
海拔（m）
8 000
7 500
7 000
6 500
6 000
5 500
5 000
4 500
4 000
3 500
3 000
2 500
2 000
1 500
1 000
5 00
0

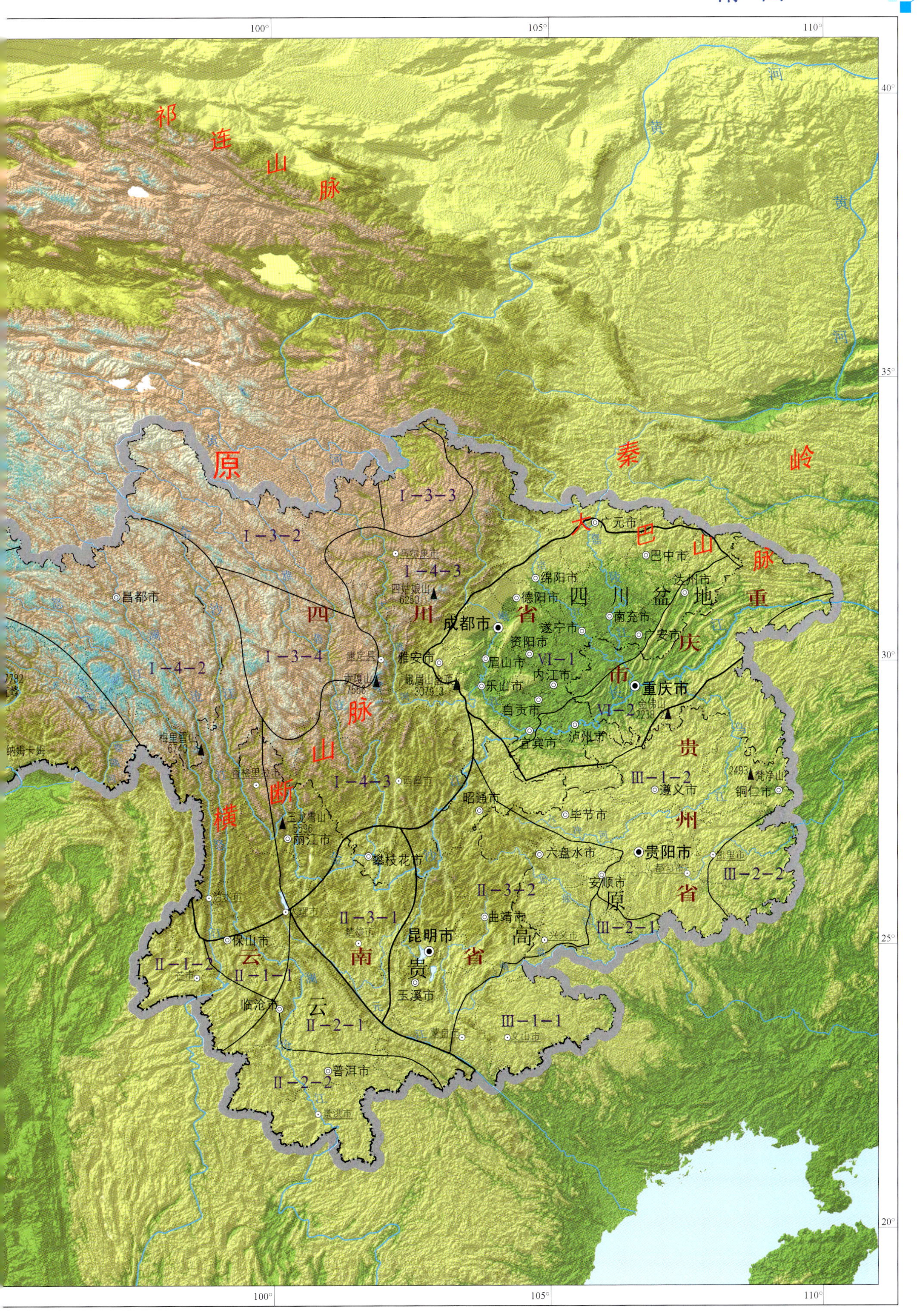
祁
连
山
脉
原
秦
岭
大
巴
山
脉
四川盆地
重
庆
市
四
川
省
成都市
重庆市
贵
州
省
贵阳市
横
断
山
脉
云
南
省
昆明市
云
贵
高
原
I－3－3
I－3－2
I－4－3
I－3－4
I－4－2
I－4－3
VI－1
VI－2
III－1－2
III－2－2
III－2－1
III－1－1
II－3－2
II－3－1
II－1－2
II－1－1
II－2－1
II－2－2
广元市
巴中市
绵阳市
德阳市
达州市
南充市
遂宁市
广安市
资阳市
眉山市
内江市
乐山市
自贡市
泸州市
宜宾市
雅安市
昌都市
遵义市
铜仁市
毕节市
六盘水市
安顺市
昭通市
攀枝花市
丽江市
曲靖市
保山市
临沧市
普洱市
玉溪市
西昌市
梵净山
2493
四姑娘山
6250
100°
105°
110°
40°
35°
30°
25°
20°

78° 81° 84° 87° 90° 93°
36° 34° 32° 30° 28° 26° 24° 22° 20° 18°
可可西里山
若拉岗日 6035
土则岗日 6356
唐古拉山
那曲市
念青唐古拉山 7162
拉萨市
日喀则市
山南市
冈仁波齐峰 6656
噶尔县
冈底斯山
希夏邦马峰 8027
珠穆朗玛峰 8844.43
喜马拉雅山
地质矿产图例
地 层
第四系 Q 冲积、黄土、冰碛及湖沼沉积，洞穴、火山堆积等
新近系 古近系 R 内陆盆地为碎屑岩及火山岩，青藏等有火山质磨拉石，藏南等为海相沉积
白垩系 K 陆相碎屑岩为主，西藏有海相碎屑岩及火山岩
侏罗系 J 陆相碎屑岩为主，藏南、滇西等为海相沉积，怒江一带为深水复理石及火山岩
TJ 三叠系-侏罗系并层
三叠系 T 松潘—三江地区为海相复理石及火山岩；华南下、中统为浅海碳酸盐岩或砂泥质复理石，上统多为陆相含煤沉积
Mz 中生界并层
PT 二叠系-三叠系并层
二叠系 P 华南为浅海碳酸盐岩-过渡相含煤系，藏南为冈瓦纳相
CP 石炭系-泥盆系并层
石炭系 C 华南为陆表海碳酸盐岩，下统含煤；藏南为冈瓦纳相
DC 泥盆系-石炭系并层
泥盆系 D 华南等地为陆相碎屑岩-陆表海碳酸盐岩及台盆相深水碳酸盐岩、硅质岩
Pz_2 上古生界并层
AnD 前泥盆系：变质砂板岩、片麻岩、大理岩（藏北）
志留系 S 海相碎屑岩和碳酸盐岩
OS 奥陶系-泥盆系并层
奥陶系 O 华南为碎屑岩及火山岩
AnO 前奥陶系：板岩、片岩、片麻岩、石英岩（藏南）
∈O 寒武系-奥陶系并层
Pz_1 下古生界并层
AnZ 前震旦系：聂拉木群（藏南）
Pt 元古宇
Ar 太古宇
变质岩
变质岩、混合岩、花岗质岩石等
M M_4 中生代杂岩、M_3 古生代杂岩 M_2 元古宙杂岩、M_1 太古宙杂岩
变质岩
1. 花岗岩类
γ花岗岩，$\kappa\gamma$碱性花岗岩
γ_6 喜马拉雅期
γ_{5-6} 燕山晚期—喜马拉雅期
γ_5 燕山期
γ_{4-5} 华力西期—燕山期
γ_4 华力西期
γ_2 后吕梁期（元古宙）
2. 闪长岩类
δ 分期：δ_5、δ_4
3. 铁镁质岩类
N 分期：N_{5-6}、N_5、N_4、N_3、N_2
4. 超铁镁质岩类
Σ Σ_6、Σ_{5-6}、Σ_5、Σ_{4-5}、Σ_4、Σ_3、Σ_2、Σ_1（时代不明）
5. 碱性岩类
κ κ_6、κ_5、κ_4、κ_3、κ_2、κ_1
火山岩
1. 上新世—全新世火山岩
分三期：以玄武岩为例，β^1上新世，β^2、β^3全新世，β未分
β 玄武岩类 β^1、β^2、β^3
2. 潜火山岩
分期：$\kappa\sigma_6$、$\kappa\sigma_5$、$\kappa\sigma_4$、$\kappa\sigma_3$
β $\kappa\sigma_6$、$\kappa\sigma_5$、$\kappa\sigma_4$、$\kappa\sigma_3$、$\kappa\sigma_2$、$\kappa\sigma_1$
其他
Opm 蛇绿混杂岩

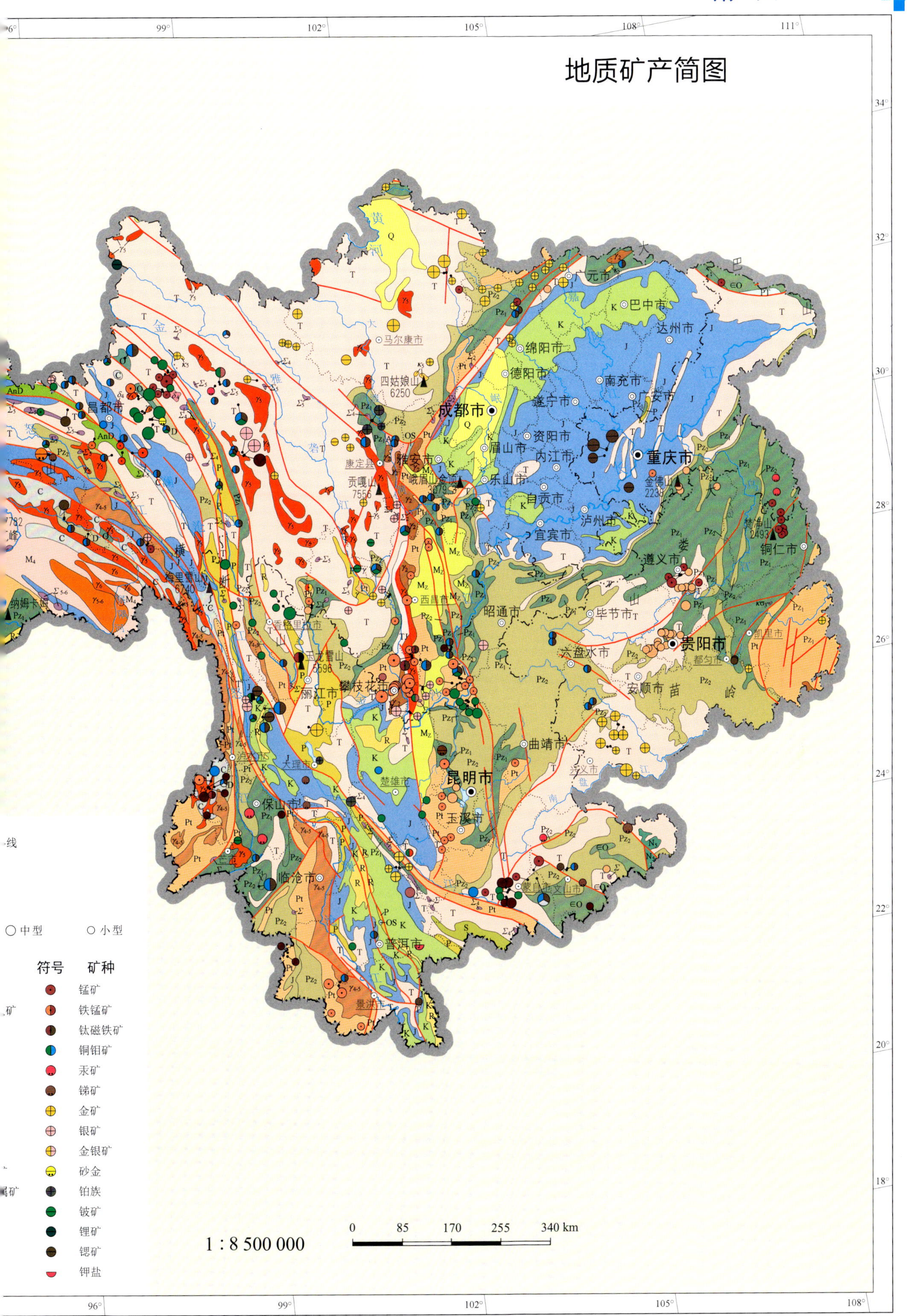
地质矿产简图
成都市
重庆市
贵阳市
昆明市
1 : 8 500 000
0 85 170 255 340 km
○ 中型 ○ 小型
符号 矿种
锰矿
铁锰矿
钛磁铁矿
铜钼矿
汞矿
锑矿
金矿
银矿
金银矿
砂金
铂族
铍矿
锂矿
锶矿
钾盐

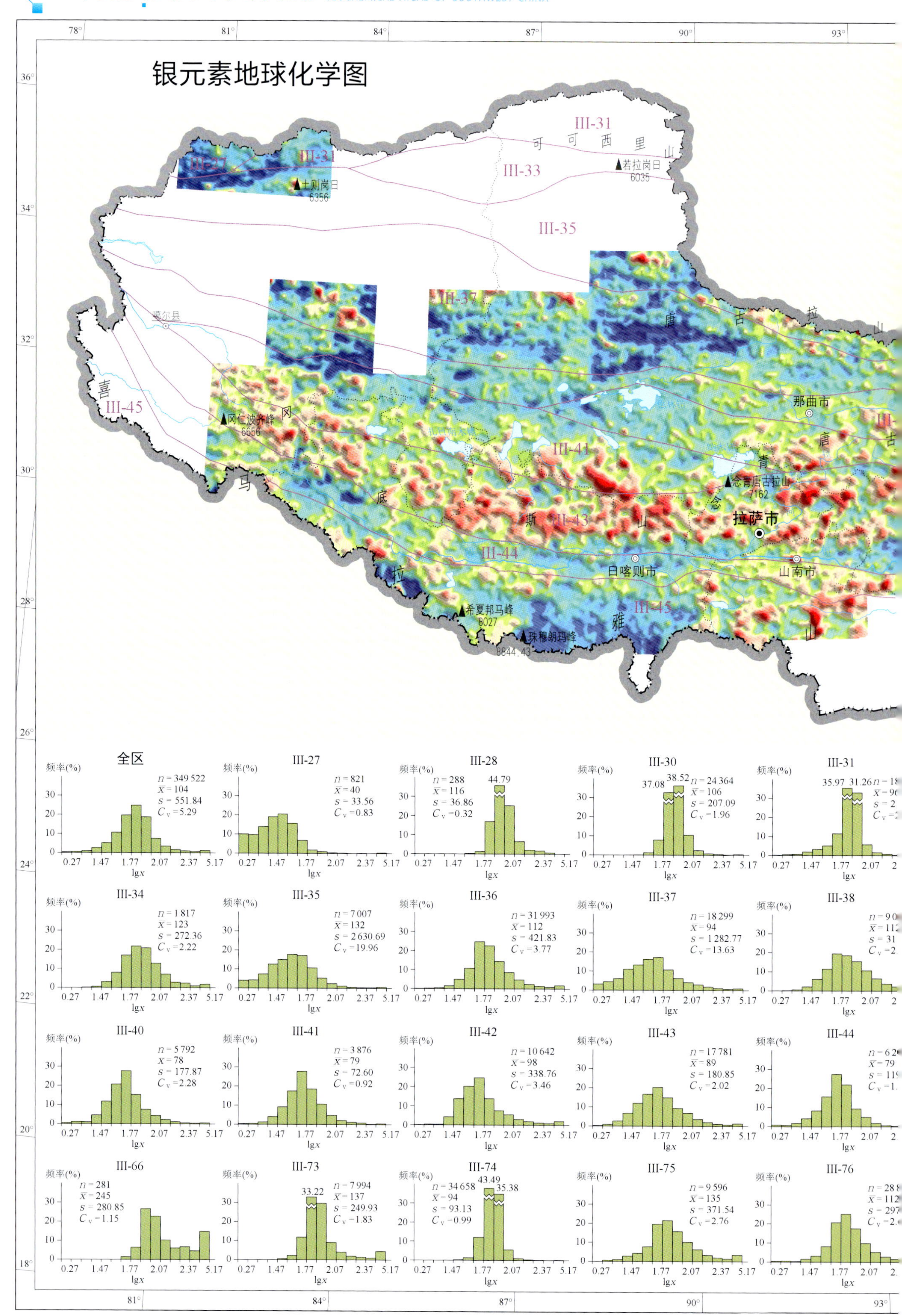
银元素地球化学图
III-31
III-27
III-33
III-35
III-37
III-41
III-43
III-44
III-45
可 可 西 里 山
唐 古 拉 山
喜 马 拉 雅 山
冈 底 斯 山
念 青 唐 古 拉 山
若拉岗日 6035
土则岗日 6356
冈仁波齐峰 6656
念青唐古拉山 7162
希夏邦马峰 8027
珠穆朗玛峰 8844.43
噶尔县
那曲市
拉萨市
日喀则市
山南市
全区 n=349 522 x̄=104 s=551.84 Cv=5.29
III-27 n=821 x̄=40 s=33.56 Cv=0.83
III-28 n=288 x̄=116 s=36.86 Cv=0.32 44.79
III-30 n=24 364 x̄=106 s=207.09 Cv=1.96 37.08 38.52
III-31 35.97 31.26
III-34 n=1 817 x̄=123 s=272.36 Cv=2.22
III-35 n=7 007 x̄=132 s=2 630.69 Cv=19.96
III-36 n=31 993 x̄=112 s=421.83 Cv=3.77
III-37 n=18 299 x̄=94 s=1 282.77 Cv=13.63
III-38
III-40 n=5 792 x̄=78 s=177.87 Cv=2.28
III-41 n=3 876 x̄=79 s=72.60 Cv=0.92
III-42 n=10 642 x̄=98 s=338.76 Cv=3.46
III-43 n=17 781 x̄=89 s=180.85 Cv=2.02
III-44
III-66 n=281 x̄=245 s=280.85 Cv=1.15
III-73 n=7 994 x̄=137 s=249.93 Cv=1.83 33.22
III-74 n=34 658 x̄=94 s=93.13 Cv=0.99 43.49 35.38
III-75 n=9 596 x̄=135 s=371.54 Cv=2.76
III-76
频率(%)
lgx
0.27 1.47 1.77 2.07 2.37 5.17

本图主要采用1∶200 000和1∶500 000区域化探（水系沉积物测量）数据编制。其中：云南、贵州全部为1∶200 000区域化探数据；西藏为1∶200 000和1∶500 000区域化探数据混用；四川为1∶200 000区域化探数据和1∶250 000多目标地球化学调查（土壤测量）数据；重庆为1∶200 000区域化探数据和局部1∶50 000地球化学普查（水系沉积物测量）数据。

对不同采样分析批次间存在的分析含量系统偏差，按边界等效法计算出乘系数（A）和加常数（B），对占少数的偏差数据进行调平处理。

数据网格化采用克里金法，8方位搜索，搜索半径22.5km，正方形网格边长3km。

元素含量等值线值采用累频法求取，等值面色区为19级过渡色，由蓝色到红色表示含量值由低到高的变化。

III-32: n = 18 917, $\overline{x}$ = 132, s = 449.75, C_v = 3.41

III-39: n = 5 819, $\overline{x}$ = 119, s = 413.88, C_v = 3.47

III-45: n = 8 090, $\overline{x}$ = 83, s = 180.49, C_v = 2.18

III-77: n = 56 122, $\overline{x}$ = 94, s = 196.93, C_v = 2.09

III-78: n = 5 635, $\overline{x}$ = 95, s = 138.37, C_v = 1.46

III-88: n = 10 576, $\overline{x}$ = 85, s = 57.06, C_v = 0.67

III-89: n = 6 886, $\overline{x}$ = 175, s = 845.48, C_v = 4.82

频率(%)　lg$x$

1∶8 500 000

0　85　170　255　340 km

Ag

累频 (%)	含量 ($\times10^{-9}$)
99	214
97	157
94	130
90	115
85	105
79	98.7
72	93.5
64	88.4
55	82.6
45	75.5
36	68.8
28	62.8
21	57.5
15	52.3
10	46.9
6	41.0
3	34.5
1	27.1

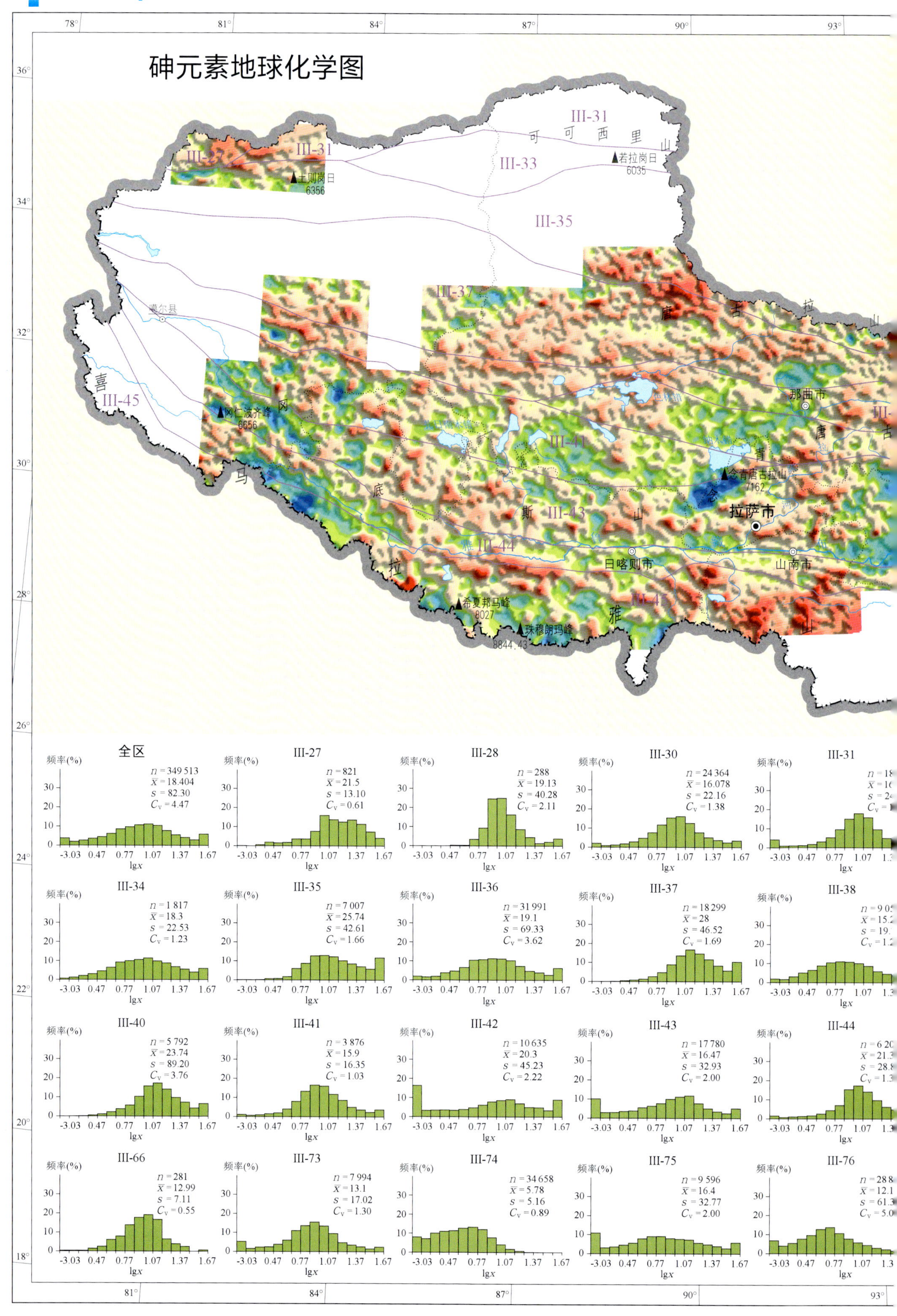

砷元素地球化学图
III-31
III-33
III-35
III-37
III-41
III-43
III-44
III-45
可可西里山
若拉岗日 6035
土则岗日 6356
噶尔县
冈仁波齐峰 6656
那曲市
念青唐古拉山 7162
拉萨市
日喀则市
山南市
希夏邦马峰 8027
珠穆朗玛峰 8844.43
喜马拉雅山
冈底斯山
全区
n = 349 513
x̄ = 18.404
s = 82.30
Cv = 4.47
III-27
n = 821
x̄ = 21.5
s = 13.10
Cv = 0.61
III-28
n = 288
x̄ = 19.13
s = 40.28
Cv = 2.11
III-30
n = 24 364
x̄ = 16.078
s = 22.16
Cv = 1.38
III-31
III-34
n = 1 817
x̄ = 18.3
s = 22.53
Cv = 1.23
III-35
n = 7 007
x̄ = 25.74
s = 42.61
Cv = 1.66
III-36
n = 31 991
x̄ = 19.1
s = 69.33
Cv = 3.62
III-37
n = 18 299
x̄ = 28
s = 46.52
Cv = 1.69
III-38
III-40
n = 5 792
x̄ = 23.74
s = 89.20
Cv = 3.76
III-41
n = 3 876
x̄ = 15.9
s = 16.35
Cv = 1.03
III-42
n = 10 635
x̄ = 20.3
s = 45.23
Cv = 2.22
III-43
n = 17 780
x̄ = 16.47
s = 32.93
Cv = 2.00
III-44
III-66
n = 281
x̄ = 12.99
s = 7.11
Cv = 0.55
III-73
n = 7 994
x̄ = 13.1
s = 17.02
Cv = 1.30
III-74
n = 34 658
x̄ = 5.78
s = 5.16
Cv = 0.89
III-75
n = 9 596
x̄ = 16.4
s = 32.77
Cv = 2.00
III-76
频率(%)
lgx

本图主要采用1∶200 000和1∶500 000区域化探(水系沉积物测量)数据编制。其中：云南、贵州全部为1∶200 000区域化探数据；西藏为1∶200 000和1∶500 000区域化探数据混用；四川为1∶200 000区域化探数据和1∶250 000多目标地球化学调查(土壤测量)数据；重庆为1∶200 000区域化探数据和局部1∶50 000地球化学普查(水系沉积物测量)数据。

对不同采样分析批次间存在的分析含量系统偏差，按边界等效法计算出乘系数(A)和加常数(B)，对占少数的偏差数据进行调平处理。

数据网格化采用克里金法，8方位搜索，搜索半径22.5km，正方形网格边长3km。

元素含量等值线值采用累频法求取，等值面色区为19级过渡色，由蓝色到红色表示含量值由低到高的变化。

1∶8 500 000

0 85 170 255 340 km

III-32: n = 18 917, $\overline{x}$ = 21.48, s = 38.25, C_v = 1.78

III-39: n = 5 819, $\overline{x}$ = 22.6, s = 33.99, C_v = 1.51

III-45: n = 8 090, $\overline{x}$ = 31.6, s = 44.92, C_v = 1.42

III-77: n = 56 122, $\overline{x}$ = 17.7, s = 32.97, C_v = 1.87

III-78: n = 5 635, $\overline{x}$ = 9.37, s = 14.98, C_v = 1.60

III-88: n = 10 576, $\overline{x}$ = 33.74, s = 91.11, C_v = 2.70

III-89: n = 6 886, $\overline{x}$ = 57.0, s = 495.85, C_v = 8.70

频率(%)　lg$x$

As

累频(%)	含量($\times 10^{-6}$)
99	62.2
97	42.7
94	33.6
90	27.9
85	23.7
79	20.5
72	17.8
64	15.5
55	13.4
45	11.3
36	9.59
28	8.06
21	6.68
15	5.31
10	4.07
6	3.05
3	2.10
1	1.10

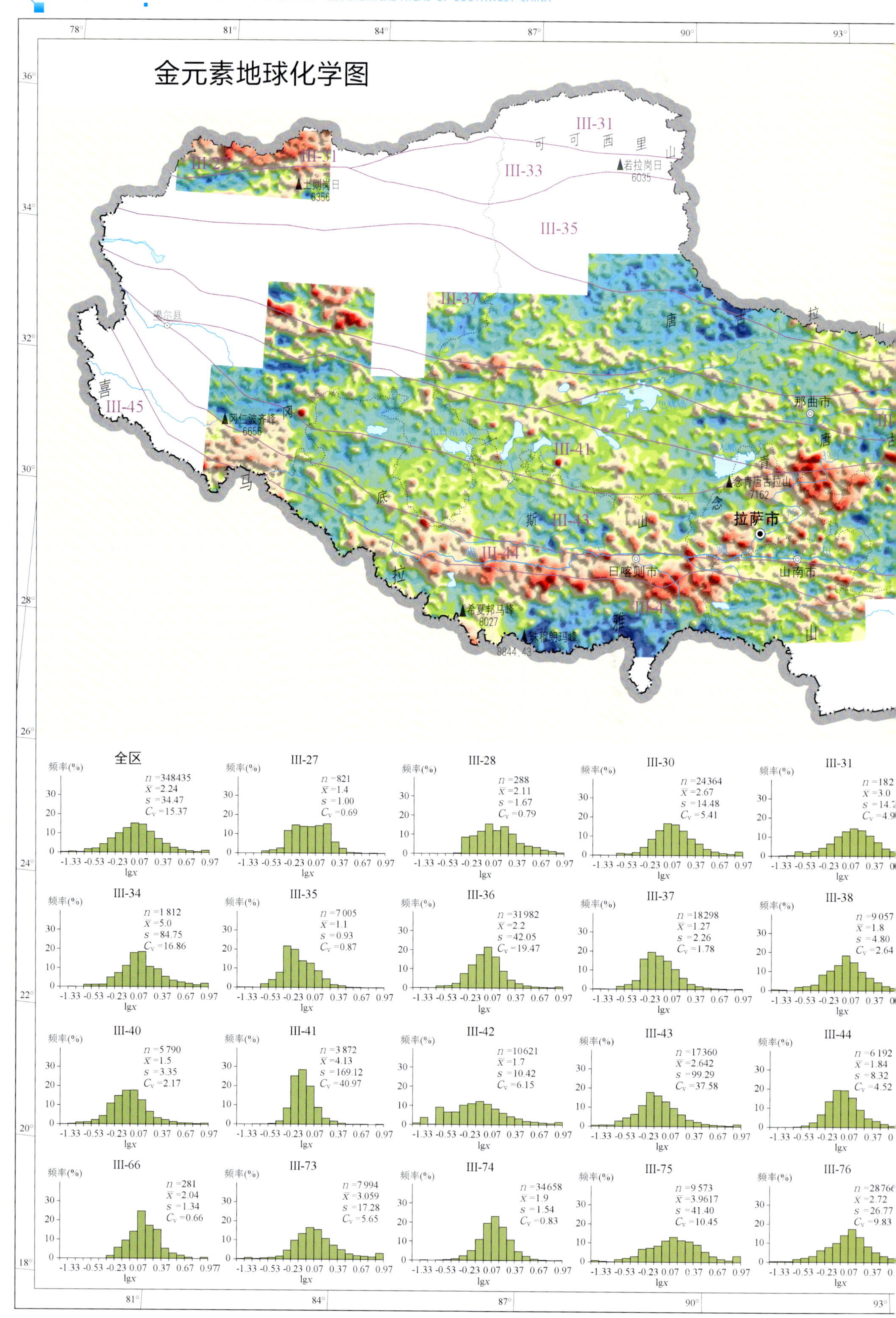

金元素地球化学图
III-27
III-31
III-33
III-35
III-37
III-41
III-43
III-44
III-45
可可西里山
若拉岗日 6035
土则岗日 6356
噶尔县
冈仁波齐峰 6656
那曲市
念青唐古拉山 7162
拉萨市
日喀则市
山南市
希夏邦马峰 8027
珠穆朗玛峰 8844.43
唐古拉山
喜马拉雅山
冈底斯山
念青唐古拉山
全区 频率(%) n =348435 $\bar{x}$ =2.24 s =34.47 C_v =15.37 lgx
III-27 频率(%) n =821 $\bar{x}$ =1.4 s =1.00 C_v =0.69 lgx
III-28 频率(%) n =288 $\bar{x}$ =2.11 s =1.67 C_v =0.79 lgx
III-30 频率(%) n =24364 $\bar{x}$ =2.67 s =14.48 C_v =5.41 lgx
III-31 频率(%) n =182 $\bar{x}$ =3.0 lgx
III-34 频率(%) n =1 812 $\bar{x}$ =5.0 s =84.75 C_v =16.86 lgx
III-35 频率(%) n =7 005 $\bar{x}$ =1.1 s =0.93 C_v =0.87 lgx
III-36 频率(%) n =31982 $\bar{x}$ =2.2 s =42.05 C_v =19.47 lgx
III-37 频率(%) n =18298 $\bar{x}$ =1.27 s =2.26 C_v =1.78 lgx
III-38 频率(%) n =9 057 $\bar{x}$ =1.8 s =4.80 C_v =2.64 lgx
III-40 频率(%) n =5 790 $\bar{x}$ =1.5 s =3.35 C_v =2.17 lgx
III-41 频率(%) n =3 872 $\bar{x}$ =4.13 s =169.12 C_v =40.97 lgx
III-42 频率(%) n =10621 $\bar{x}$ =1.7 s =10.42 C_v =6.15 lgx
III-43 频率(%) n =17360 $\bar{x}$ =2.642 s =99.29 C_v =37.58 lgx
III-44 频率(%) n =6 192 $\bar{x}$ =1.84 s =8.32 C_v =4.52 lgx
III-66 频率(%) n =281 $\bar{x}$ =2.04 s =1.34 C_v =0.66 lgx
III-73 频率(%) n =7 994 $\bar{x}$ =3.059 s =17.28 C_v =5.65 lgx
III-74 频率(%) n =34658 $\bar{x}$ =1.9 s =1.54 C_v =0.83 lgx
III-75 频率(%) n =9 573 $\bar{x}$ =3.9617 s =41.40 C_v =10.45 lgx
III-76 频率(%) $\bar{x}$ =2.72 s =26.77 C_v =9.83 lgx

本图主要采用1∶200 000和1∶500 000区域化探(水系沉积物测量)数据编制。其中：云南、贵州全部为1∶200 000区域化探数据；西藏为1∶200 000和1∶500 000区域化探数据混用；四川为1∶200 000区域化探数据和1∶250 000多目标地球化学调查(土壤测量)数据；重庆为1∶200 000区域化探数据和局部1∶50 000地球化学普查(水系沉积物测量)数据。

对不同采样分析批次间存在的分析含量系统偏差，按边界等效法计算出乘系数(A)和加常数(B)，对占少数的偏差数据进行调平处理。

数据网格化采用克里金法，8方位搜索，搜索半径22.5km，正方形网格边长3km。

元素含量等值线值采用累频法求取，等值面色区为19级过渡色，由蓝色到红色表示含量值由低到高的变化。

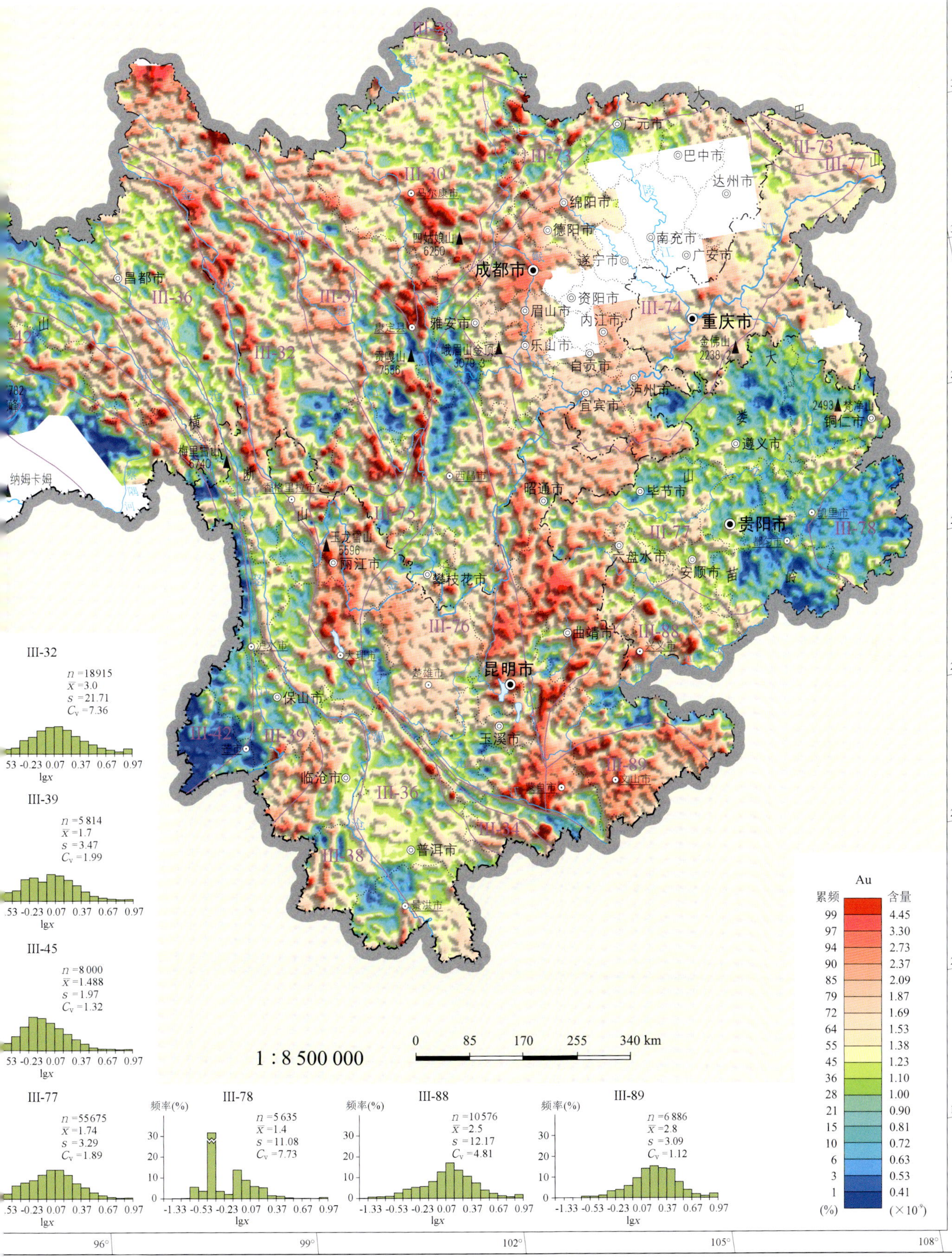

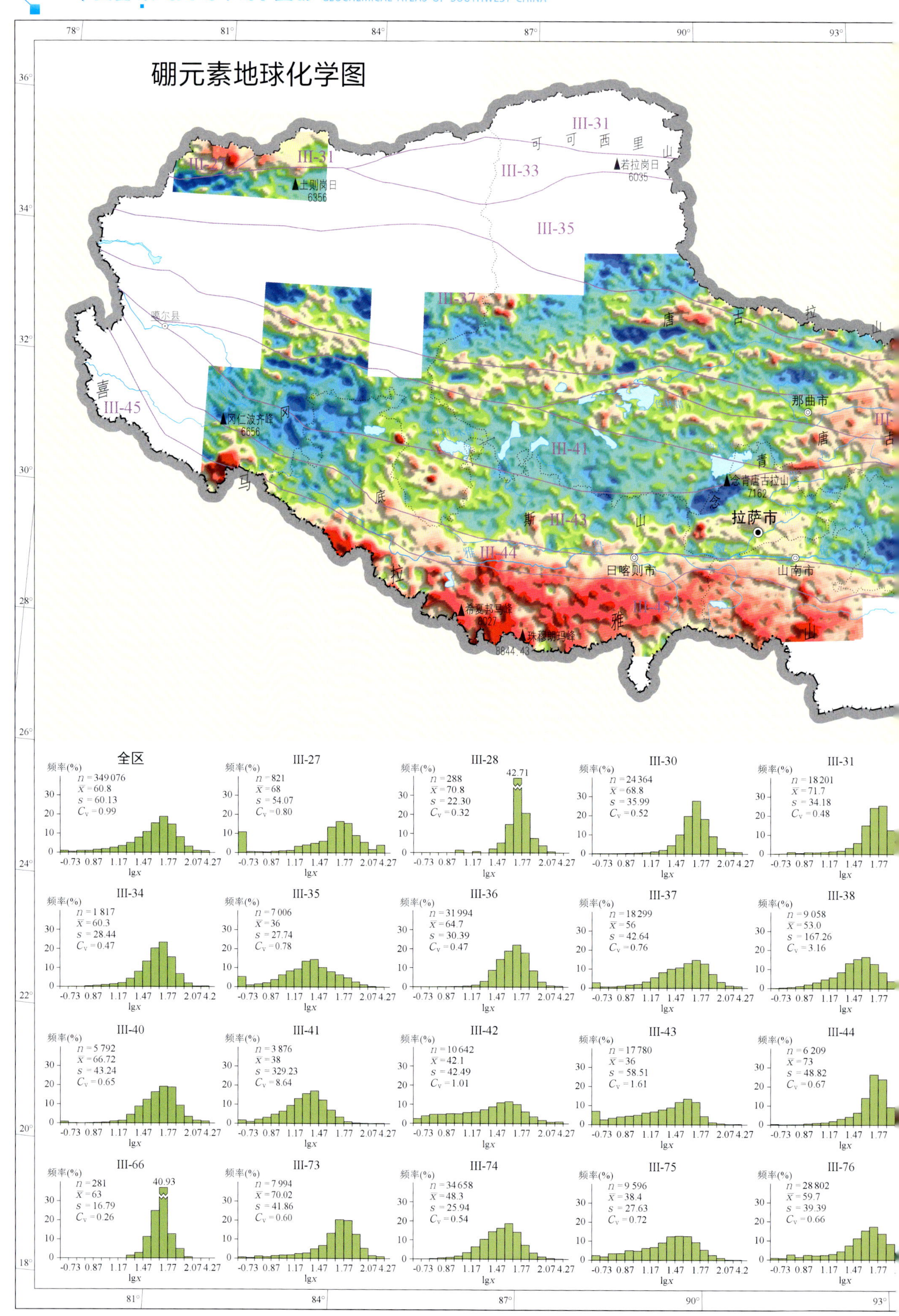
硼元素地球化学图
78°
81°
84°
87°
90°
93°
36°
34°
32°
30°
28°
26°
24°
22°
20°
18°
III-27
III-31
III-33
III-35
III-37
III-41
III-43
III-44
III-45
可 可 西 里 山
▲土则岗日 6356
▲若拉岗日 6035
噶尔县
喜
马
拉
雅
山
冈
底
斯
山
唐
古
拉
山
念
青
唐
古
拉
山
▲冈仁波齐峰 6656
▲念青唐古拉山 7162
那曲市
拉萨市
日喀则市
山南市
▲希夏邦马峰 8027
▲珠穆朗玛峰 8844.43
全区
频率(%)
n=349 076
$\bar{X}$=60.8
s=60.13
C_v=0.99
III-27
n=821
$\bar{X}$=68
s=54.07
C_v=0.80
III-28
42.71
n=288
$\bar{X}$=70.8
s=22.30
C_v=0.32
III-30
n=24 364
$\bar{X}$=68.8
s=35.99
C_v=0.52
III-31
n=18 201
$\bar{X}$=71.7
s=34.18
C_v=0.48
III-34
n=1 817
$\bar{X}$=60.3
s=28.44
C_v=0.47
III-35
n=7 006
$\bar{X}$=36
s=27.74
C_v=0.78
III-36
n=31 994
$\bar{X}$=64.7
s=30.39
C_v=0.47
III-37
n=18 299
$\bar{X}$=56
s=42.64
C_v=0.76
III-38
n=9 058
$\bar{X}$=53.0
s=167.26
C_v=3.16
III-40
n=5 792
$\bar{X}$=66.72
s=43.24
C_v=0.65
III-41
n=3 876
$\bar{X}$=38
s=329.23
C_v=8.64
III-42
n=10 642
$\bar{X}$=42.1
s=42.49
C_v=1.01
III-43
n=17 780
$\bar{X}$=36
s=58.51
C_v=1.61
III-44
n=6 209
$\bar{X}$=73
s=48.82
C_v=0.67
III-66
40.93
n=281
$\bar{X}$=63
s=16.79
C_v=0.26
III-73
n=7 994
$\bar{X}$=70.02
s=41.86
C_v=0.60
III-74
n=34 658
$\bar{X}$=48.3
s=25.94
C_v=0.54
III-75
n=9 596
$\bar{X}$=38.4
s=27.63
C_v=0.72
III-76
n=28 802
$\bar{X}$=59.7
s=39.39
C_v=0.66
0 10 20 30
-0.73 0.87 1.17 1.47 1.77 2.07 4.27
lg$x$

本图主要采用1∶200 000和1∶500 000区域化探(水系沉积物测量)数据编制。其中：云南、贵州全部为1∶200 000区域化探数据；西藏为1∶200 000和1∶500 000区域化探数据混用；四川为1∶200 000区域化探数据和1∶250 000多目标地球化学调查(土壤测量)数据；重庆为1∶200 000区域化探数据和局部1∶50 000地球化学普查(水系沉积物测量)数据。

对不同采样分析批次间存在的分析含量系统偏差，按边界等效法计算出乘系数(A)和加常数(B)，对占少数的偏差数据进行调平处理。

数据网格化采用克里金法，8方位搜索，搜索半径22.5km，正方形网格边长3km。

元素含量等值线值采用累频法求取，等值面色区为19级过渡色，由蓝色到红色表示含量值由低到高的变化。

1∶8 500 000

B

累频(%)	含量($\times10^{-6}$)
99	158
97	117
94	99.7
90	89.1
85	81.3
79	75.0
72	68.9
64	63.1
55	56.8
45	49.7
36	43.2
28	37.2
21	31.4
15	26.0
10	20.6
6	15.3
3	10.2
1	5.69

III-32: n=18 917, $\overline{X}$=60, s=33.19, C_v=0.55

III-39: n=5 819, $\overline{X}$=64.4, s=56.05, C_v=0.87

III-45: n=8 090, $\overline{X}$=106, s=66.57, C_v=0.63

III-77: n=55 675, $\overline{X}$=68.54, s=37.73, C_v=0.55

III-78: n=5 635, $\overline{X}$=57.4, s=26.07, C_v=0.45

III-88: n=10 576, $\overline{X}$=72.7, s=46.82, C_v=0.64

III-89: n=6 886, $\overline{X}$=74.0, s=61.43, C_v=0.83

钡元素地球化学图

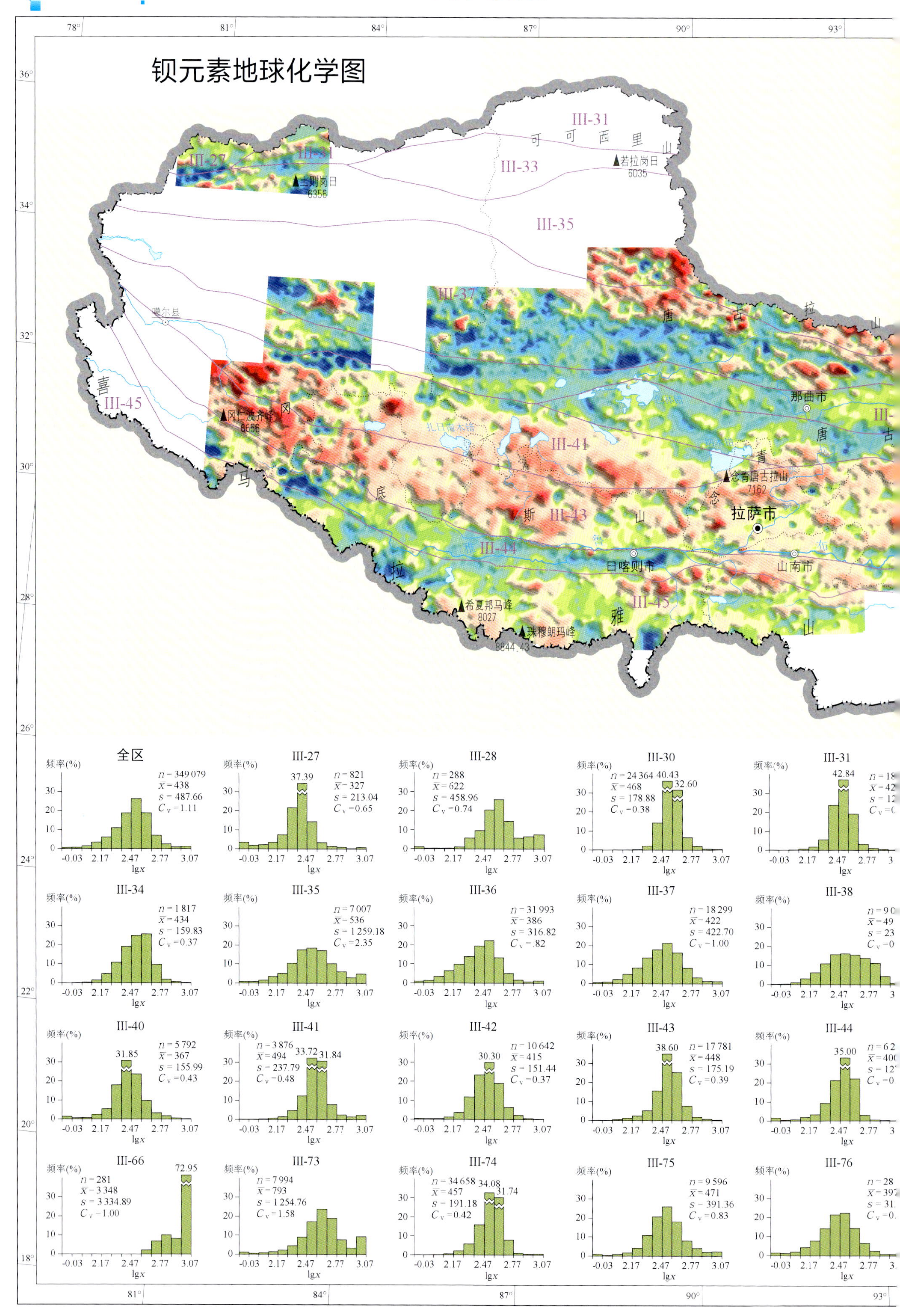

III-31
可 可 西 里 山
III-33
若拉岗日 6035
III-27
III-31
土则岗日 6356
III-35
III-37
噶尔县
唐 古 拉 山
那曲市
喜
III-45
冈仁波齐峰 6656
冈
扎日南木错
III-41
III-
古
唐
青
念青唐古拉山 7162
马
底
斯
III-43
念
山
拉萨市
III-44
日喀则市
山南市
拉
希夏邦马峰 8027
珠穆朗玛峰 8844.43
雅
III-45
山
全区
n = 349 079
X = 438
s = 487.66
Cv = 1.11
III-27
n = 821
X = 327
s = 213.04
Cv = 0.65
37.39
III-28
n = 288
X = 622
s = 458.96
Cv = 0.74
III-30
n = 24 364
X = 468
s = 178.88
Cv = 0.38
40.43
32.60
III-31
42.84
III-34
n = 1 817
X = 434
s = 159.83
Cv = 0.37
III-35
n = 7 007
X = 536
s = 1 259.18
Cv = 2.35
III-36
n = 31 993
X = 386
s = 316.82
Cv = .82
III-37
n = 18 299
X = 422
s = 422.70
Cv = 1.00
III-38
III-40
n = 5 792
X = 367
s = 155.99
Cv = 0.43
31.85
III-41
n = 3 876
X = 494
s = 237.79
Cv = 0.48
33.72
31.84
III-42
n = 10 642
X = 415
s = 151.44
Cv = 0.37
30.30
III-43
n = 17 781
X = 448
s = 175.19
Cv = 0.39
38.60
III-44
35.00
III-66
n = 281
X = 3 348
s = 3 334.89
Cv = 1.00
72.95
III-73
n = 7 994
X = 793
s = 1 254.76
Cv = 1.58
III-74
n = 34 658
X = 457
s = 191.18
Cv = 0.42
34.08
31.74
III-75
n = 9 596
X = 471
s = 391.36
Cv = 0.83
III-76
频率(%)
lgx
-0.03 2.17 2.47 2.77 3.07

本图主要采用1∶200 000和1∶500 000区域化探(水系沉积物测量)数据编制。其中：云南、贵州全部为1∶200 000区域化探数据；西藏为1∶200 000和1∶500 000区域化探数据混用；四川为1∶200 000区域化探数据和1∶250 000多目标地球化学调查(土壤测量)数据；重庆为1∶200 000区域化探数据和局部1∶50 000地球化学普查(水系沉积物测量)数据。

对不同采样分析批次间存在的分析含量系统偏差，按边界等效法计算出乘系数(A)和加常数(B)，对占少数的偏差数据进行调平处理。

数据网格化采用克里金法，8方位搜索，搜索半径22.5km，正方形网格边长3km。

元素含量等值线值采用累频法求取，等值面色区为19级过渡色，由蓝色到红色表示含量值由低到高的变化。

累频(%)	含量($\times10^{-6}$)
99	986
97	733
94	629
90	565
85	525
79	493
72	464
64	436
55	409
45	380
36	353
28	327
21	299
15	270
10	239
6	210
3	179
1	142

铍元素地球化学图

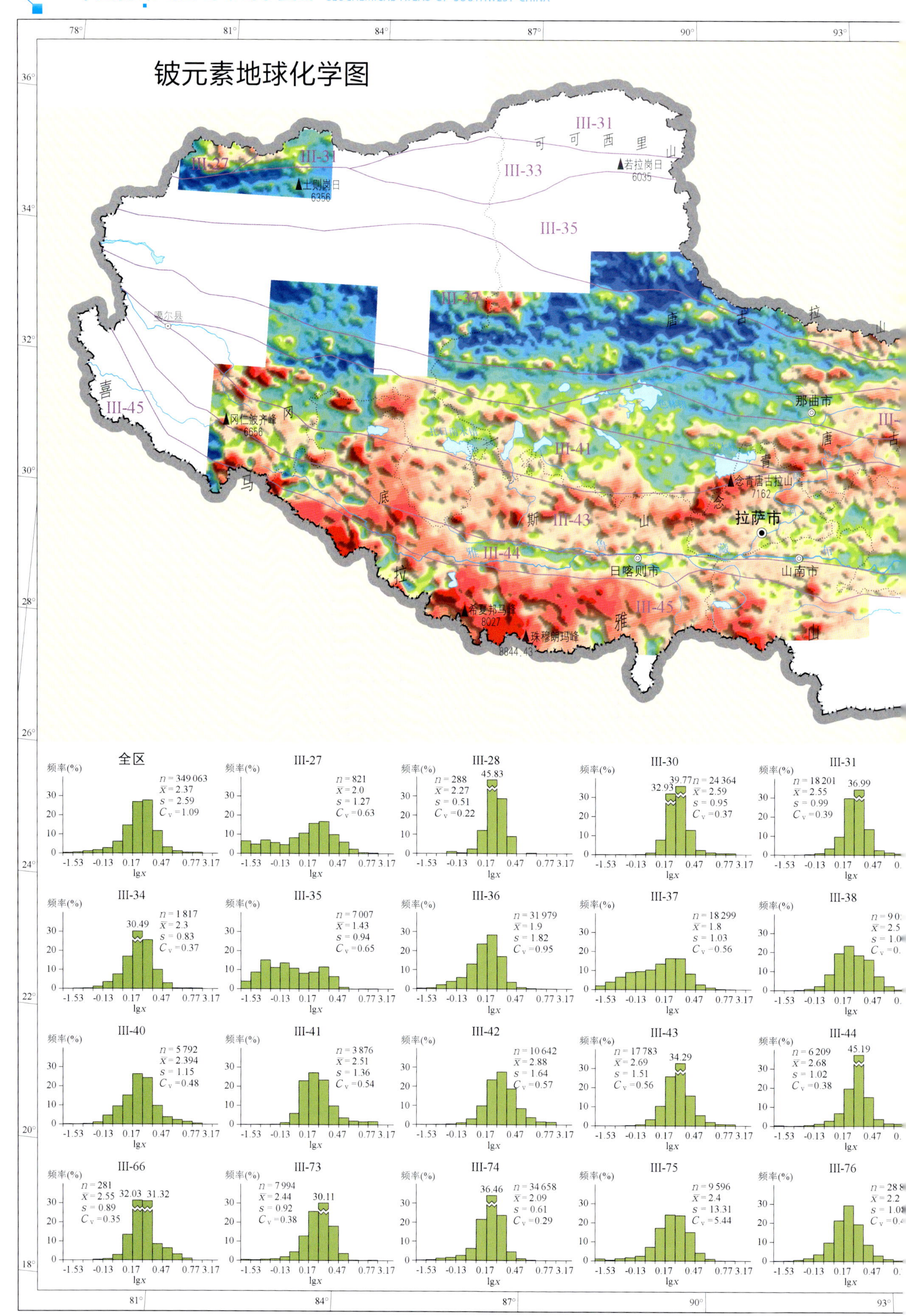

III-31
可可西里山
III-27
III-31
土则岗日
6356
III-33
若拉岗日
6035
III-35
III-37
唐古拉山
噶尔县
那曲市
喜马拉雅
III-45
冈仁波齐峰
6656
冈底斯
III-41
念青唐古拉山
7162
III-43
拉萨市
III-44
日喀则市
山南市
希夏邦马峰
8027
珠穆朗玛峰
8844.43
III-45
全区
n = 349 063
X̄ = 2.37
s = 2.59
Cv = 1.09
III-27
n = 821
X̄ = 2.0
s = 1.27
Cv = 0.63
III-28
n = 288
X̄ = 2.27
s = 0.51
Cv = 0.22
45.83
III-30
32.93
39.77
n = 24 364
X̄ = 2.59
s = 0.95
Cv = 0.37
III-31
n = 18 201
X̄ = 2.55
s = 0.99
Cv = 0.39
36.99
III-34
n = 1 817
X̄ = 2.3
s = 0.83
Cv = 0.37
30.49
III-35
n = 7 007
X̄ = 1.43
s = 0.94
Cv = 0.65
III-36
n = 31 979
X̄ = 1.9
s = 1.82
Cv = 0.95
III-37
n = 18 299
X̄ = 1.8
s = 1.03
Cv = 0.56
III-38
III-40
n = 5 792
X̄ = 2.394
s = 1.15
Cv = 0.48
III-41
n = 3 876
X̄ = 2.51
s = 1.36
Cv = 0.54
III-42
n = 10 642
X̄ = 2.88
s = 1.64
Cv = 0.57
III-43
n = 17 783
X̄ = 2.69
s = 1.51
Cv = 0.56
34.29
III-44
n = 6 209
X̄ = 2.68
s = 1.02
Cv = 0.38
45.19
III-66
n = 281
X̄ = 2.55
s = 0.89
Cv = 0.35
32.03
31.32
III-73
n = 7 994
X̄ = 2.44
s = 0.92
Cv = 0.38
30.11
III-74
n = 34 658
X̄ = 2.09
s = 0.61
Cv = 0.29
36.46
III-75
n = 9 596
X̄ = 2.4
s = 13.31
Cv = 5.44
III-76
频率(%)
lgx
-1.53 -0.13 0.17 0.47 0.77 3.17

本图主要采用1∶200 000和1∶500 000区域化探(水系沉积物测量)数据编制。其中：云南、贵州全部为1∶200 000区域化探数据；西藏为1∶200 000和1∶500 000区域化探数据混用；四川为1∶200 000区域化探数据和1∶250 000多目标地球化学调查(土壤测量)数据；重庆为1∶200 000区域化探数据和局部1∶50 000地球化学普查(水系沉积物测量)数据。

对不同采样分析批次间存在的分析含量系统偏差，按边界等效法计算出乘系数(A)和加常数(B)，对占少数的偏差数据进行调平处理。

数据网格化采用克里金法，8方位搜索，搜索半径22.5km，正方形网格边长3km。

元素含量等值线值采用累频法求取，等值面色区为19级过渡色，由蓝色到红色表示含量值由低到高的变化。

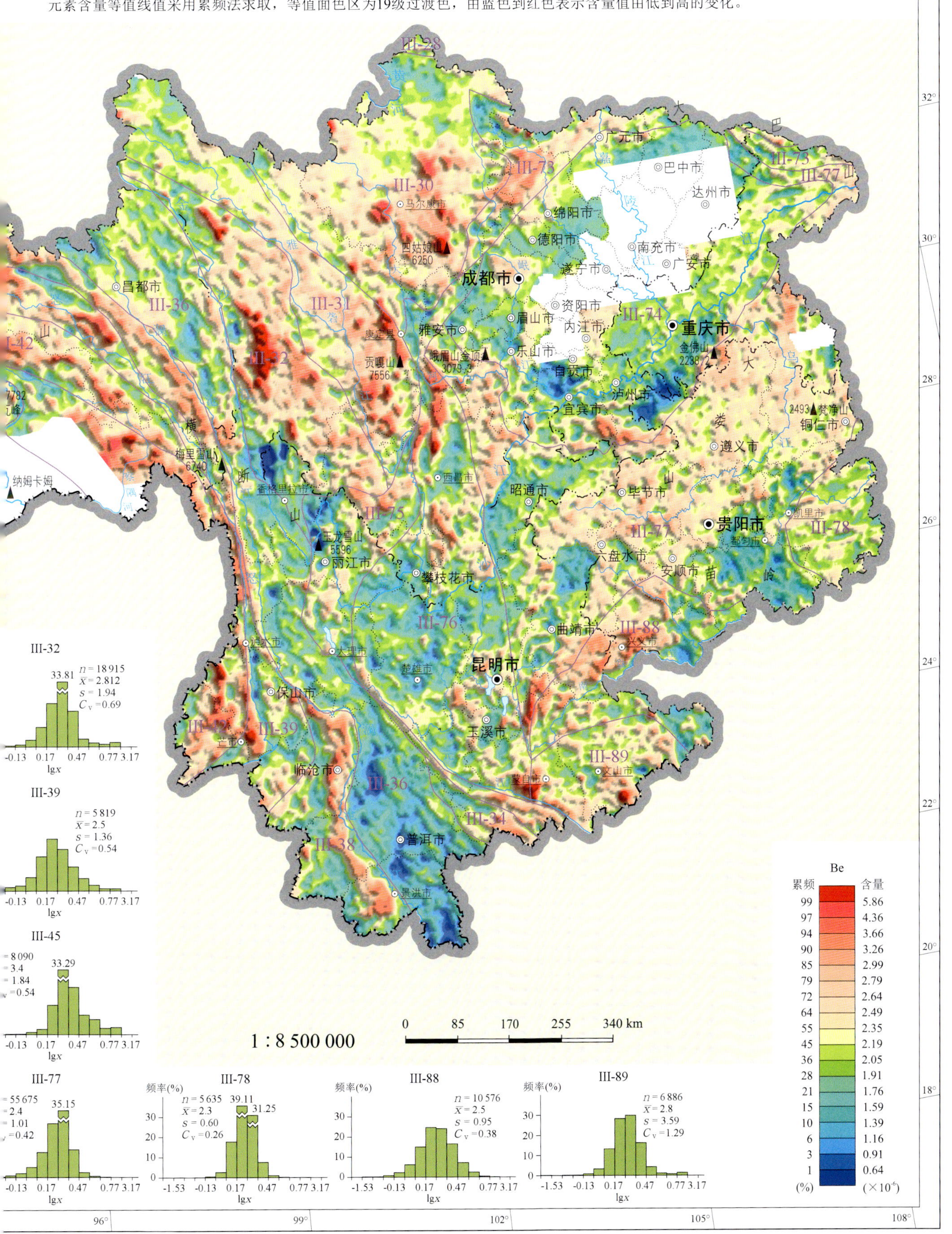

铋元素地球化学图

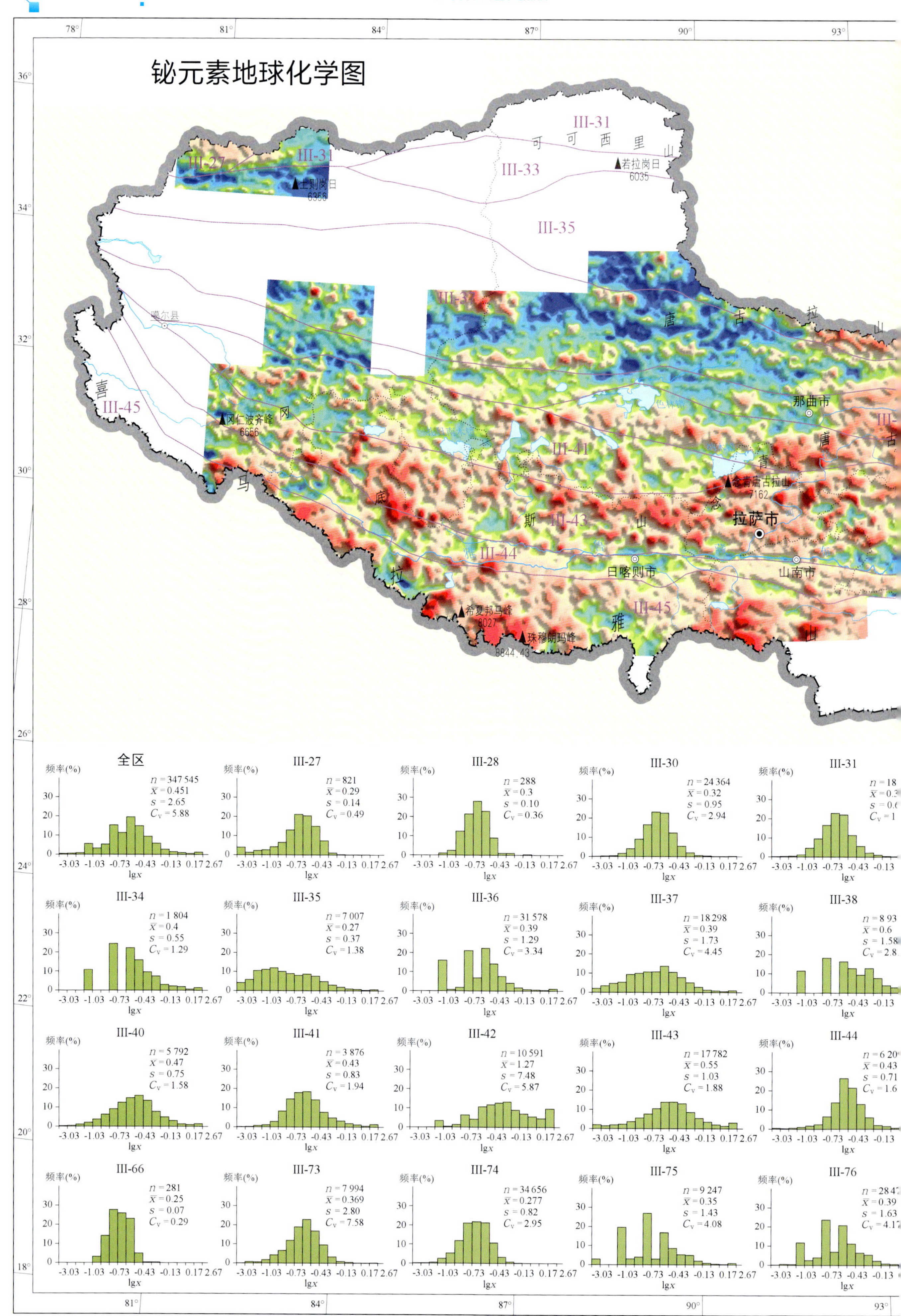

III-31
可 可 西 里 山
若拉岗日
6035
III-27
III-31
土则岗日
6356
III-33
III-35
噶尔县
唐 古 拉 山
III-45
冈仁波齐峰
6656
那曲市
III-41
念青唐古拉山
7162
拉萨市
III-43
III-44
日喀则市
山南市
希夏邦马峰
8027
珠穆朗玛峰
8844.43
III-45
全区
n = 347 545
x̄ = 0.451
s = 2.65
Cv = 5.88
III-27
n = 821
x̄ = 0.29
s = 0.14
Cv = 0.49
III-28
n = 288
x̄ = 0.3
s = 0.10
Cv = 0.36
III-30
n = 24 364
x̄ = 0.32
s = 0.95
Cv = 2.94
III-31
III-34
n = 1 804
x̄ = 0.4
s = 0.55
Cv = 1.29
III-35
n = 7 007
x̄ = 0.27
s = 0.37
Cv = 1.38
III-36
n = 31 578
x̄ = 0.39
s = 1.29
Cv = 3.34
III-37
n = 18 298
x̄ = 0.39
s = 1.73
Cv = 4.45
III-38
III-40
n = 5 792
x̄ = 0.47
s = 0.75
Cv = 1.58
III-41
n = 3 876
x̄ = 0.43
s = 0.83
Cv = 1.94
III-42
n = 10 591
x̄ = 1.27
s = 7.48
Cv = 5.87
III-43
n = 17 782
x̄ = 0.55
s = 1.03
Cv = 1.88
III-44
III-66
n = 281
x̄ = 0.25
s = 0.07
Cv = 0.29
III-73
n = 7 994
x̄ = 0.369
s = 2.80
Cv = 7.58
III-74
n = 34 656
x̄ = 0.277
s = 0.82
Cv = 2.95
III-75
n = 9 247
x̄ = 0.35
s = 1.43
Cv = 4.08
III-76
频率(%)
lgx

本图主要采用1∶200 000和1∶500 000区域化探(水系沉积物测量)数据编制。其中：云南、贵州全部为1∶200 000区域化探数据；西藏为1∶200 000和1∶500 000区域化探数据混用；四川为1∶200 000区域化探数据和1∶250 000多目标地球化学调查(土壤测量)数据；重庆为1∶200 000区域化探数据和局部1∶50 000地球化学普查(水系沉积物测量)数据。

对不同采样分析批次间存在的分析含量系统偏差，按边界等效法计算出乘系数(A)和加常数(B)，对占少数的偏差数据进行调平处理。

数据网格化采用克里金法，8方位搜索，搜索半径22.5km，正方形网格边长3km。

元素含量等值线值采用累频法求取，等值面色区为19级过渡色，由蓝色到红色表示含量值由低到高的变化。

1∶8 500 000

Bi

累频(%)	含量($\times 10^{-6}$)
99	1.36
97	0.94
94	0.74
90	0.61
85	0.52
79	0.46
72	0.41
64	0.37
55	0.34
45	0.30
36	0.27
28	0.24
21	0.21
15	0.19
10	0.17
6	0.14
3	0.12
1	0.09

III-32: n = 18 894, $\bar{x}$ = 0.42, s = 2.52, C_v = 6.03

III-39: n = 5 773, $\bar{x}$ = 0.6, s = 1.43, C_v = 2.25

III-45: n = 8 090, $\bar{x}$ = 0.59, s = 0.92, C_v = 1.57

III-77: n = 55 588, $\bar{x}$ = 0.41, s = 0.53, C_v = 1.31

III-78: n = 5 635, $\bar{x}$ = 0.34, s = 0.17, C_v = 0.51

III-88: n = 10 500, $\bar{x}$ = 0.46, s = 0.39, C_v = 0.84

III-89: n = 6 862, $\bar{x}$ = 1.8, s = 13.78, C_v = 7.54

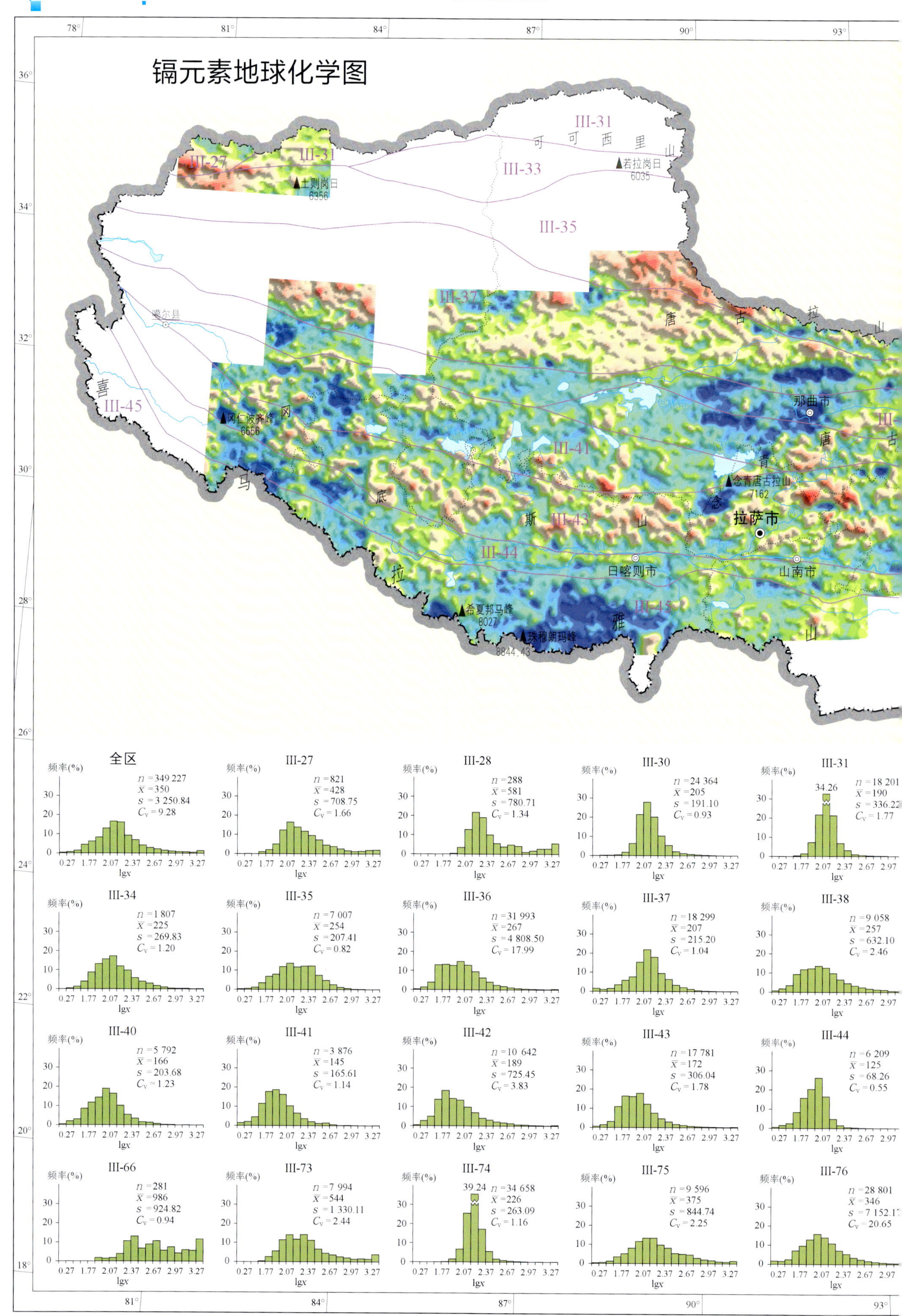
镉元素地球化学图
III-31
可可西里山
若拉岗日
6035
III-27
III-31
土则岗日
6356
III-33
III-35
III-37
唐古拉山
噶尔县
喜马拉雅山
III-45
冈仁波齐峰
6656
那曲市
III-41
念青唐古拉山
7162
底斯山
III-43
拉萨市
III-44
日喀则市
山南市
希夏邦马峰
8027
珠穆朗玛峰
8844.43
III-45
全区
n =349 227
X =350
s =3 250.84
Cv =9.28
III-27
n =821
X =428
s =708.75
Cv =1.66
III-28
n =288
X =581
s =780.71
Cv =1.34
III-30
n =24 364
X =205
s =191.10
Cv =0.93
III-31
34.26
n =18 201
X =190
s =336.22
Cv =1.77
III-34
n =1 807
X =225
s =269.83
Cv =1.20
III-35
n =7 007
X =254
s =207.41
Cv =0.82
III-36
n =31 993
X =267
s =4 808.50
Cv =17.99
III-37
n =18 299
X =207
s =215.20
Cv =1.04
III-38
n =9 058
X =257
s =632.10
Cv =2.46
III-40
n =5 792
X =166
s =203.68
Cv =1.23
III-41
n =3 876
X =145
s =165.61
Cv =1.14
III-42
n =10 642
X =189
s =725.45
Cv =3.83
III-43
n =17 781
X =172
s =306.04
Cv =1.78
III-44
n =6 209
X =125
s =68.26
Cv =0.55
III-66
n =281
X =986
s =924.82
Cv =0.94
III-73
n =7 994
X =544
s =1 330.11
Cv =2.44
III-74
39.24
n =34 658
X =226
s =263.09
Cv =1.16
III-75
n =9 596
X =375
s =844.74
Cv =2.25
III-76
n =28 801
X =346
s =7 152.17
Cv =20.65
频率(%)
lgx
0.27 1.77 2.07 2.37 2.67 2.97 3.27

本图主要采用1∶200 000和1∶500 000区域化探(水系沉积物测量)数据编制。其中：云南、贵州全部为1∶200 000区域化探数据；西藏为1∶200 000和1∶500 000区域化探数据混用；四川为1∶200 000区域化探数据和1∶250 000多目标地球化学调查(土壤测量)数据；重庆为1∶200 000区域化探数据和局部1∶50 000地球化学普查(水系沉积物测量)数据。

对不同采样分析批次间存在的分析含量系统偏差，按边界等效法计算出乘系数(A)和加常数(B)，对占少数的偏差数据进行调平处理。

数据网格化采用克里金法，8方位搜索，搜索半径22.5km，正方形网格边长3km。

元素含量等值线值采用累频法求取，等值面色区为19级过渡色，由蓝色到红色表示含量值由低到高的变化。

III-32

n=18 917
$\bar{x}$=321
s=692.89
C_v=2.16

III-39

n=5 819
$\bar{x}$=544
s=11 092.21
C_v=20.39

III-45

n=8 088
$\bar{x}$=120
s=76.70
C_v=0.64

III-77

n=55 828
$\bar{x}$=670
s=3 362.27
C_v=5.02

III-78

频率(%)

n=5 635
$\bar{x}$=279
s=349.64
C_v=1.25

30.49

III-88

频率(%)

n=10 576
$\bar{x}$=656
s=1 426.66
C_v=2.17

III-89

频率(%)

n=6 886
$\bar{x}$=1 008
s=2 558.55
C_v=2.54

lgx

1∶8 500 000

0 85 170 255 340 km

Cd

累频(%)	含量(×10⁻⁹)
99	1 346
97	707
94	498
90	389
85	318
79	267
72	229
64	202
55	178
45	156
36	138
28	122
21	107
15	95.7
10	85.1
6	74.6
3	62.7
1	49.7

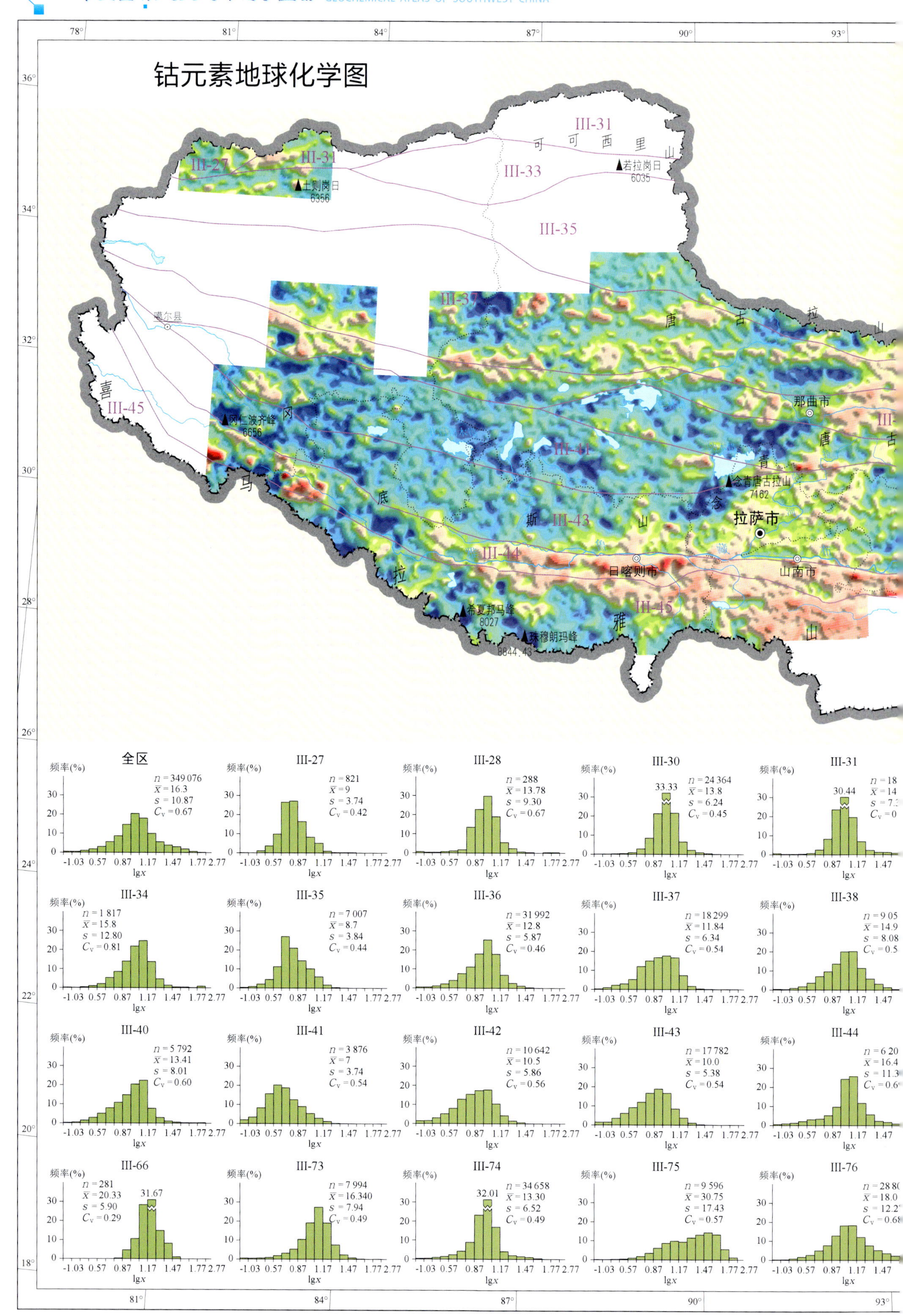
钴元素地球化学图
III-27
III-31
III-33
III-35
III-37
III-41
III-43
III-44
III-45
可 可 西 里 山
▲土则岗日 6356
▲若拉岗日 6035
唐 古 拉 山
噶尔县
那曲市
喜
冈
▲冈仁波齐峰 6656
马
底
斯
念
青
唐
古
▲念青唐古拉山 7162
拉萨市
日喀则市
山南市
拉
雅
山
▲希夏邦马峰 8027
▲珠穆朗玛峰 8844.43
全区 频率(%) n=349 076 $\bar{x}$=16.3 s=10.87 C_v=0.67
III-27 频率(%) n=821 $\bar{x}$=9 s=3.74 C_v=0.42
III-28 频率(%) n=288 $\bar{x}$=13.78 s=9.30 C_v=0.67
III-30 频率(%) 33.33 n=24 364 $\bar{x}$=13.8 s=6.24 C_v=0.45
III-31 频率(%) 30.44
III-34 频率(%) n=1 817 $\bar{x}$=15.8 s=12.80 C_v=0.81
III-35 频率(%) n=7 007 $\bar{x}$=8.7 s=3.84 C_v=0.44
III-36 频率(%) n=31 992 $\bar{x}$=12.8 s=5.87 C_v=0.46
III-37 频率(%) n=18 299 $\bar{x}$=11.84 s=6.34 C_v=0.54
III-38 频率(%)
III-40 频率(%) n=5 792 $\bar{x}$=13.41 s=8.01 C_v=0.60
III-41 频率(%) n=3 876 $\bar{x}$=7 s=3.74 C_v=0.54
III-42 频率(%) n=10 642 $\bar{x}$=10.5 s=5.86 C_v=0.56
III-43 频率(%) n=17 782 $\bar{x}$=10.0 s=5.38 C_v=0.54
III-44 频率(%)
III-66 频率(%) 31.67 n=281 $\bar{x}$=20.33 s=5.90 C_v=0.29
III-73 频率(%) n=7 994 $\bar{x}$=16.340 s=7.94 C_v=0.49
III-74 频率(%) 32.01 n=34 658 $\bar{x}$=13.30 s=6.52 C_v=0.49
III-75 频率(%) n=9 596 $\bar{x}$=30.75 s=17.43 C_v=0.57
III-76 频率(%)
-1.03 0.57 0.87 1.17 1.47 1.77 2.77
lg$x$

本图主要采用1∶200 000和1∶500 000区域化探(水系沉积物测量)数据编制。其中：云南、贵州全部为1∶200 000区域化探数据；西藏为1∶200 000和1∶500 000区域化探数据混用；四川为1∶200 000区域化探数据和1∶250 000多目标地球化学调查(土壤测量)数据；重庆为1∶200 000区域化探数据和局部1∶50 000地球化学普查(水系沉积物测量)数据。

对不同采样分析批次间存在的分析含量系统偏差，按边界等效法计算出乘系数(A)和加常数(B)，对占少数的偏差数据进行调平处理。

数据网格化采用克里金法，8方位搜索，搜索半径22.5km，正方形网格边长3km。

元素含量等值线值采用累频法求取，等值面色区为19级过渡色，由蓝色到红色表示含量值由低到高的变化。

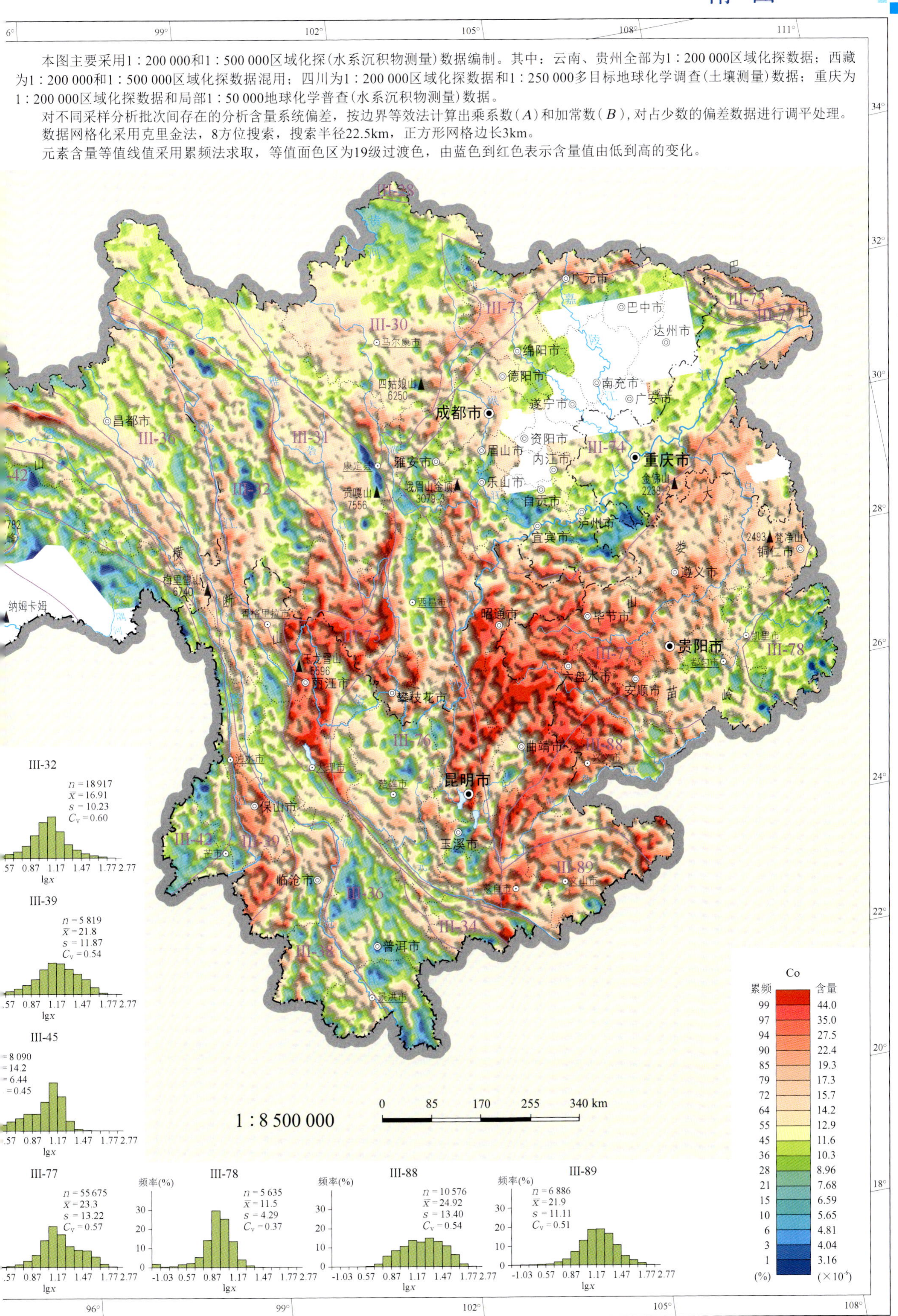

铬元素地球化学图

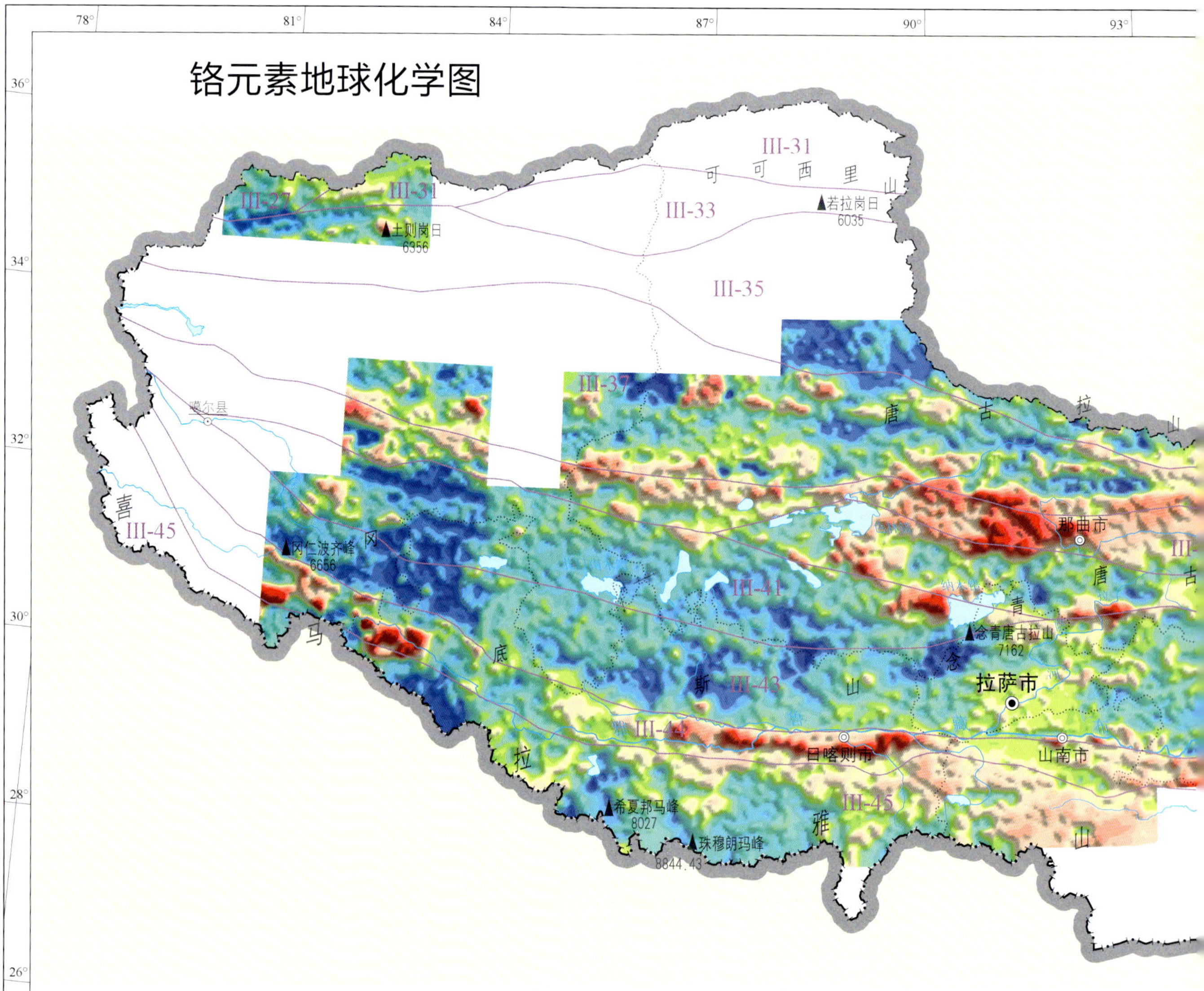
78°
81°
84°
87°
90°
93°
36°
34°
32°
30°
28°
26°
24°
22°
20°
18°
III-31
III-27
III-33
III-35
III-37
III-41
III-43
III-44
III-45
可
可
西
里
山
土则岗日
6356
若拉岗日
6035
噶尔县
唐
古
拉
山
那曲市
冈仁波齐峰
6656
冈
底
斯
山
念青唐古拉山
7162
念
青
唐
古
拉萨市
日喀则市
山南市
喜
马
拉
雅
山
希夏邦马峰
8027
珠穆朗玛峰
8844.43

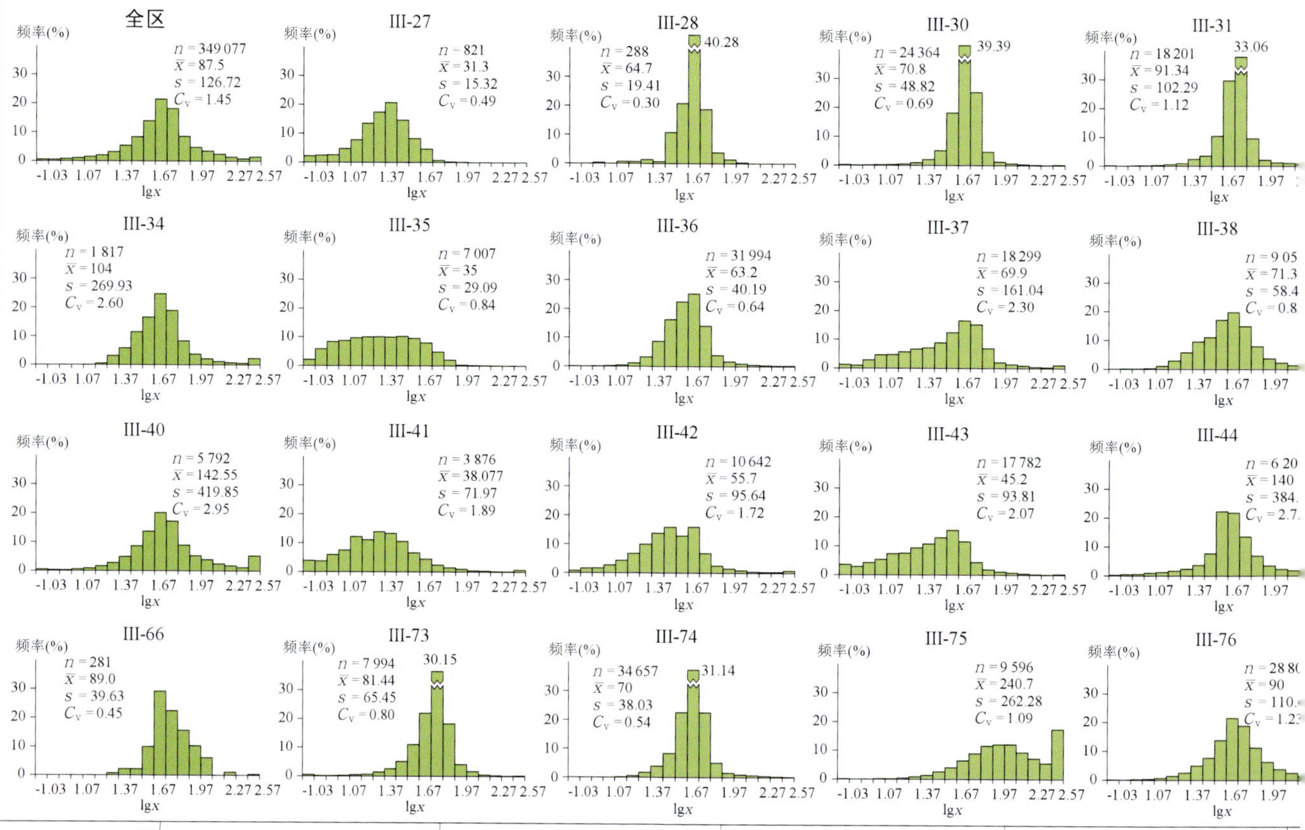
全区
频率(%)
n = 349 077
$\overline{X}$ = 87.5
s = 126.72
C_v = 1.45
III-27
n = 821
$\overline{X}$ = 31.3
s = 15.32
C_v = 0.49
III-28
n = 288
$\overline{X}$ = 64.7
s = 19.41
C_v = 0.30
40.28
III-30
n = 24 364
$\overline{X}$ = 70.8
s = 48.82
C_v = 0.69
39.39
III-31
n = 18 201
$\overline{X}$ = 91.34
s = 102.29
C_v = 1.12
33.06
III-34
n = 1 817
$\overline{X}$ = 104
s = 269.93
C_v = 2.60
III-35
n = 7 007
$\overline{X}$ = 35
s = 29.09
C_v = 0.84
III-36
n = 31 994
$\overline{X}$ = 63.2
s = 40.19
C_v = 0.64
III-37
n = 18 299
$\overline{X}$ = 69.9
s = 161.04
C_v = 2.30
III-38
III-40
n = 5 792
$\overline{X}$ = 142.55
s = 419.85
C_v = 2.95
III-41
n = 3 876
$\overline{X}$ = 38.077
s = 71.97
C_v = 1.89
III-42
n = 10 642
$\overline{X}$ = 55.7
s = 95.64
C_v = 1.72
III-43
n = 17 782
$\overline{X}$ = 45.2
s = 93.81
C_v = 2.07
III-44
III-66
n = 281
$\overline{X}$ = 89.0
s = 39.63
C_v = 0.45
III-73
n = 7 994
$\overline{X}$ = 81.44
s = 65.45
C_v = 0.80
30.15
III-74
n = 34 657
$\overline{X}$ = 70
s = 38.03
C_v = 0.54
31.14
III-75
n = 9 596
$\overline{X}$ = 240.7
s = 262.28
C_v = 1.09
III-76
0
10
20
30
-1.03
1.07
1.37
1.67
1.97
2.27
2.57
lgx

本图主要采用1∶200 000和1∶500 000区域化探(水系沉积物测量)数据编制。其中：云南、贵州全部为1∶200 000区域化探数据；西藏为1∶200 000和1∶500 000区域化探数据混用；四川为1∶200 000区域化探数据和1∶250 000多目标地球化学调查(土壤测量)数据；重庆为1∶200 000区域化探数据和局部1∶50 000地球化学普查(水系沉积物测量)数据。

对不同采样分析批次间存在的分析含量系统偏差，按边界等效法计算出乘系数(A)和加常数(B)，对占少数的偏差数据进行调平处理。

数据网格化采用克里金法，8方位搜索，搜索半径22.5km，正方形网格边长3km。

元素含量等值线值采用累频法求取，等值面色区为19级过渡色，由蓝色到红色表示含量值由低到高的变化。

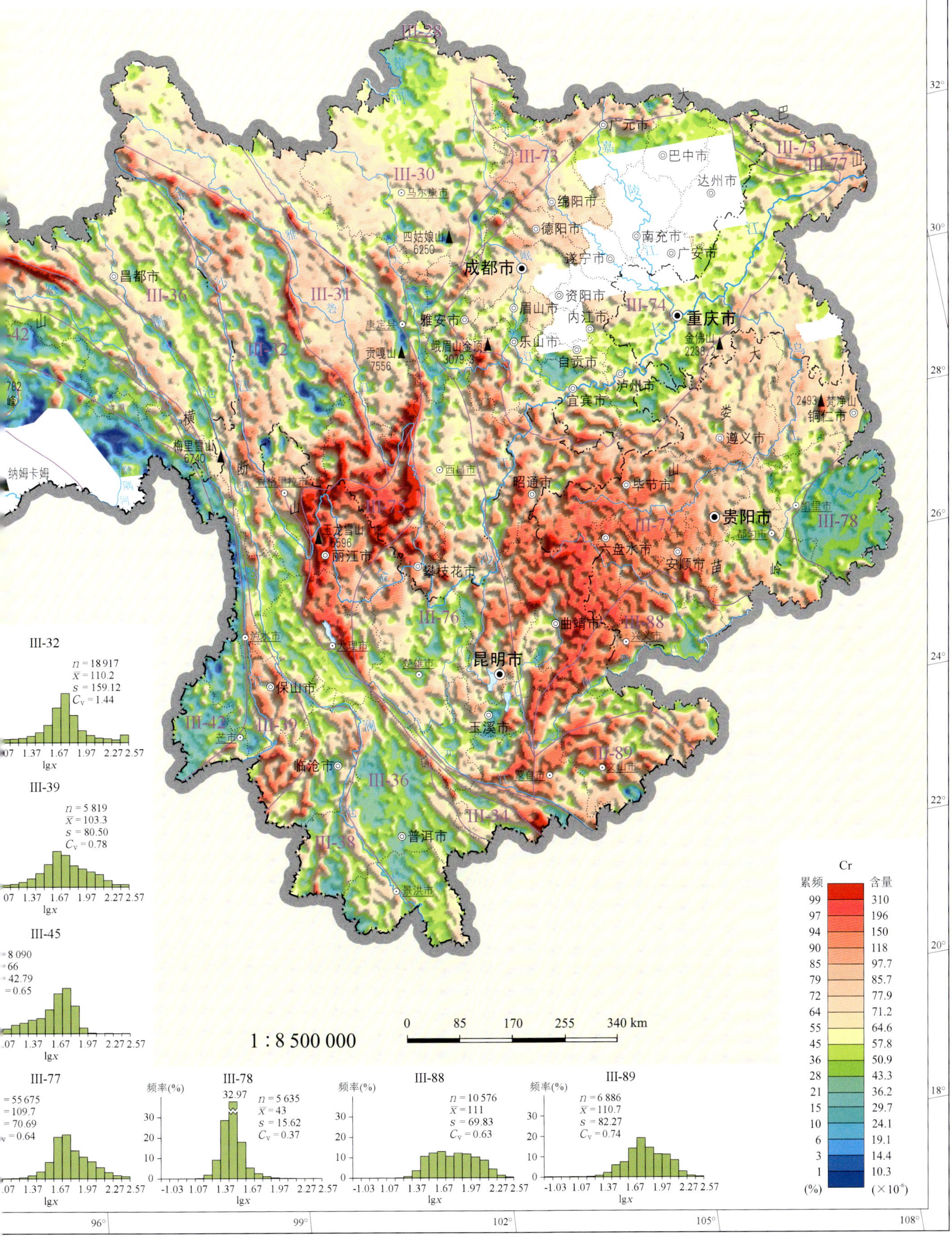

Cr

累频 (%)	含量 ($\times10^{-6}$)
99	310
97	196
94	150
90	118
85	97.7
79	85.7
72	77.9
64	71.2
55	64.6
45	57.8
36	50.9
28	43.3
21	36.2
15	29.7
10	24.1
6	19.1
3	14.4
1	10.3

1∶8 500 000

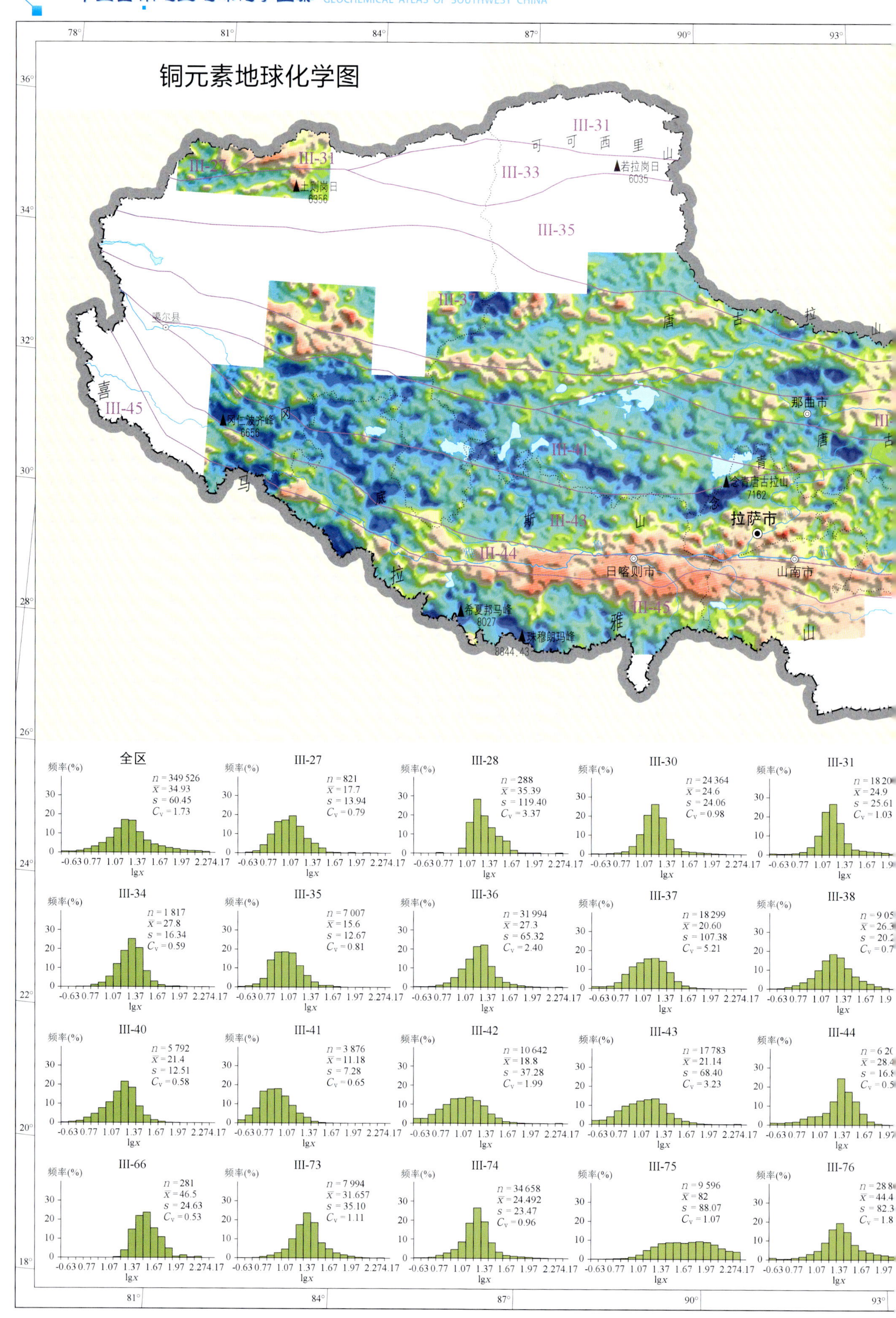
铜元素地球化学图
III-31
III-33
III-35
III-27
III-37
III-41
III-43
III-44
III-45
土则岗日
6356
若拉岗日
6035
噶尔县
冈仁波齐峰
6656
念青唐古拉山
7162
拉萨市
那曲市
日喀则市
山南市
希夏邦马峰
8027
珠穆朗玛峰
8844.43
全区
III-27
III-28
III-30
III-34
III-35
III-36
III-37
III-38
III-40
III-41
III-42
III-43
III-44
III-66
III-73
III-74
III-75
III-76
频率(%)
lgx

本图主要采用1：200 000和1：500 000区域化探(水系沉积物测量)数据编制。其中：云南、贵州全部为1：200 000区域化探数据；西藏为1：200 000和1：500 000区域化探数据混用；四川为1：200 000区域化探数据和1：250 000多目标地球化学调查(土壤测量)数据；重庆为1：200 000区域化探数据和局部1：50 000地球化学普查(水系沉积物测量)数据。

对不同采样分析批次间存在的分析含量系统偏差，按边界等效法计算出乘系数(A)和加常数(B)，对占少数的偏差数据进行调平处理。

数据网格化采用克里金法，8方位搜索，搜索半径22.5km，正方形网格边长3km。

元素含量等值线值采用累频法求取，等值面色区为19级过渡色，由蓝色到红色表示含量值由低到高的变化。

1：8 500 000

0 85 170 255 340 km

III-32: n=18 917, $\bar{x}$=34.27, s=39.80, C_v=1.16

III-39: n=5 819, $\bar{x}$=41.5, s=37.95, C_v=0.92

III-45: n=8 090, $\bar{x}$=25.08, s=13.51, C_v=0.54

III-77: n=56 122, $\bar{x}$=57, s=56.86, C_v=0.99

III-78: n=5 635, $\bar{x}$=22, s=22.89, C_v=1.02

III-88: n=10 576, $\bar{x}$=51.6, s=34.37, C_v=0.67

III-89: n=6 886, $\bar{x}$=57.4, s=157.03, C_v=2.74

Cu

累频(%)	含量($\times10^{-6}$)
99	133
97	86.2
94	60.6
90	46.0
85	37.5
79	32.0
72	28.0
64	24.9
55	22.2
45	19.6
36	17.2
28	14.9
21	12.8
15	10.8
10	9.25
6	7.79
3	6.40
1	4.82

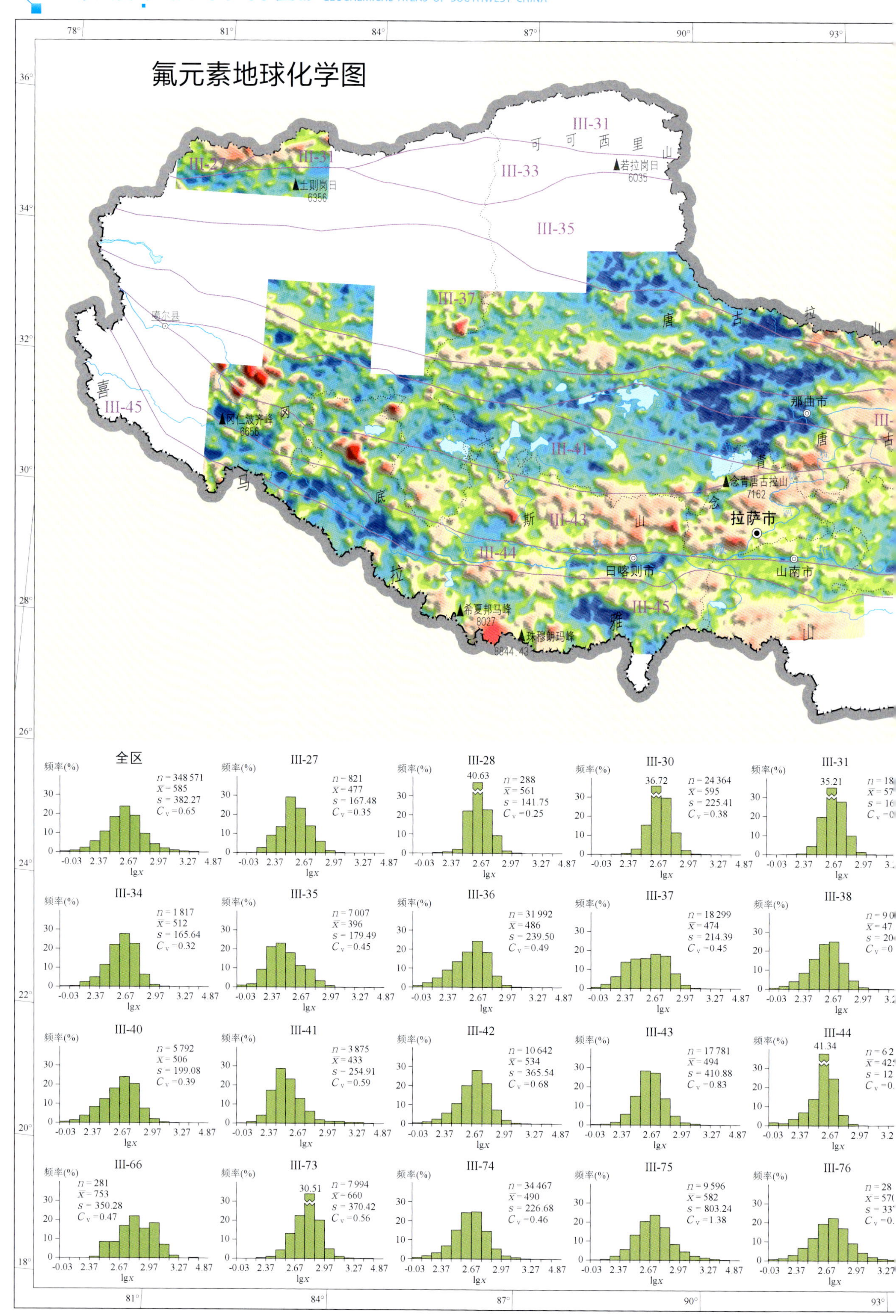

氟元素地球化学图
III-27
III-31
III-33
III-35
III-37
III-41
III-43
III-44
III-45
可可西里山
土则岗日
6356
若拉岗日
6035
噶尔县
冈仁波齐峰
6656
念青唐古拉山
7162
拉萨市
那曲市
日喀则市
山南市
希夏邦马峰
8027
珠穆朗玛峰
8844.43
唐古拉山
喜马拉雅山
冈底斯山
全区
n = 348 571
X = 585
s = 382.27
Cv = 0.65
III-27
n = 821
X = 477
s = 167.48
Cv = 0.35
III-28
40.63
n = 288
X = 561
s = 141.75
Cv = 0.25
III-30
36.72
n = 24 364
X = 595
s = 225.41
Cv = 0.38
III-31
35.21
III-34
n = 1 817
X = 512
s = 165.64
Cv = 0.32
III-35
n = 7 007
X = 396
s = 179.49
Cv = 0.45
III-36
n = 31 992
X = 486
s = 239.50
Cv = 0.49
III-37
n = 18 299
X = 474
s = 214.39
Cv = 0.45
III-38
III-40
n = 5 792
X = 506
s = 199.08
Cv = 0.39
III-41
n = 3 875
X = 433
s = 254.91
Cv = 0.59
III-42
n = 10 642
X = 534
s = 365.54
Cv = 0.68
III-43
n = 17 781
X = 494
s = 410.88
Cv = 0.83
III-44
41.34
III-66
n = 281
X = 753
s = 350.28
Cv = 0.47
III-73
30.51
n = 7 994
X = 660
s = 370.42
Cv = 0.56
III-74
n = 34 467
X = 490
s = 226.68
Cv = 0.46
III-75
n = 9 596
X = 582
s = 803.24
Cv = 1.38
III-76
频率(%)
lgx
-0.03 2.37 2.67 2.97 3.27 4.87

本图主要采用1∶200 000和1∶500 000区域化探（水系沉积物测量）数据编制。其中：云南、贵州全部为1∶200 000区域化探数据；西藏为1∶200 000和1∶500 000区域化探数据混用；四川为1∶200 000区域化探数据和1∶250 000多目标地球化学调查（土壤测量）数据；重庆为1∶200 000区域化探数据和局部1∶50 000地球化学普查（水系沉积物测量）数据。

对不同采样分析批次间存在的分析含量系统偏差，按边界等效法计算出乘系数（A）和加常数（B），对占少数的偏差数据进行调平处理。

数据网格化采用克里金法，8方位搜索，搜索半径22.5km，正方形网格边长3km。

元素含量等值线值采用累频法求取，等值面色区为19级过渡色，由蓝色到红色表示含量值由低到高的变化。

III-32: n = 18 917, $\bar{x}$ = 590, s = 337.77, C_v = 0.57

III-39: n = 5 819, $\bar{x}$ = 614, s = 258.03, C_v = 0.42

III-45: n = 8 090, $\bar{x}$ = 502, s = 152.39, C_v = 0.30

III-77: n = 55 362, $\bar{x}$ = 798, s = 478.04, C_v = 0.60

III-78: n = 5 635, $\bar{x}$ = 421, s = 164.65, C_v = 0.39

III-88: n = 10 576, $\bar{x}$ = 835, s = 653.84, C_v = 0.78

III-89: n = 6 886, $\bar{x}$ = 845, s = 635.37, C_v = 0.75

1∶8 500 000

F

累频(%)	含量(×10⁻⁶)
99	1 273
97	1 017
94	869
90	767
85	697
79	640
72	593
64	552
55	514
45	474
36	439
28	408
21	377
15	346
10	316
6	286
3	253
1	209

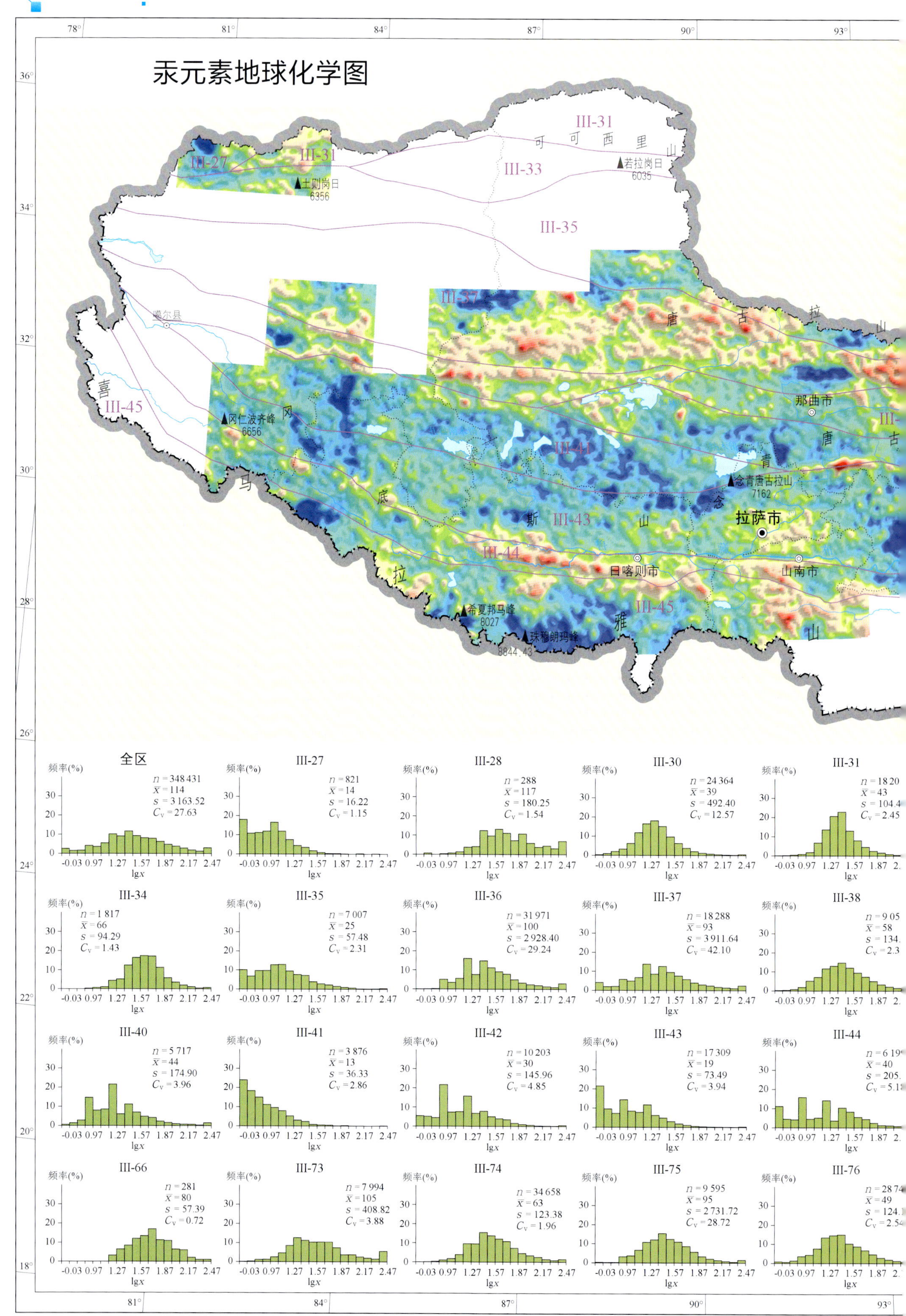
汞元素地球化学图
III-31
III-27
III-33
III-35
III-37
III-41
III-43
III-44
III-45
土则岗日
6356
若拉岗日
6035
可可西里山
唐古拉山
噶尔县
喜马拉雅山
冈仁波齐峰
6656
冈底斯山
念青唐古拉山
7162
那曲市
拉萨市
日喀则市
山南市
希夏邦马峰
8027
珠穆朗玛峰
8844.43
全区
n = 348 431
x̄ = 114
s = 3 163.52
Cv = 27.63
III-27
n = 821
x̄ = 14
s = 16.22
Cv = 1.15
III-28
n = 288
x̄ = 117
s = 180.25
Cv = 1.54
III-30
n = 24 364
x̄ = 39
s = 492.40
Cv = 12.57
III-31
n = 1820
x̄ = 43
III-34
n = 1 817
x̄ = 66
s = 94.29
Cv = 1.43
III-35
n = 7 007
x̄ = 25
s = 57.48
Cv = 2.31
III-36
n = 31 971
x̄ = 100
s = 2 928.40
Cv = 29.24
III-37
n = 18 288
x̄ = 93
s = 3 911.64
Cv = 42.10
III-38
x̄ = 58
III-40
n = 5 717
x̄ = 44
s = 174.90
Cv = 3.96
III-41
n = 3 876
x̄ = 13
s = 36.33
Cv = 2.86
III-42
n = 10 203
x̄ = 30
s = 145.96
Cv = 4.85
III-43
n = 17 309
x̄ = 19
s = 73.49
Cv = 3.94
III-44
x̄ = 40
III-66
n = 281
x̄ = 80
s = 57.39
Cv = 0.72
III-73
n = 7 994
x̄ = 105
s = 408.82
Cv = 3.88
III-74
n = 34 658
x̄ = 63
s = 123.38
Cv = 1.96
III-75
n = 9 595
x̄ = 95
s = 2 731.72
Cv = 28.72
III-76
x̄ = 49
频率(%)
lgx
-0.03 0.97 1.27 1.57 1.87 2.17 2.47

本图主要采用1∶200 000和1∶500 000区域化探(水系沉积物测量)数据编制。其中：云南、贵州全部为1∶200 000区域化探数据；西藏为1∶200 000和1∶500 000区域化探数据混用；四川为1∶200 000区域化探数据和1∶250 000多目标地球化学调查(土壤测量)数据；重庆为1∶200 000区域化探数据和局部1∶50 000地球化学普查(水系沉积物测量)数据。

对不同采样分析批次间存在的分析含量系统偏差，按边界等效法计算出乘系数(A)和加常数(B)，对占少数的偏差数据进行调平处理。

数据网格化采用克里金法，8方位搜索，搜索半径22.5km，正方形网格边长3km。

元素含量等值线值采用累频法求取，等值面色区为19级过渡色，由蓝色到红色表示含量值由低到高的变化。

1∶8 500 000

累频(%)	含量(×10⁻⁹)
99	303
97	181
94	130
90	101
85	80.5
79	63.6
72	51.2
64	41.7
55	34.2
45	28.0
36	23.1
28	18.5
21	14.6
15	11.5
10	8.92
6	6.84
3	5.24
1	3.69

Hg

III-32: n=18 917, $\overline{x}$=61, s=321.64, C_v=5.31

III-39: n=5 813, $\overline{x}$=122, s=1 680.84, C_v=13.76

III-45: n=8 090, $\overline{x}$=41, s=186.58, C_v=4.54

III-77: n=56 122, $\overline{x}$=346, s=7 074.35, C_v=20.42

III-78: n=5 635, $\overline{x}$=158, s=1 092.54, C_v=6.92

III-88: n=10 576, $\overline{x}$=193, s=1 133.08, C_v=5.86

III-89: n=6 886, $\overline{x}$=189, s=227.62, C_v=1.21

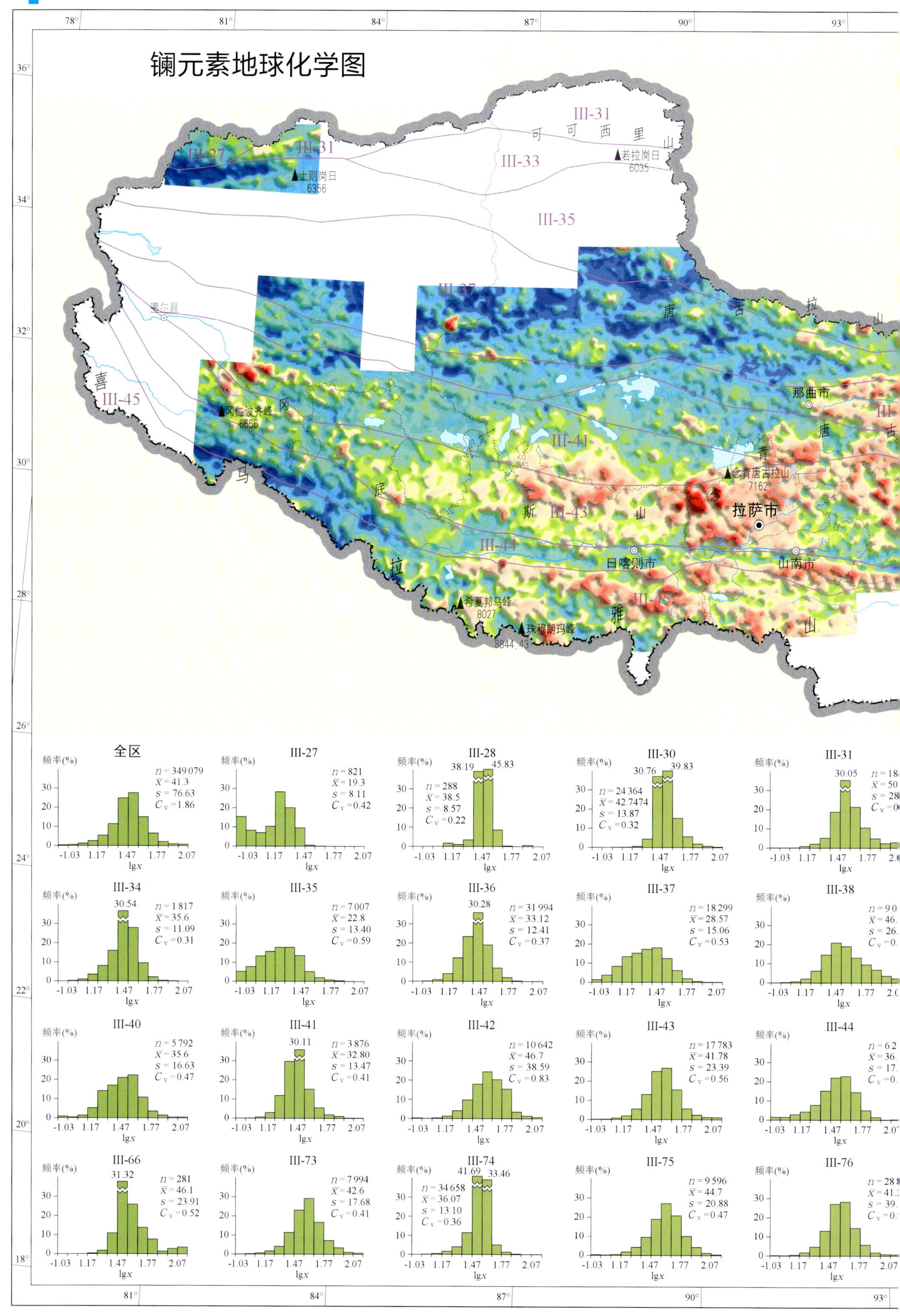
镧元素地球化学图
III-31
可 可 西 里 山
若拉岗日
6035
III-27
III-31
土则岗日
6356
III-33
III-35
III-37
唐 古 拉 山
噶尔县
喜
III-45
冈仁波齐峰
6656
冈
那曲市
III-41
青
念青唐古拉山
7162
念
拉萨市
马
底
斯 III-43
山
III-44
日喀则市
山南市
拉
希夏邦马峰
8027
珠穆朗玛峰
8844.43
雅
III-45
山
全区
频率(%)
n=349 079
$\bar{X}$=41.3
s=76.63
C_v=1.86
lgx
III-27
n=821
$\bar{X}$=19.3
s=8.11
C_v=0.42
III-28
38.19 45.83
n=288
$\bar{X}$=38.5
s=8.57
C_v=0.22
III-30
30.76 39.83
n=24 364
$\bar{X}$=42.7474
s=13.87
C_v=0.32
III-31
30.05
III-34
30.54
n=1 817
$\bar{X}$=35.6
s=11.09
C_v=0.31
III-35
n=7 007
$\bar{X}$=22.8
s=13.40
C_v=0.59
III-36
30.28
n=31 994
$\bar{X}$=33.12
s=12.41
C_v=0.37
III-37
n=18 299
$\bar{X}$=28.57
s=15.06
C_v=0.53
III-38
III-40
n=5 792
$\bar{X}$=35.6
s=16.63
C_v=0.47
III-41
30.11
n=3 876
$\bar{X}$=32.80
s=13.47
C_v=0.41
III-42
n=10 642
$\bar{X}$=46.7
s=38.59
C_v=0.83
III-43
n=17 783
$\bar{X}$=41.78
s=23.39
C_v=0.56
III-44
III-66
31.32
n=281
$\bar{X}$=46.1
s=23.91
C_v=0.52
III-73
n=7 994
$\bar{X}$=42.6
s=17.68
C_v=0.41
III-74
41.69 33.46
n=34 658
$\bar{X}$=36.07
s=13.10
C_v=0.36
III-75
n=9 596
$\bar{X}$=44.7
s=20.88
C_v=0.47
III-76

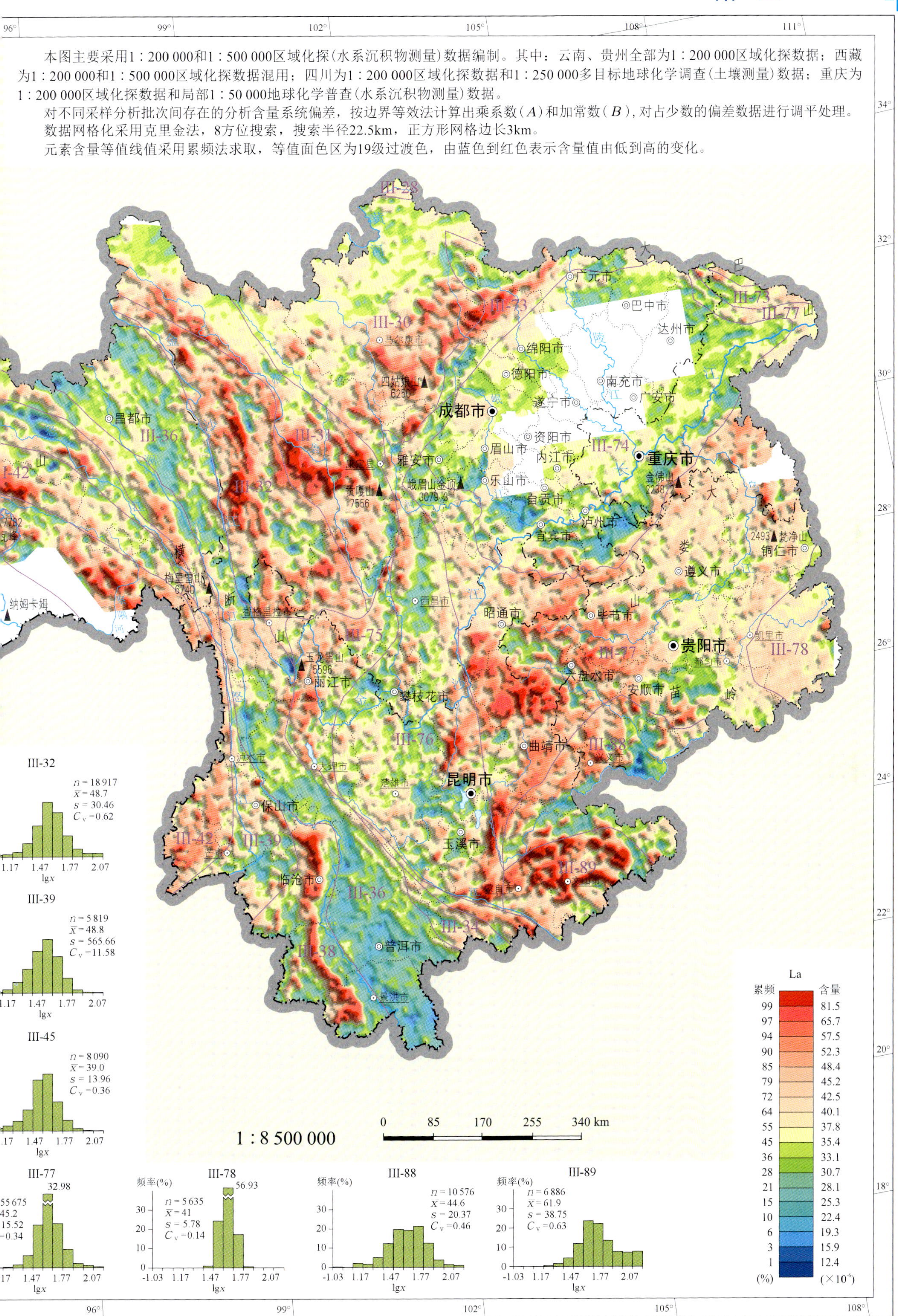

本图主要采用1∶200 000和1∶500 000区域化探(水系沉积物测量)数据编制。其中：云南、贵州全部为1∶200 000区域化探数据；西藏为1∶200 000和1∶500 000区域化探数据混用；四川为1∶200 000区域化探数据和1∶250 000多目标地球化学调查(土壤测量)数据；重庆为1∶200 000区域化探数据和局部1∶50 000地球化学普查(水系沉积物测量)数据。
对不同采样分析批次间存在的分析含量系统偏差，按边界等效法计算出乘系数(A)和加常数(B)，对占少数的偏差数据进行调平处理。
数据网格化采用克里金法，8方位搜索，搜索半径22.5km，正方形网格边长3km。
元素含量等值线值采用累频法求取，等值面色区为19级过渡色，由蓝色到红色表示含量值由低到高的变化。
96° 99° 102° 105° 108° 111°
34° 32° 30° 28° 26° 24° 22° 20° 18°
III-28 III-30 III-73 III-77 III-36 III-31 III-32 III-74 III-75 III-78 III-76 III-88 III-42 III-39 III-89 III-38 III-34
广元市 巴中市 达州市 马尔康市 绵阳市 德阳市 南充市 广安市 遂宁市 成都市 昌都市 资阳市 眉山市 内江市 重庆市 雅安市 乐山市 自贡市 泸州市 宜宾市 铜仁市 遵义市 西昌市 昭通市 毕节市 贵阳市 凯里市 都匀市 六盘水市 安顺市 丽江市 攀枝花市 香格里拉市 曲靖市 兴义市 泸水市 大理市 楚雄市 昆明市 保山市 玉溪市 芒市 临沧市 普洱市 景洪市 文山市
四姑娘山 6250 贡嘎山 7556 峨眉山金顶 3079.3 金佛山 2238 梵净山 2493 梅里雪山 6740 玉龙雪山 5596 纳姆卡姆
大巴山 横断山 大娄山 苗岭
III-32 n=18 917 x̄=48.7 s=30.46 Cv=0.62
III-39 n=5 819 x̄=48.8 s=565.66 Cv=11.58
III-45 n=8 090 x̄=39.0 s=13.96 Cv=0.36
III-77 32.98 n=55 675 x̄=45.2 s=15.52 Cv=0.34
III-78 56.93 n=5 635 x̄=41 s=5.78 Cv=0.14
III-88 n=10 576 x̄=44.6 s=20.37 Cv=0.46
III-89 n=6 886 x̄=61.9 s=38.75 Cv=0.63
频率(%) 30 20 10 0
-1.03 1.17 1.47 1.77 2.07 lgx
1∶8 500 000
0 85 170 255 340 km
La
累频 含量
99 81.5
97 65.7
94 57.5
90 52.3
85 48.4
79 45.2
72 42.5
64 40.1
55 37.8
45 35.4
36 33.1
28 30.7
21 28.1
15 25.3
10 22.4
6 19.3
3 15.9
1 12.4
(%) (×10⁻⁶)

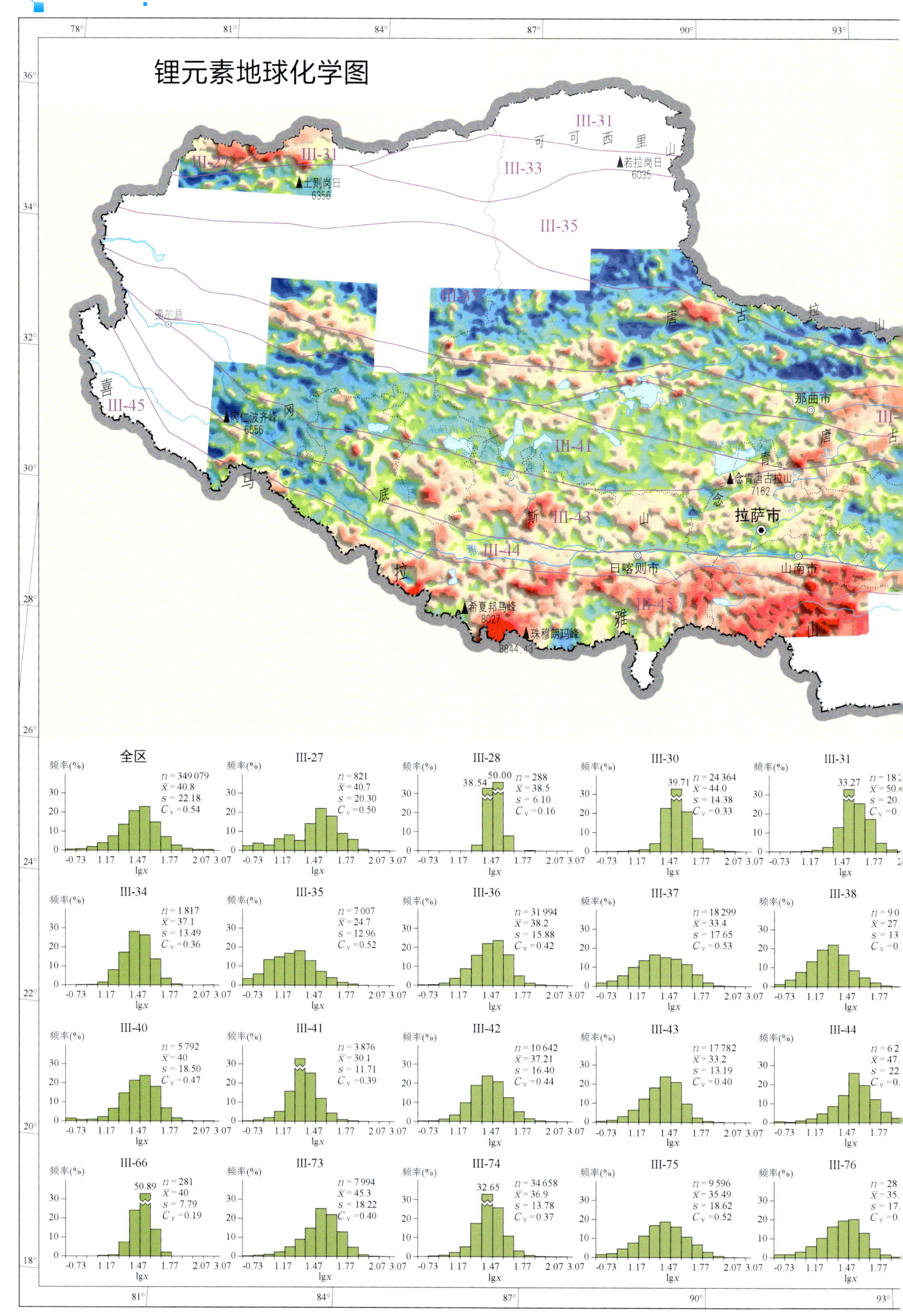
锂元素地球化学图
78°
81°
84°
87°
90°
93°
36°
34°
32°
30°
28°
26°
24°
22°
20°
18°
III-27
III-31
III-33
III-35
III-37
III-41
III-43
III-44
III-45
可可西里山
土则岗日
6356
若拉岗日
6035
唐古拉山
噶尔县
那曲市
喜马拉雅山
冈底斯山
念青唐古拉山
冈仁波齐峰
6556
念青唐古拉山
7162
拉萨市
日喀则市
山南市
希夏邦马峰
8027
珠穆朗玛峰
8844.43
全区
n = 349 079
$\bar{X}$ = 40.8
s = 22.18
C_v = 0.54
III-27
n = 821
$\bar{X}$ = 40.7
s = 20.30
C_v = 0.50
III-28
38.54
50.00
n = 288
$\bar{X}$ = 38.5
s = 6.10
C_v = 0.16
III-30
39.71
n = 24 364
$\bar{X}$ = 44.0
s = 14.38
C_v = 0.33
III-31
33.27
III-34
n = 1 817
$\bar{X}$ = 37.1
s = 13.49
C_v = 0.36
III-35
n = 7 007
$\bar{X}$ = 24.7
s = 12.96
C_v = 0.52
III-36
n = 31 994
$\bar{X}$ = 38.2
s = 15.88
C_v = 0.42
III-37
n = 18 299
$\bar{X}$ = 33.4
s = 17.65
C_v = 0.53
III-38
III-40
n = 5 792
$\bar{X}$ = 40
s = 18.50
C_v = 0.47
III-41
n = 3 876
$\bar{X}$ = 30.1
s = 11.71
C_v = 0.39
III-42
n = 10 642
$\bar{X}$ = 37.21
s = 16.40
C_v = 0.44
III-43
n = 17 782
$\bar{X}$ = 33.2
s = 13.19
C_v = 0.40
III-44
III-66
50.89
n = 281
$\bar{X}$ = 40
s = 7.79
C_v = 0.19
III-73
n = 7 994
$\bar{X}$ = 45.3
s = 18.22
C_v = 0.40
III-74
32.65
n = 34 658
$\bar{X}$ = 36.9
s = 13.78
C_v = 0.37
III-75
n = 9 596
$\bar{X}$ = 35.49
s = 18.62
C_v = 0.52
III-76
频率(%)
lgx
-0.73
1.17
1.47
1.77
2.07
3.07
81°
84°
87°
90°
93°

本图主要采用1∶200 000和1∶500 000区域化探(水系沉积物测量)数据编制。其中：云南、贵州全部为1∶200 000区域化探数据；西藏为1∶200 000和1∶500 000区域化探数据混用；四川为1∶200 000区域化探数据和1∶250 000多目标地球化学调查(土壤测量)数据；重庆为1∶200 000区域化探数据和局部1∶50 000地球化学普查(水系沉积物测量)数据。

对不同采样分析批次间存在的分析含量系统偏差，按边界等效法计算出乘系数(A)和加常数(B)，对占少数的偏差数据进行调平处理。

数据网格化采用克里金法，8方位搜索，搜索半径22.5km，正方形网格边长3km。

元素含量等值线值采用累频法求取，等值面色区为19级过渡色，由蓝色到红色表示含量值由低到高的变化。

1∶8 500 000

0 85 170 255 340 km

III-32: n = 18 917, $\overline{X}$ = 43.5, s = 20.15, C_v = 0.46

III-39: n = 5 819, $\overline{X}$ = 34.8, s = 18.96, C_v = 0.55

III-45: 8 090, 59, 30.28, =0.51

III-77: n = 56 675, $\overline{X}$ = 46.7, s = 29.09, C_v = 0.62

III-78: n = 5 636, $\overline{X}$ = 34.7, s = 10.31, C_v = 0.30 (36.68)

III-88: n = 10 576, $\overline{X}$ = 55.6, s = 44.28, C_v = 0.80

III-89: n = 6 886, $\overline{X}$ = 49.1, s = 25.60, C_v = 0.52

频率(%)；lg$x$

Li

累频(%)	含量($\times10^{-6}$)
99	87.8
97	70.0
94	61.1
90	54.9
85	50.2
79	46.4
72	43.3
64	40.4
55	37.6
45	34.6
36	31.9
28	29.5
21	27.0
15	24.6
10	22.0
6	19.0
3	16.1
1	12.9

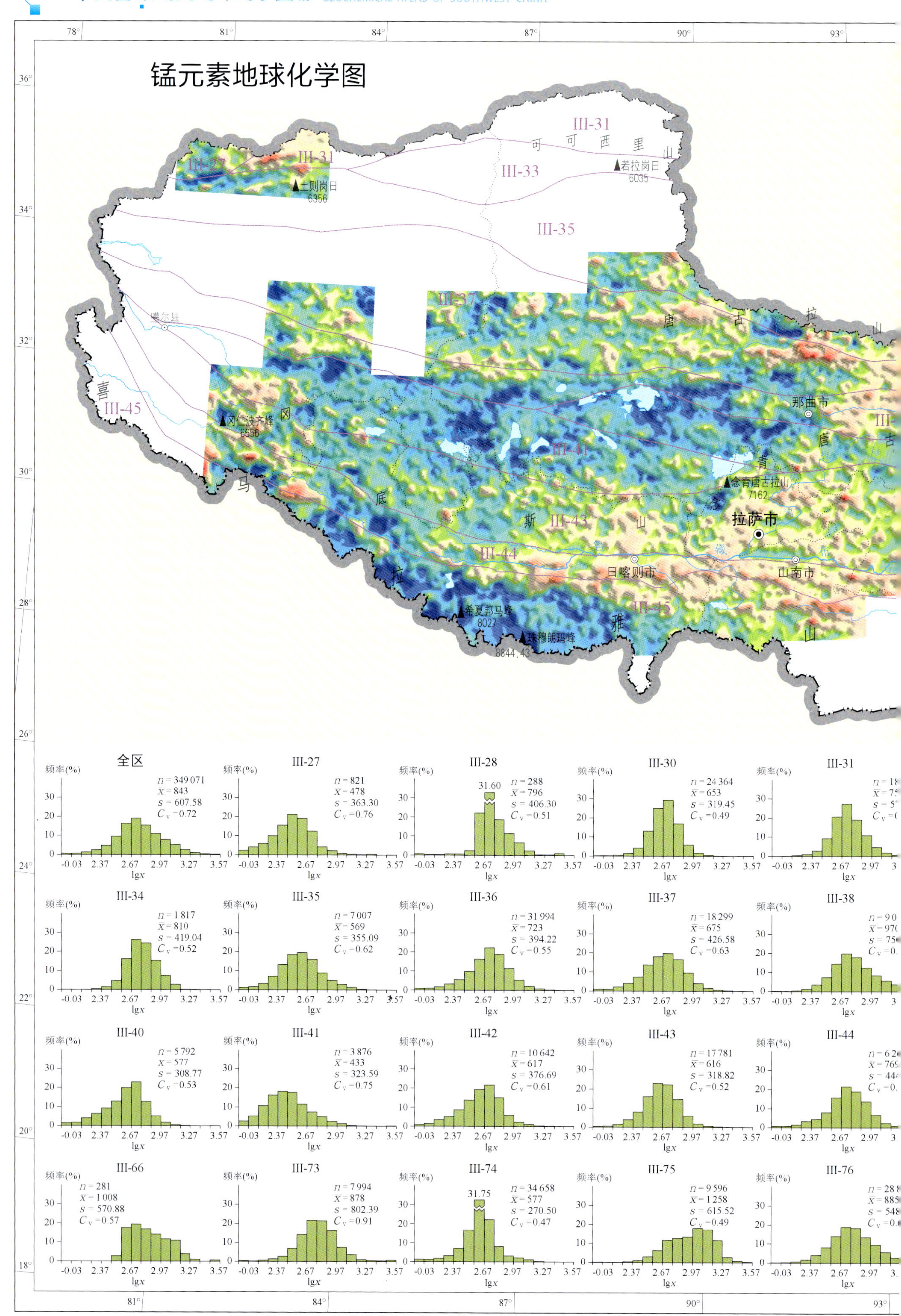
锰元素地球化学图
III-27
III-31
III-33
III-35
III-37
III-41
III-43
III-44
III-45
可 可 西 里 山
唐 古 拉 山
喜 马 拉 雅 山
冈 底 斯 山
念 青 唐 古 拉 山
土则岗日 6356
若拉岗日 6035
冈仁波齐峰 6656
念青唐古拉山 7162
希夏邦马峰 8027
珠穆朗玛峰 8844.43
噶尔县
那曲市
拉萨市
日喀则市
山南市
雅鲁藏布江
全区 n=349 071 $\bar{X}$=843 s=607.58 C_v=0.72
III-27 n=821 $\bar{X}$=478 s=363.30 C_v=0.76
III-28 n=288 $\bar{X}$=796 s=406.30 C_v=0.51 31.60
III-30 n=24 364 $\bar{X}$=653 s=319.45 C_v=0.49
III-31
III-34 n=1 817 $\bar{X}$=810 s=419.04 C_v=0.52
III-35 n=7 007 $\bar{X}$=569 s=355.09 C_v=0.62
III-36 n=31 994 $\bar{X}$=723 s=394.22 C_v=0.55
III-37 n=18 299 $\bar{X}$=675 s=426.58 C_v=0.63
III-38
III-40 n=5 792 $\bar{X}$=577 s=308.77 C_v=0.53
III-41 n=3 876 $\bar{X}$=433 s=323.59 C_v=0.75
III-42 n=10 642 $\bar{X}$=617 s=376.69 C_v=0.61
III-43 n=17 781 $\bar{X}$=616 s=318.82 C_v=0.52
III-44
III-66 n=281 $\bar{X}$=1 008 s=570.88 C_v=0.57
III-73 n=7 994 $\bar{X}$=878 s=802.39 C_v=0.91
III-74 n=34 658 $\bar{X}$=577 s=270.50 C_v=0.47 31.75
III-75 n=9 596 $\bar{X}$=1 258 s=615.52 C_v=0.49
III-76
频率(%)
lgx
-0.03 2.37 2.67 2.97 3.27 3.57
78° 81° 84° 87° 90° 93°
36° 34° 32° 30° 28° 26° 24° 22° 20° 18°

本图主要采用1∶200 000和1∶500 000区域化探(水系沉积物测量)数据编制。其中：云南、贵州全部为1∶200 000区域化探数据；西藏为1∶200 000和1∶500 000区域化探数据混用；四川为1∶200 000区域化探数据和1∶250 000多目标地球化学调查(土壤测量)数据；重庆为1∶200 000区域化探数据和局部1∶50 000地球化学普查(水系沉积物测量)数据。

对不同采样分析批次间存在的分析含量系统偏差，按边界等效法计算出乘系数(A)和加常数(B)，对占少数的偏差数据进行调平处理。

数据网格化采用克里金法，8方位搜索，搜索半径22.5km，正方形网格边长3km。

元素含量等值线值采用累频法求取，等值面色区为19级过渡色，由蓝色到红色表示含量值由低到高的变化。

III-32: n=18 916, $\overline{x}$=897, s=704.43, C_v=0.79

III-39: n=5 819, $\overline{x}$=1 132, s=621.48, C_v=0.55

III-45: n=8 090, $\overline{x}$=604, s=327.76, C_v=0.54

III-77: n=55 675, $\overline{x}$=1 196, s=707.95, C_v=0.59

III-78: n=5 635, $\overline{x}$=852, s=356.81, C_v=0.42

III-88: n=10 576, $\overline{x}$=1 233, s=867.11, C_v=0.70

III-89: n=6 881, $\overline{x}$=1 369, s=1 210.65, C_v=0.88

频率(%)　lg$x$

1∶8 500 000

0　85　170　255　340 km

Mn

累频(%)	含量($\times10^{-6}$)
99	1 910
97	1 579
94	1 350
90	1 174
85	1 026
79	909
72	812
64	730
55	657
45	591
36	537
28	487
21	436
15	381
10	328
6	279
3	235
1	188

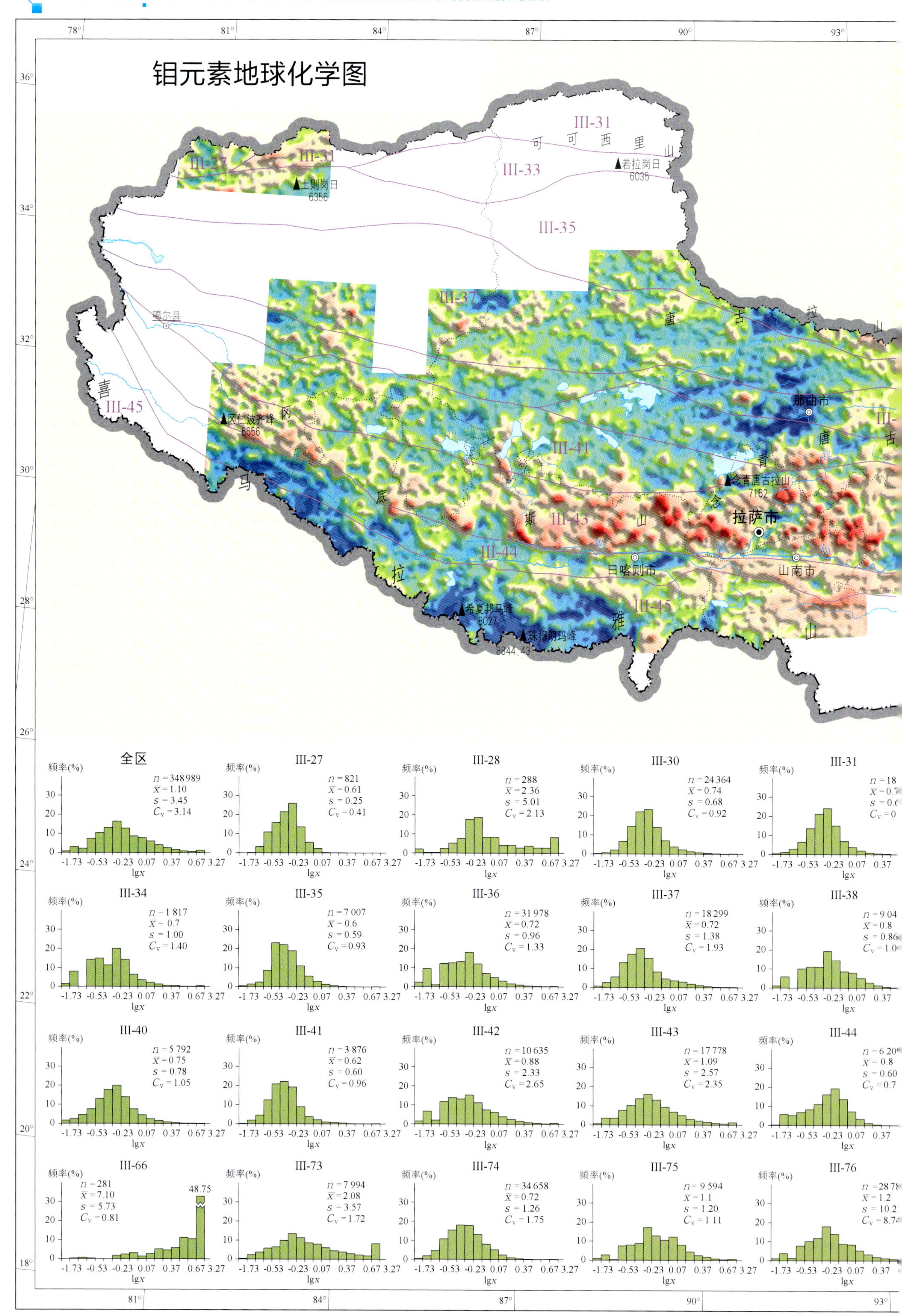
钼元素地球化学图
78° 81° 84° 87° 90° 93°
36° 34° 32° 30° 28° 26° 24° 22° 20° 18°
III-27
III-31
III-33
III-35
III-37
III-41
III-43
III-44
III-45
可 可 西 里 山
▲土则岗日 6356
▲若拉岗日 6035
唐 古 拉 山
噶尔县
喜 马 拉 雅 山
冈 底 斯
▲冈仁波齐峰 6656
那曲市
念 青 唐 古 拉 山
▲念青唐古拉山 7162
拉萨市
日喀则市
山南市
▲希夏邦马峰 8027
▲珠穆朗玛峰 8844.43
全区 频率(%) n=348 989 x̄=1.10 s=3.45 Cv=3.14
III-27 频率(%) n=821 x̄=0.61 s=0.25 Cv=0.41
III-28 频率(%) n=288 x̄=2.36 s=5.01 Cv=2.13
III-30 频率(%) n=24 364 x̄=0.74 s=0.68 Cv=0.92
III-31 频率(%) n=18 x̄=0.7 s=0.(Cv=0
III-34 频率(%) n=1 817 x̄=0.7 s=1.00 Cv=1.40
III-35 频率(%) n=7 007 x̄=0.6 s=0.59 Cv=0.93
III-36 频率(%) n=31 978 x̄=0.72 s=0.96 Cv=1.33
III-37 频率(%) n=18 299 x̄=0.72 s=1.38 Cv=1.93
III-38 频率(%) n=9 04 x̄=0.8 s=0.86 Cv=1.0
III-40 频率(%) n=5 792 x̄=0.75 s=0.78 Cv=1.05
III-41 频率(%) n=3 876 x̄=0.62 s=0.60 Cv=0.96
III-42 频率(%) n=10 635 x̄=0.88 s=2.33 Cv=2.65
III-43 频率(%) n=17 778 x̄=1.09 s=2.57 Cv=2.35
III-44 频率(%) n=6 20 x̄=0.8 s=0.60 Cv=0.7
III-66 频率(%) n=281 x̄=7.10 s=5.73 Cv=0.81 48.75
III-73 频率(%) n=7 994 x̄=2.08 s=3.57 Cv=1.72
III-74 频率(%) n=34 658 x̄=0.72 s=1.26 Cv=1.75
III-75 频率(%) n=9 594 x̄=1.1 s=1.20 Cv=1.11
III-76 频率(%) n=28 78 x̄=1.2 s=10.2 Cv=8.7
0 10 20 30
-1.73 -0.53 -0.23 0.07 0.37 0.67 3.27
lgx

本图主要采用1∶200 000和1∶500 000区域化探(水系沉积物测量)数据编制。其中：云南、贵州全部为1∶200 000区域化探数据；西藏为1∶200 000和1∶500 000区域化探数据混用；四川为1∶200 000区域化探数据和1∶250 000多目标地球化学调查(土壤测量)数据；重庆为1∶200 000区域化探数据和局部1∶50 000地球化学普查(水系沉积物测量)数据。

对不同采样分析批次间存在的分析含量系统偏差，按边界等效法计算出乘系数(A)和加常数(B)，对占少数的偏差数据进行调平处理。

数据网格化采用克里金法，8方位搜索，搜索半径22.5km，正方形网格边长3km。

元素含量等值线值采用累频法求取，等值面色区为19级过渡色，由蓝色到红色表示含量值由低到高的变化。

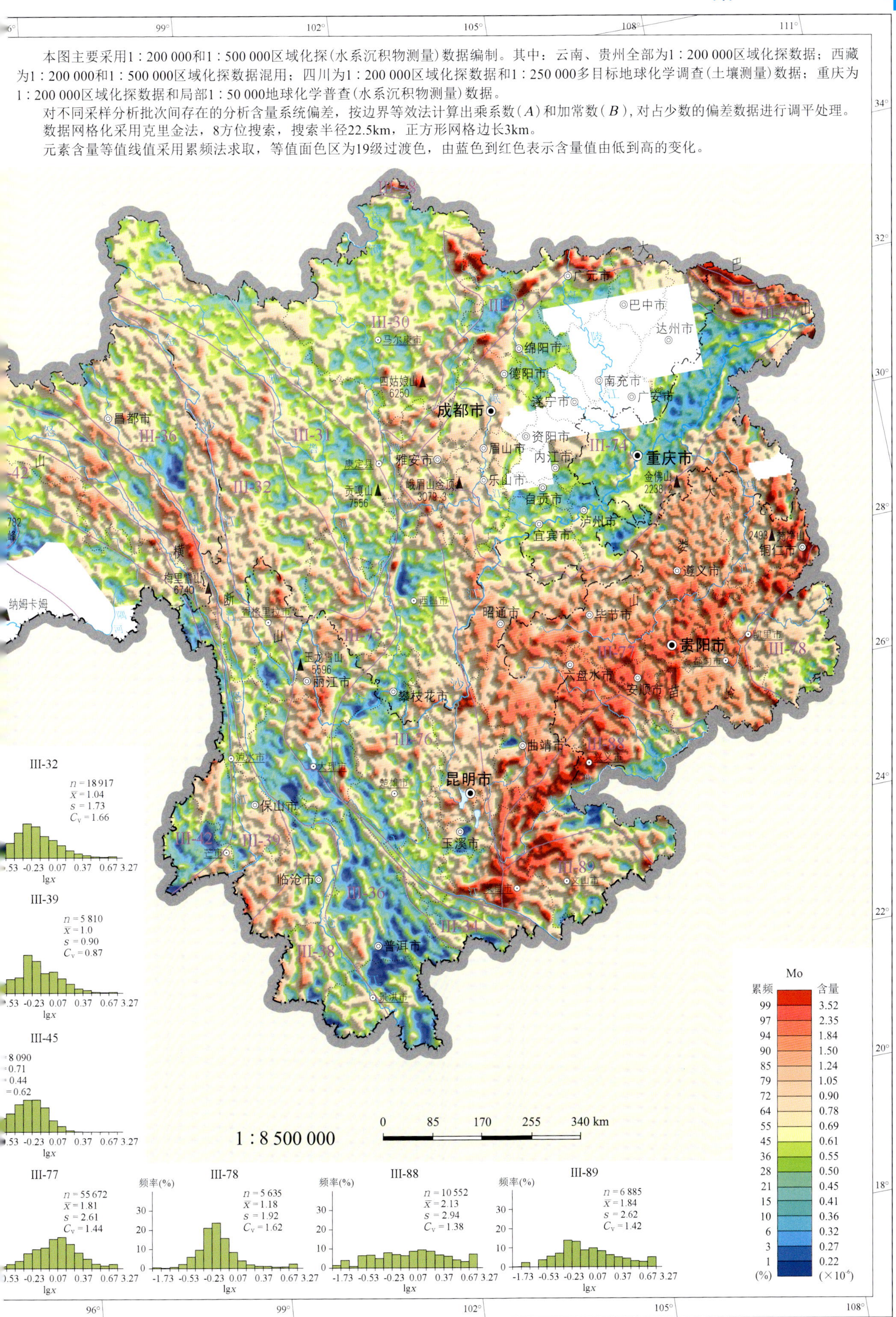

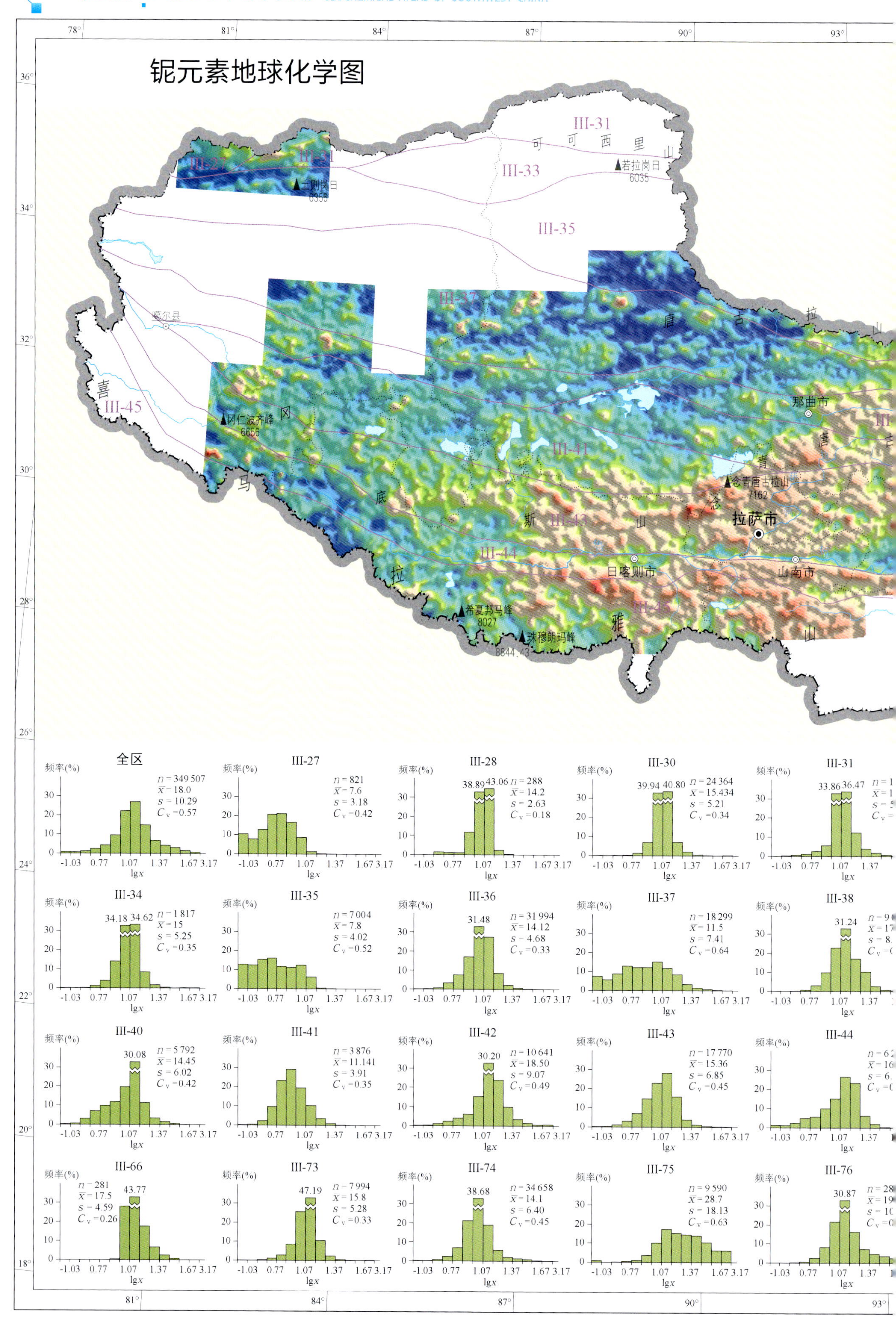
铌元素地球化学图
78°
81°
84°
87°
90°
93°
36°
34°
32°
30°
28°
26°
24°
22°
20°
18°
III-31
可
可
西
里
山
III-27
III-31
土则岗日
6356
III-33
若拉岗日
6035
III-35
III-37
噶尔县
唐
古
拉
山
喜
III-45
冈仁波齐峰
6656
冈
那曲市
唐
III-41
青
念青唐古拉山
7162
马
底
念
斯
III-43
山
拉萨市
III-44
日喀则市
山南市
拉
希夏邦马峰
8027
雅
III-45
山
珠穆朗玛峰
8844.43
全区
频率(%)
n = 349 507
x̄ = 18.0
s = 10.29
Cv = 0.57
lgx
III-27
n = 821
x̄ = 7.6
s = 3.18
Cv = 0.42
III-28
38.89
43.06
n = 288
x̄ = 14.2
s = 2.63
Cv = 0.18
III-30
39.94
40.80
n = 24 364
x̄ = 15.434
s = 5.21
Cv = 0.34
III-31
33.86
36.47
III-34
34.18
34.62
n = 1 817
x̄ = 15
s = 5.25
Cv = 0.35
III-35
n = 7 004
x̄ = 7.8
s = 4.02
Cv = 0.52
III-36
31.48
n = 31 994
x̄ = 14.12
s = 4.68
Cv = 0.33
III-37
n = 18 299
x̄ = 11.5
s = 7.41
Cv = 0.64
III-38
31.24
III-40
30.08
n = 5 792
x̄ = 14.45
s = 6.02
Cv = 0.42
III-41
n = 3 876
x̄ = 11.141
s = 3.91
Cv = 0.35
III-42
30.20
n = 10 641
x̄ = 18.50
s = 9.07
Cv = 0.49
III-43
n = 17 770
x̄ = 15.36
s = 6.85
Cv = 0.45
III-44
III-66
n = 281
x̄ = 17.5
s = 4.59
Cv = 0.26
43.77
III-73
47.19
n = 7 994
x̄ = 15.8
s = 5.28
Cv = 0.33
III-74
38.68
n = 34 658
x̄ = 14.1
s = 6.40
Cv = 0.45
III-75
n = 9 590
x̄ = 28.7
s = 18.13
Cv = 0.63
III-76
30.87
0
10
20
30
-1.03
0.77
1.07
1.37
1.67
3.17
81°
84°
87°
90°
93°

本图主要采用1∶200 000和1∶500 000区域化探(水系沉积物测量)数据编制。其中：云南、贵州全部为1∶200 000区域化探数据；西藏为1∶200 000和1∶500 000区域化探数据混用；四川为1∶200 000区域化探数据和1∶250 000多目标地球化学调查(土壤测量)数据；重庆为1∶200 000区域化探数据和局部1∶50 000地球化学普查(水系沉积物测量)数据。

对不同采样分析批次间存在的分析含量系统偏差，按边界等效法计算出乘系数(A)和加常数(B)，对占少数的偏差数据进行调平处理。

数据网格化采用克里金法，8方位搜索，搜索半径22.5km，正方形网格边长3km。

元素含量等值线值采用累频法求取，等值面色区为19级过渡色，由蓝色到红色表示含量值由低到高的变化。

III-32: 38.93; n = 18 917; $\overline{x}$ = 18.4; s = 12.75; C_v = 0.69

III-39: 35.49; n = 5 819; $\overline{x}$ = 18.9; s = 7.58; C_v = 0.40

III-45: n = 8 090; $\overline{x}$ = 17; s = 6.12; C_v = 0.35

III-77: n = 55 675; $\overline{x}$ = 25; s = 12.18; C_v = 0.49

III-78: 61.42; n = 5 635; $\overline{x}$ = 20; s = 3.15; C_v = 0.15

III-88: n = 10 576; $\overline{x}$ = 26; s = 13.38; C_v = 0.52

III-89: n = 6 886; $\overline{x}$ = 23.5; s = 10.46; C_v = 0.44

频率(%)　lg$x$: -1.03　0.77　1.07　1.37　1.67　3.17

1∶8 500 000

0　85　170　255　340 km

Nb

累频(%)	含量($\times10^{-6}$)
99	43.6
97	34.9
94	27.6
90	23.3
85	20.9
79	19.2
72	17.8
64	16.5
55	15.4
45	14.3
36	13.3
28	12.2
21	11.0
15	9.72
10	8.42
6	7.11
3	5.81
1	4.40

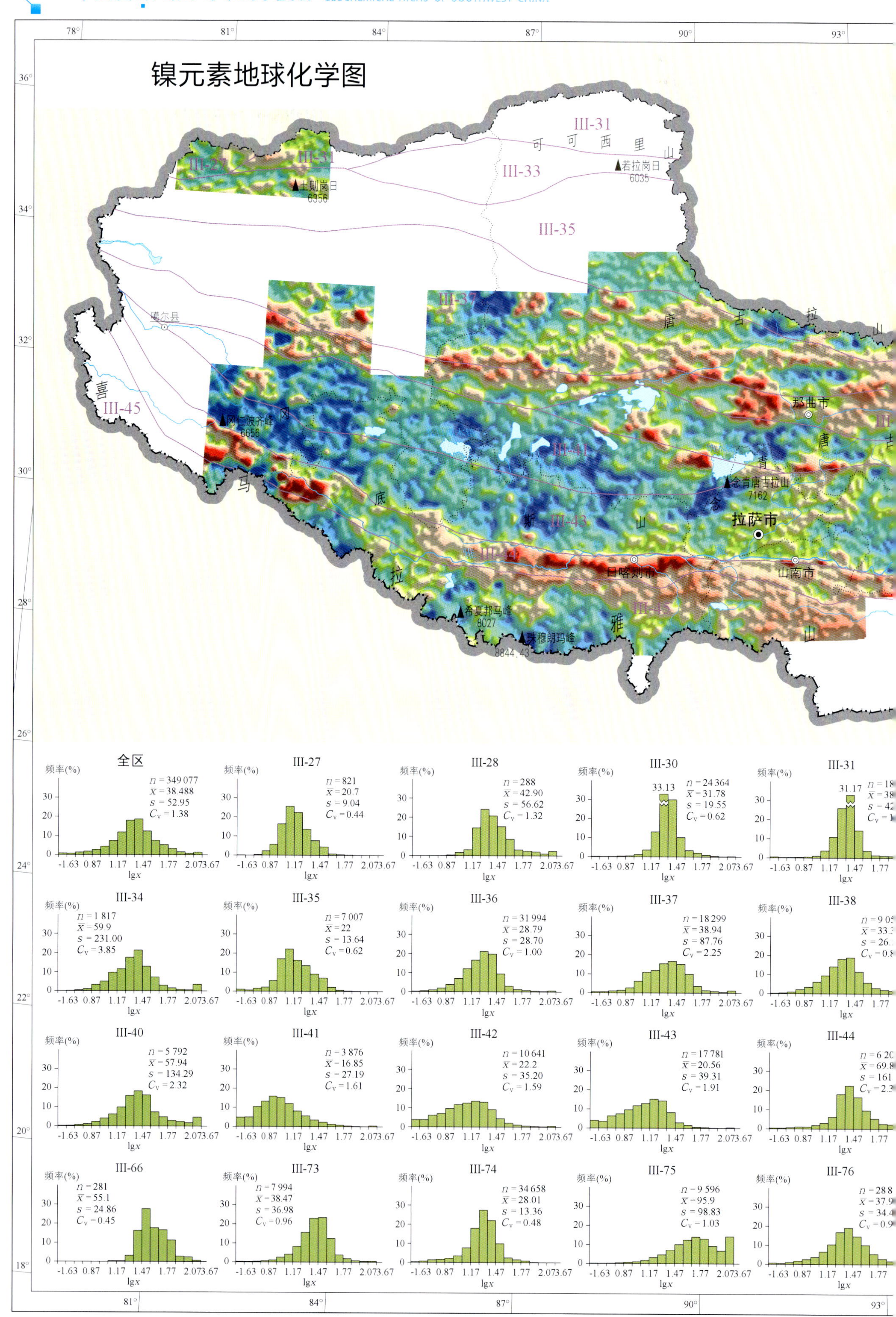
镍元素地球化学图
78°
81°
84°
87°
90°
93°
36°
34°
32°
30°
28°
26°
24°
22°
20°
18°
III-31
可 可 西 里 山
III-33
若拉岗日
6035
III-35
土则岗日
6356
III-37
唐 古 拉 山
噶尔县
喜
III-45
冈仁波齐峰
6656
冈
III-41
那曲市
念青唐古拉山
7162
拉萨市
马
底
斯
III-43
山
III-44
日喀则市
山南市
拉
希夏邦马峰
8027
珠穆朗玛峰
8844.43
III-45
雅
山
全区
频率(%)
n = 349 077
$\overline{X}$ = 38.488
s = 52.95
C_V = 1.38
lgx
III-27
n = 821
$\overline{X}$ = 20.7
s = 9.04
C_V = 0.44
III-28
n = 288
$\overline{X}$ = 42.90
s = 56.62
C_V = 1.32
III-30
33.13
n = 24 364
$\overline{X}$ = 31.78
s = 19.55
C_V = 0.62
III-31
31.17
III-34
n = 1 817
$\overline{X}$ = 59.9
s = 231.00
C_V = 3.85
III-35
n = 7 007
$\overline{X}$ = 22
s = 13.64
C_V = 0.62
III-36
n = 31 994
$\overline{X}$ = 28.79
s = 28.70
C_V = 1.00
III-37
n = 18 299
$\overline{X}$ = 38.94
s = 87.76
C_V = 2.25
III-38
III-40
n = 5 792
$\overline{X}$ = 57.94
s = 134.29
C_V = 2.32
III-41
n = 3 876
$\overline{X}$ = 16.85
s = 27.19
C_V = 1.61
III-42
n = 10 641
$\overline{X}$ = 22.2
s = 35.20
C_V = 1.59
III-43
n = 17 781
$\overline{X}$ = 20.56
s = 39.31
C_V = 1.91
III-44
III-66
n = 281
$\overline{X}$ = 55.1
s = 24.86
C_V = 0.45
III-73
n = 7 994
$\overline{X}$ = 38.47
s = 36.98
C_V = 0.96
III-74
n = 34 658
$\overline{X}$ = 28.01
s = 13.36
C_V = 0.48
III-75
n = 9 596
$\overline{X}$ = 95.9
s = 98.83
C_V = 1.03
III-76
-1.63 0.87 1.17 1.47 1.77 2.07 3.67
0 10 20 30

本图主要采用1∶200 000和1∶500 000区域化探(水系沉积物测量)数据编制。其中：云南、贵州全部为1∶200 000区域化探数据；西藏为1∶200 000和1∶500 000区域化探数据混用；四川为1∶200 000区域化探数据和1∶250 000多目标地球化学调查(土壤测量)数据；重庆为1∶200 000区域化探数据和局部1∶50 000地球化学普查(水系沉积物测量)数据。

对不同采样分析批次间存在的分析含量系统偏差，按边界等效法计算出乘系数(A)和加常数(B)，对占少数的偏差数据进行调平处理。

数据网格化采用克里金法，8方位搜索，搜索半径22.5km，正方形网格边长3km。

元素含量等值线值采用累频法求取，等值面色区为19级过渡色，由蓝色到红色表示含量值由低到高的变化。

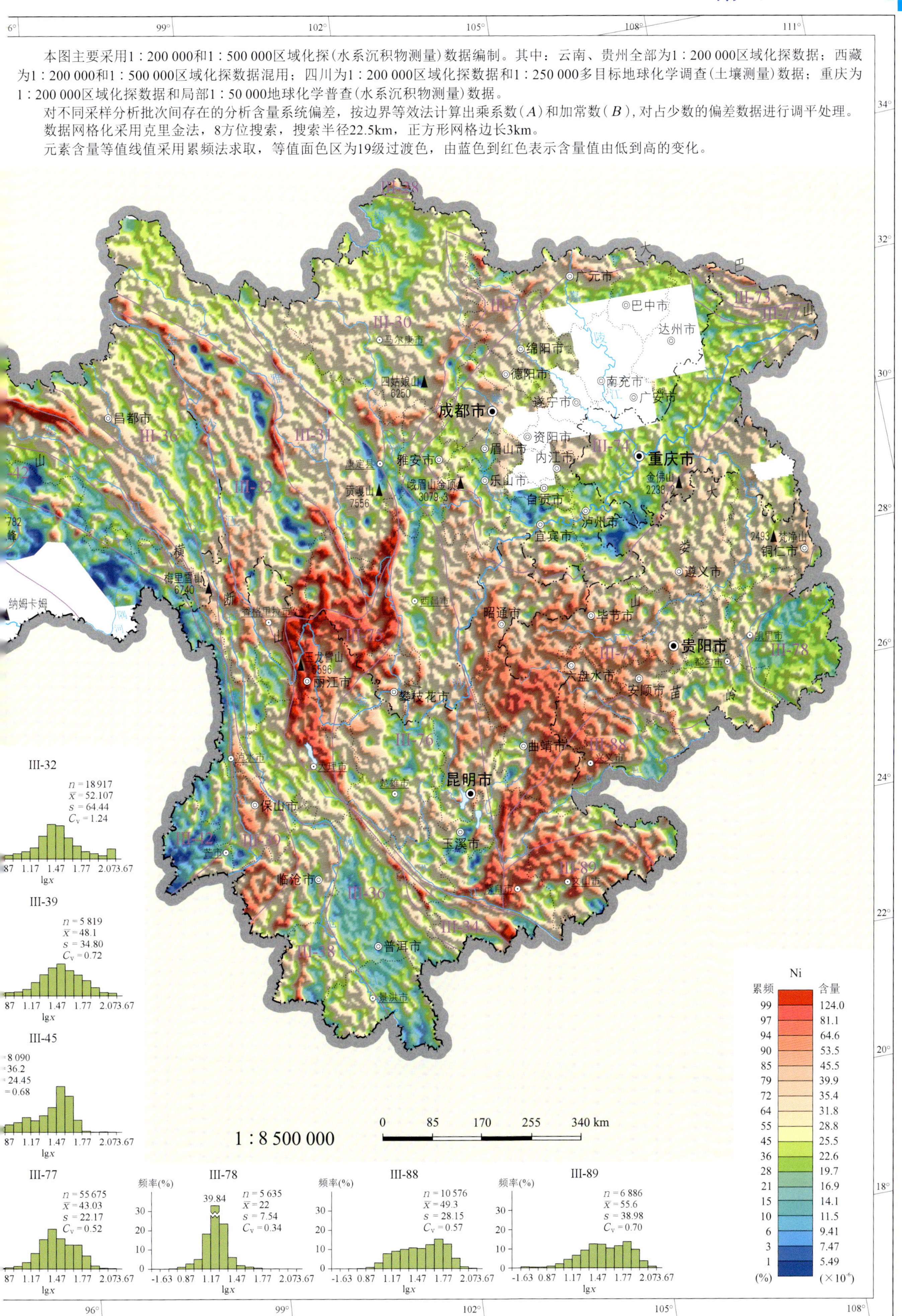

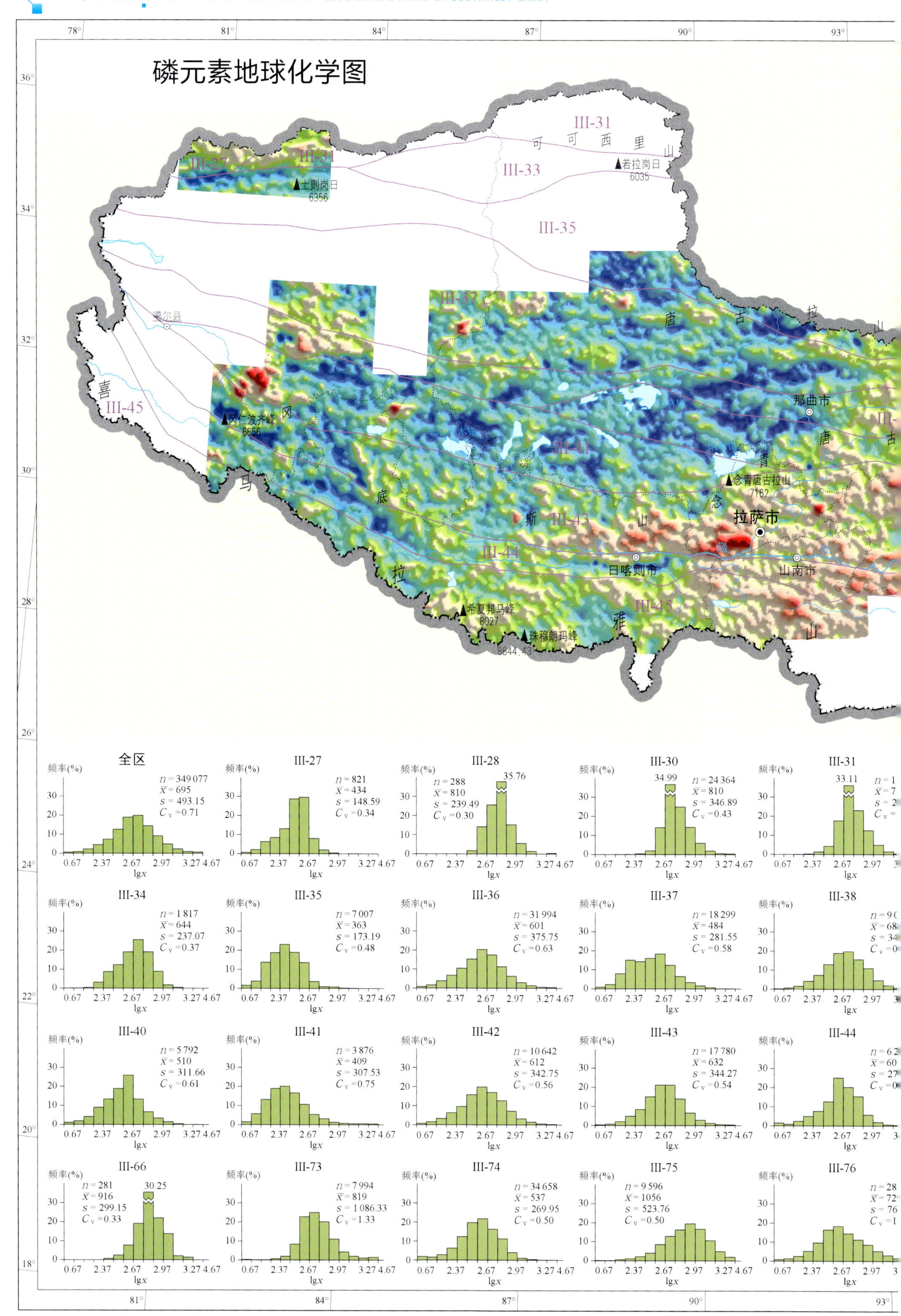
磷元素地球化学图
78°
81°
84°
87°
90°
93°
36°
34°
32°
30°
28°
26°
24°
22°
20°
18°
III-31
III-27
III-33
III-35
III-37
III-41
III-43
III-44
III-45
可可西里山
若拉岗日
6035
土则岗日
6356
噶尔县
冈仁波齐峰
6656
喜马拉雅山
冈底斯山
唐古拉山
念青唐古拉山
7162
那曲市
拉萨市
日喀则市
山南市
希夏邦马峰
8027
珠穆朗玛峰
8844.43
全区
n = 349 077
x̄ = 695
s = 493.15
Cv = 0.71
III-27
n = 821
x̄ = 434
s = 148.59
Cv = 0.34
III-28
n = 288
x̄ = 810
s = 239.49
Cv = 0.30
35.76
III-30
n = 24 364
x̄ = 810
s = 346.89
Cv = 0.43
34.99
III-31
33.11
III-34
n = 1 817
x̄ = 644
s = 237.07
Cv = 0.37
III-35
n = 7 007
x̄ = 363
s = 173.19
Cv = 0.48
III-36
n = 31 994
x̄ = 601
s = 375.75
Cv = 0.63
III-37
n = 18 299
x̄ = 484
s = 281.55
Cv = 0.58
III-38
III-40
n = 5 792
x̄ = 510
s = 311.66
Cv = 0.61
III-41
n = 3 876
x̄ = 409
s = 307.53
Cv = 0.75
III-42
n = 10 642
x̄ = 612
s = 342.75
Cv = 0.56
III-43
n = 17 780
x̄ = 632
s = 344.27
Cv = 0.54
III-44
III-66
n = 281
x̄ = 916
s = 299.15
Cv = 0.33
30.25
III-73
n = 7 994
x̄ = 819
s = 1 086.33
Cv = 1.33
III-74
n = 34 658
x̄ = 537
s = 269.95
Cv = 0.50
III-75
n = 9 596
x̄ = 1056
s = 523.76
Cv = 0.50
III-76
频率(%)
30
20
10
0
0.67
2.37
2.67
2.97
3.27
4.67
lgx

本图主要采用1∶200 000和1∶500 000区域化探(水系沉积物测量)数据编制。其中：云南、贵州全部为1∶200 000区域化探数据；西藏为1∶200 000和1∶500 000区域化探数据混用；四川为1∶200 000区域化探数据和1∶250 000多目标地球化学调查(土壤测量)数据；重庆为1∶200 000区域化探数据和局部1∶50 000地球化学普查(水系沉积物测量)数据。

对不同采样分析批次间存在的分析含量系统偏差，按边界等效法计算出乘系数(A)和加常数(B)，对占少数的偏差数据进行调平处理。

数据网格化采用克里金法，8方位搜索，搜索半径22.5km，正方形网格边长3km。

元素含量等值线值采用累频法求取，等值面色区为19级过渡色，由蓝色到红色表示含量值由低到高的变化。

累频(%)	含量($\times 10^{-6}$)
99	1 495
97	1 212
94	1 046
90	933
85	846
79	773
72	708
64	646
55	586
45	528
36	480
28	435
21	388
15	346
10	309
6	275
3	241
1	201

P

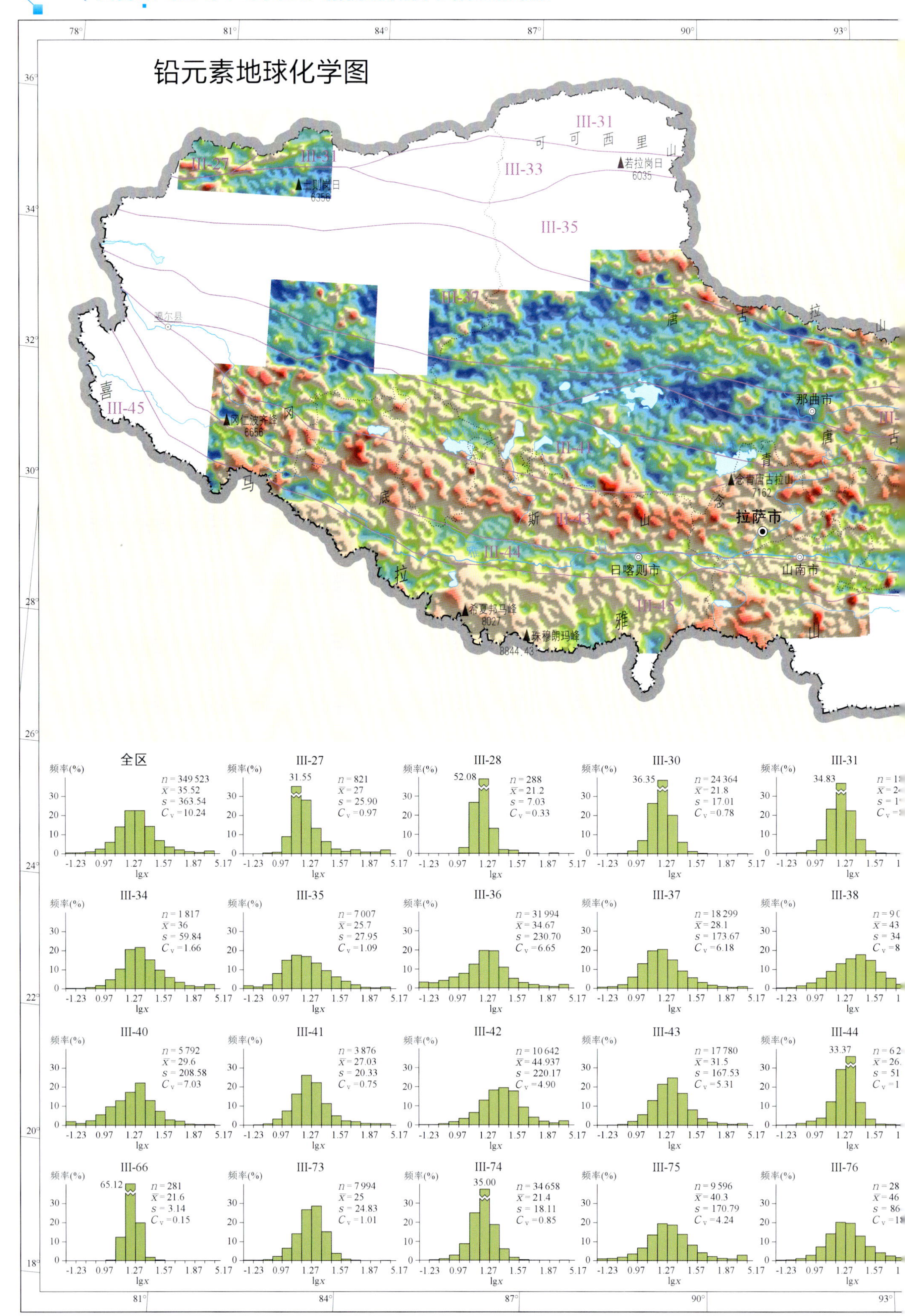
铅元素地球化学图
III-31
可可西里山
若拉岗日
6035
III-27
III-33
III-35
噶尔县
III-37
唐古拉山
那曲市
冈仁波齐峰
6656
III-41
念青唐古拉山
7162
拉萨市
冈底斯山
III-43
III-44
日喀则市
山南市
希夏邦马峰
8027
珠穆朗玛峰
8844.43
喜马拉雅山
III-45
全区 n = 349 523 x̄ = 35.52 s = 363.54 Cv = 10.24
III-27 31.55 n = 821 x̄ = 27 s = 25.90 Cv = 0.97
III-28 52.08 n = 288 x̄ = 21.2 s = 7.03 Cv = 0.33
III-30 36.35 n = 24 364 x̄ = 21.8 s = 17.01 Cv = 0.78
III-31 34.83
III-34 n = 1 817 x̄ = 36 s = 59.84 Cv = 1.66
III-35 n = 7 007 x̄ = 25.7 s = 27.95 Cv = 1.09
III-36 n = 31 994 x̄ = 34.67 s = 230.70 Cv = 6.65
III-37 n = 18 299 x̄ = 28.1 s = 173.67 Cv = 6.18
III-38
III-40 n = 5 792 x̄ = 29.6 s = 208.58 Cv = 7.03
III-41 n = 3 876 x̄ = 27.03 s = 20.33 Cv = 0.75
III-42 n = 10 642 x̄ = 44.937 s = 220.17 Cv = 4.90
III-43 n = 17 780 x̄ = 31.5 s = 167.53 Cv = 5.31
III-44 33.37
III-66 65.12 n = 281 x̄ = 21.6 s = 3.14 Cv = 0.15
III-73 n = 7 994 x̄ = 25 s = 24.83 Cv = 1.01
III-74 35.00 n = 34 658 x̄ = 21.4 s = 18.11 Cv = 0.85
III-75 n = 9 596 x̄ = 40.3 s = 170.79 Cv = 4.24
III-76
频率(%)
lgx

本图主要采用1：200 000和1：500 000区域化探（水系沉积物测量）数据编制。其中：云南、贵州全部为1:200 000区域化探数据；西藏为1：200 000和1：500 000区域化探数据混用；四川为1：200 000区域化探数据和1：250 000多目标地球化学调查（土壤测量）数据；重庆为1：200 000区域化探数据和局部1：50 000地球化学普查（水系沉积物测量）数据。

对不同采样分析批次间存在的分析含量系统偏差，按边界等效法计算出乘系数（A）和加常数（B），对占少数的偏差数据进行调平处理。

数据网格化采用克里金法，8方位搜索，搜索半径22.5km，正方形网格边长3km。

元素含量等值线值采用累频法求取，等值面色区为19级过渡色，由蓝色到红色表示含量值由低到高的变化。

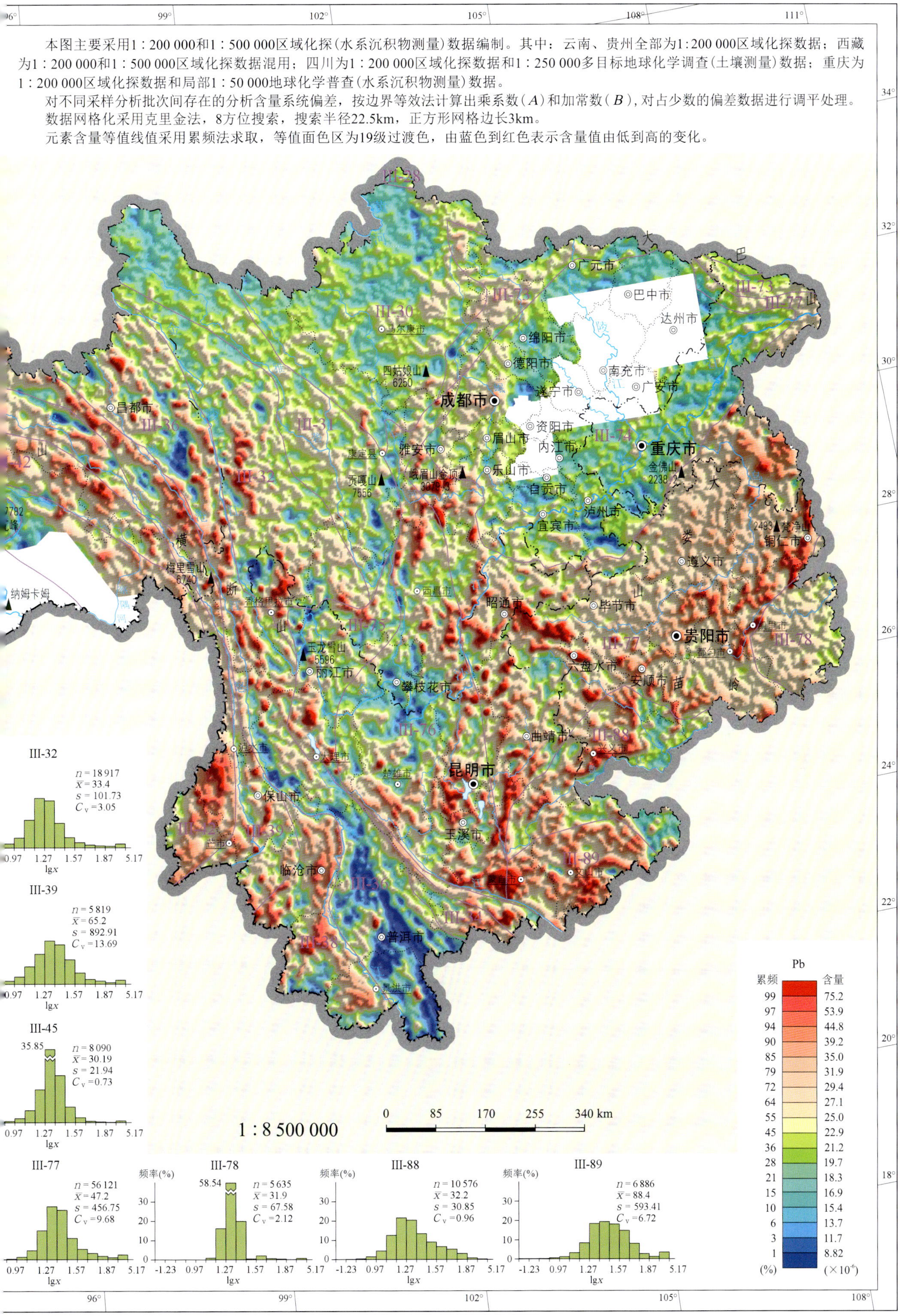

成都市
重庆市
贵阳市
昆明市
广元市
巴中市
达州市
绵阳市
德阳市
南充市
遂宁市
广安市
资阳市
眉山市
内江市
乐山市
自贡市
泸州市
宜宾市
雅安市
康定县
马尔康市
昌都市
西昌市
昭通市
毕节市
遵义市
铜仁市
凯里市
都匀市
六盘水市
安顺市
曲靖市
兴义市
攀枝花市
丽江市
香格里拉市
大理市
楚雄市
玉溪市
保山市
泸水市
芒市
临沧市
普洱市
景洪市
蒙自市
文山市
四姑娘山 6250
贡嘎山 7556
峨眉山金顶 3079
金佛山 2238
梵净山 2493
梅里雪山 6740
玉龙雪山 5596
纳姆卡姆
III-28
III-30
III-31
III-32
III-36
III-39
III-73
III-74
III-75
III-76
III-77
III-78
III-84
III-88
III-89
1：8 500 000
0 85 170 255 340 km
III-32
n = 18 917
x̄ = 33.4
s = 101.73
Cv = 3.05
III-39
n = 5 819
x̄ = 65.2
s = 892.91
Cv = 13.69
III-45
35.85
n = 8 090
x̄ = 30.19
s = 21.94
Cv = 0.73
III-77
n = 56 121
x̄ = 47.2
s = 456.75
Cv = 9.68
III-78
58.54
n = 5 635
x̄ = 31.9
s = 67.58
Cv = 2.12
III-88
n = 10 576
x̄ = 32.2
s = 30.85
Cv = 0.96
III-89
n = 6 886
x̄ = 88.4
s = 593.41
Cv = 6.72
频率(%)
lgx
-1.23 0.97 1.27 1.57 1.87 5.17
Pb
累频 (%)
含量 (×10⁻⁶)
99 75.2
97 53.9
94 44.8
90 39.2
85 35.0
79 31.9
72 29.4
64 27.1
55 25.0
45 22.9
36 21.2
28 19.7
21 18.3
15 16.9
10 15.4
6 13.7
3 11.7
1 8.82

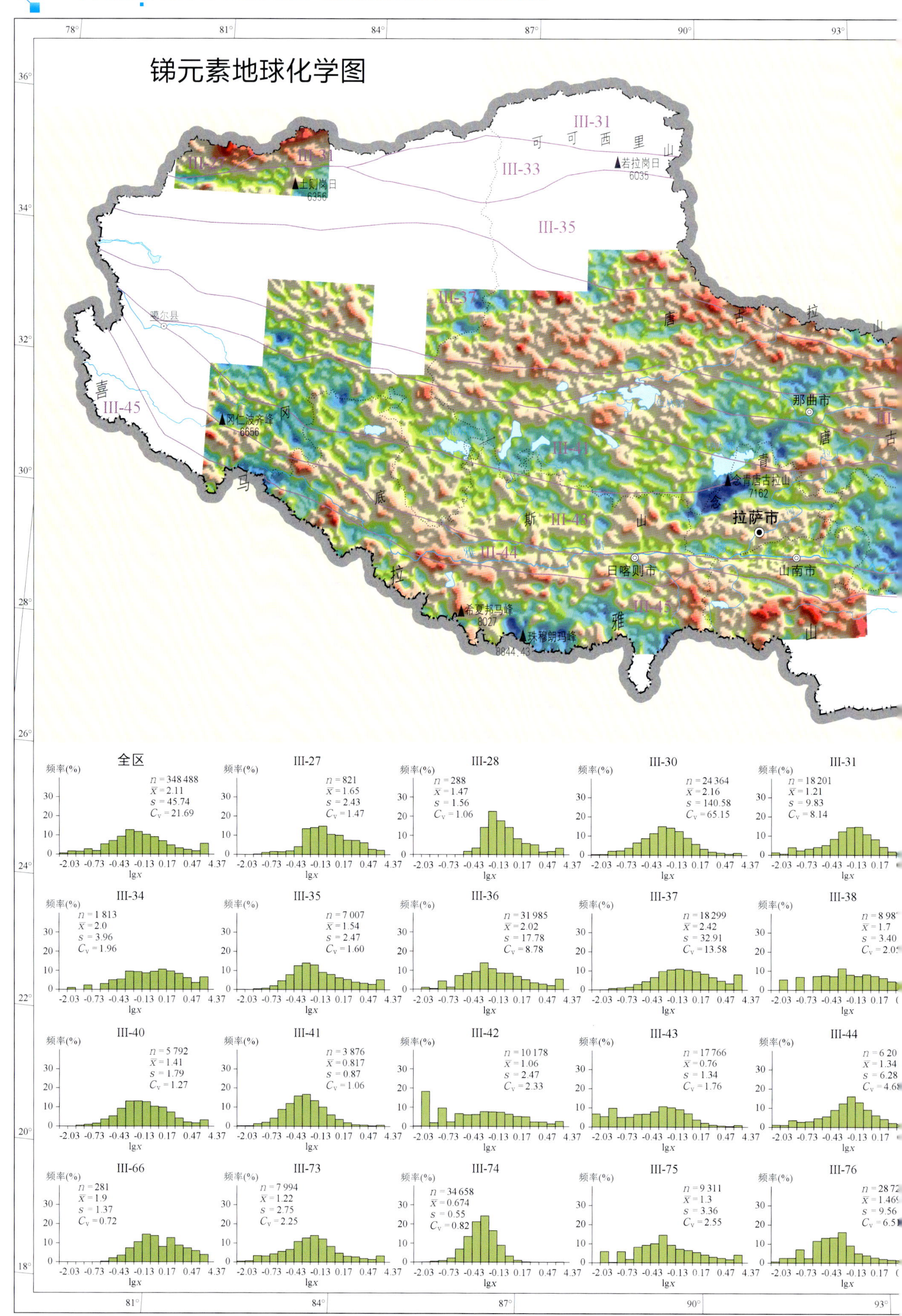
锑元素地球化学图
III-31
III-33
III-35
III-37
III-41
III-43
III-44
III-45
可可西里山
若拉岗日
6035
土则岗日
6356
噶尔县
冈仁波齐峰
6656
唐古拉山
那曲市
念青唐古拉山
7162
拉萨市
日喀则市
山南市
希夏邦马峰
8027
珠穆朗玛峰
8844.43
喜马拉雅山
冈底斯山
全区
n = 348 488
x̄ = 2.11
s = 45.74
Cv = 21.69
III-27
n = 821
x̄ = 1.65
s = 2.43
Cv = 1.47
III-28
n = 288
x̄ = 1.47
s = 1.56
Cv = 1.06
III-30
n = 24 364
x̄ = 2.16
s = 140.58
Cv = 65.15
III-31
n = 18 201
x̄ = 1.21
s = 9.83
Cv = 8.14
III-34
n = 1 813
x̄ = 2.0
s = 3.96
Cv = 1.96
III-35
n = 7 007
x̄ = 1.54
s = 2.47
Cv = 1.60
III-36
n = 31 985
x̄ = 2.02
s = 17.78
Cv = 8.78
III-37
n = 18 299
x̄ = 2.42
s = 32.91
Cv = 13.58
III-38
n = 8 98
x̄ = 1.7
s = 3.40
III-40
n = 5 792
x̄ = 1.41
s = 1.79
Cv = 1.27
III-41
n = 3 876
x̄ = 0.817
s = 0.87
Cv = 1.06
III-42
n = 10 178
x̄ = 1.06
s = 2.47
Cv = 2.33
III-43
n = 17 766
x̄ = 0.76
s = 1.34
Cv = 1.76
III-44
n = 6 20
x̄ = 1.34
s = 6.28
III-66
n = 281
x̄ = 1.9
s = 1.37
Cv = 0.72
III-73
n = 7 994
x̄ = 1.22
s = 2.75
Cv = 2.25
III-74
n = 34 658
x̄ = 0.674
s = 0.55
Cv = 0.82
III-75
n = 9 311
x̄ = 1.3
s = 3.36
Cv = 2.55
III-76
n = 28 72
x̄ = 1.46
s = 9.56
频率(%)
lgx

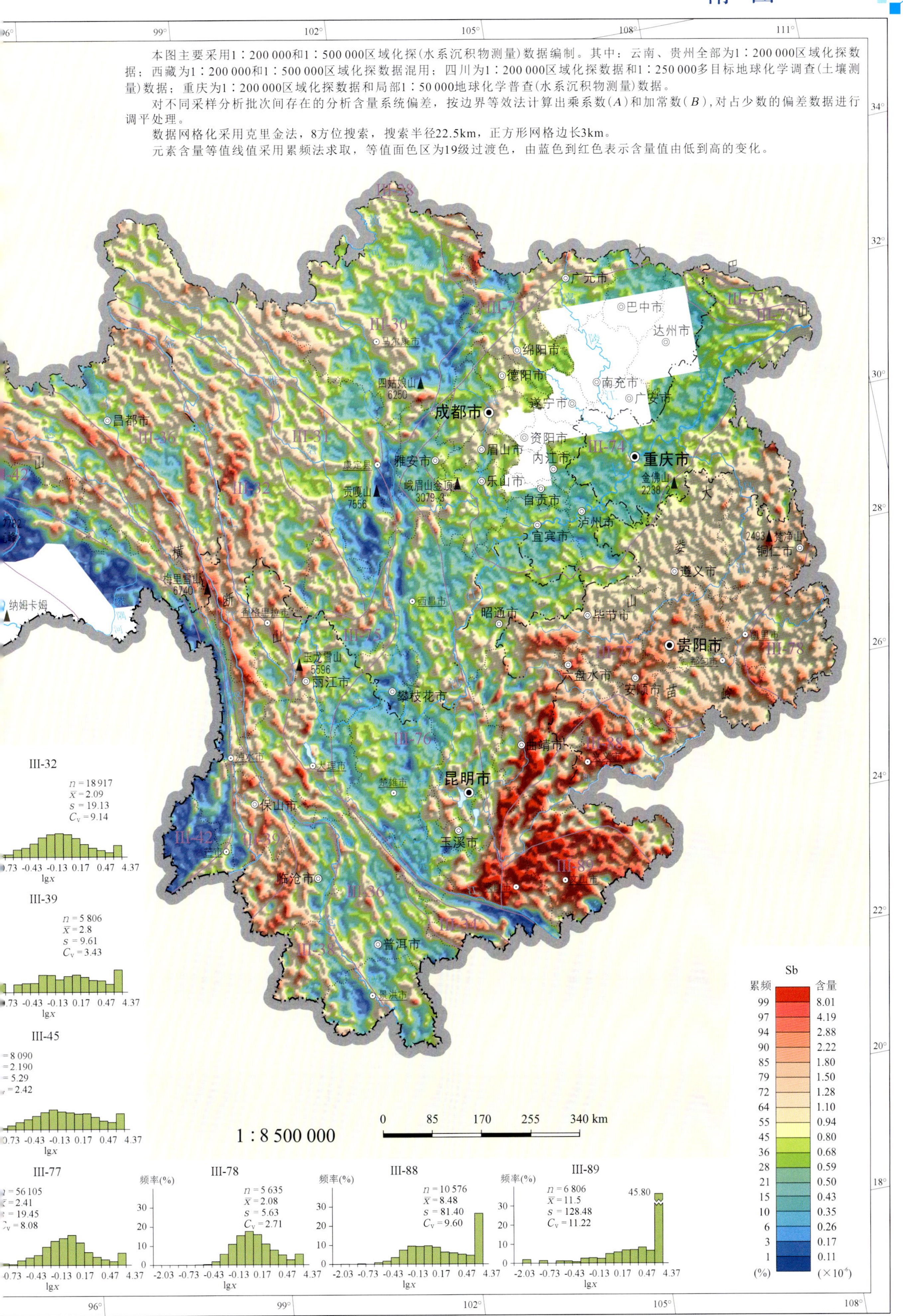
本图主要采用1∶200 000和1∶500 000区域化探(水系沉积物测量)数据编制。其中：云南、贵州全部为1∶200 000区域化探数据；西藏为1∶200 000和1∶500 000区域化探数据混用；四川为1∶200 000区域化探数据和1∶250 000多目标地球化学调查(土壤测量)数据；重庆为1∶200 000区域化探数据和局部1∶50 000地球化学普查(水系沉积物测量)数据。
对不同采样分析批次间存在的分析含量系统偏差，按边界等效法计算出乘系数(A)和加常数(B)，对占少数的偏差数据进行调平处理。
数据网格化采用克里金法，8方位搜索，搜索半径22.5km，正方形网格边长3km。
元素含量等值线值采用累频法求取，等值面色区为19级过渡色，由蓝色到红色表示含量值由低到高的变化。
广元市
巴中市
达州市
绵阳市
德阳市
南充市
遂宁市
广安市
成都市
资阳市
眉山市
内江市
重庆市
乐山市
自贡市
泸州市
宜宾市
雅安市
马尔康市
四姑娘山 6250
峨眉山金顶 3079.3
贡嘎山 7556
康定县
金佛山 2238
梵净山 2493
铜仁市
遵义市
昌都市
梅里雪山 6740
纳姆卡姆
香格里拉市
西昌市
昭通市
毕节市
贵阳市
凯里市
都匀市
六盘水市
安顺市
玉龙雪山 5596
丽江市
攀枝花市
曲靖市
兴义市
泸水市
大理市
楚雄市
昆明市
保山市
玉溪市
芒市
临沧市
蒙自市
文山市
普洱市
景洪市
III-28
III-30
III-31
III-32
III-36
III-38
III-39
III-42
III-45
III-73
III-74
III-75
III-76
III-77
III-78
III-88
III-89
1∶8 500 000
0 85 170 255 340 km
III-32 n=18 917 $\overline{x}$=2.09 s=19.13 C_v=9.14
III-39 n=5 806 $\overline{x}$=2.8 s=9.61 C_v=3.43
III-45 n=8 090 $\overline{x}$=2.190 s=5.29 C_v=2.42
III-77 n=56 105 $\overline{x}$=2.41 s=19.45 C_v=8.08
III-78 n=5 635 $\overline{x}$=2.08 s=5.63 C_v=2.71
III-88 n=10 576 $\overline{x}$=8.48 s=81.40 C_v=9.60
III-89 n=6 806 $\overline{x}$=11.5 s=128.48 C_v=11.22
45.80
频率(%)
lg$x$
Sb
累频 (%)
含量 ($\times10^{-6}$)
99 8.01
97 4.19
94 2.88
90 2.22
85 1.80
79 1.50
72 1.28
64 1.10
55 0.94
45 0.80
36 0.68
28 0.59
21 0.50
15 0.43
10 0.35
6 0.26
3 0.17
1 0.11

锡元素地球化学图

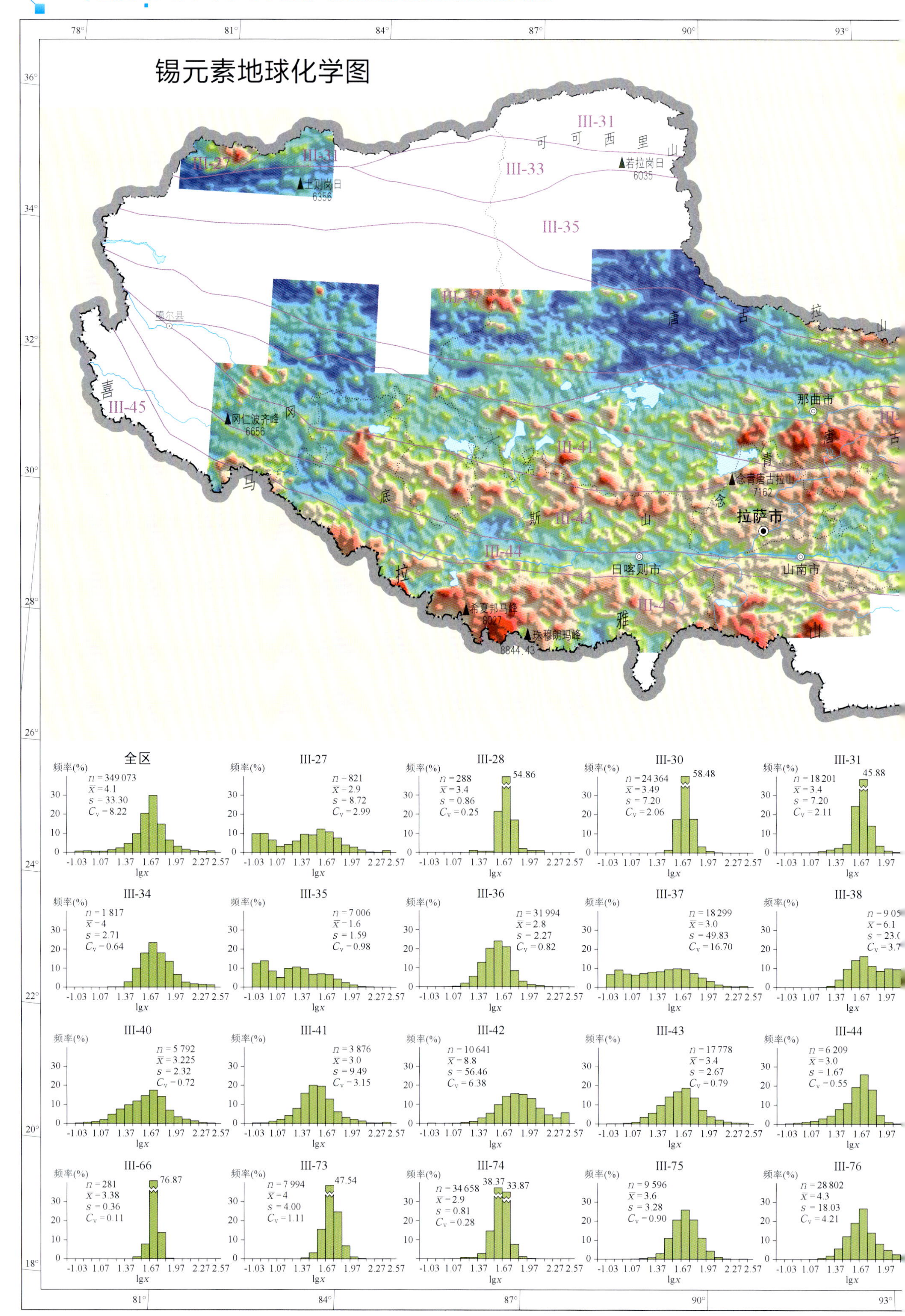

78°
81°
84°
87°
90°
93°
36°
34°
32°
30°
28°
26°
24°
22°
20°
18°
III-27
III-31
III-33
III-35
III-37
III-41
III-43
III-44
III-45
可 可 西 里 山
▲土则岗日 6356
▲若拉岗日 6035
噶尔县
唐 古 拉 山
那曲市
喜 马 拉 雅 山
冈 底 斯 山
▲冈仁波齐峰 6656
念 青 唐 古 拉 山
▲念青唐古拉山 7162
拉萨市
日喀则市
山南市
▲希夏邦马峰 8027
▲珠穆朗玛峰 8844.43
全区
频率(%)
n = 349 073
x̄ = 4.1
s = 33.30
Cv = 8.22
III-27
n = 821
x̄ = 2.9
s = 8.72
Cv = 2.99
III-28
n = 288
x̄ = 3.4
s = 0.86
Cv = 0.25
54.86
III-30
n = 24 364
x̄ = 3.49
s = 7.20
Cv = 2.06
58.48
III-31
n = 18 201
x̄ = 3.4
s = 7.20
Cv = 2.11
45.88
III-34
n = 1 817
x̄ = 4
s = 2.71
Cv = 0.64
III-35
n = 7 006
x̄ = 1.6
s = 1.59
Cv = 0.98
III-36
n = 31 994
x̄ = 2.8
s = 2.27
Cv = 0.82
III-37
n = 18 299
x̄ = 3.0
s = 49.83
Cv = 16.70
III-38
n = 9 05
x̄ = 6.1
s = 23.(
Cv = 3.7
III-40
n = 5 792
x̄ = 3.225
s = 2.32
Cv = 0.72
III-41
n = 3 876
x̄ = 3.0
s = 9.49
Cv = 3.15
III-42
n = 10 641
x̄ = 8.8
s = 56.46
Cv = 6.38
III-43
n = 17 778
x̄ = 3.4
s = 2.67
Cv = 0.79
III-44
n = 6 209
x̄ = 3.0
s = 1.67
Cv = 0.55
III-66
n = 281
x̄ = 3.38
s = 0.36
Cv = 0.11
76.87
III-73
n = 7 994
x̄ = 4
s = 4.00
Cv = 1.11
47.54
III-74
n = 34 658
x̄ = 2.9
s = 0.81
Cv = 0.28
38.37
33.87
III-75
n = 9 596
x̄ = 3.6
s = 3.28
Cv = 0.90
III-76
n = 28 802
x̄ = 4.3
s = 18.03
Cv = 4.21
0 10 20 30
-1.03 1.07 1.37 1.67 1.97 2.27 2.57
lgx

本图主要采用1∶200 000和1∶500 000区域化探(水系沉积物测量)数据编制。其中：云南、贵州全部为1∶200 000区域化探数据；西藏为1∶200 000和1∶500 000区域化探数据混用；四川为1∶200 000区域化探数据和1∶250 000多目标地球化学调查(土壤测量)数据；重庆为1∶200 000区域化探数据和局部1∶50 000地球化学普查(水系沉积物测量)数据。

对不同采样分析批次间存在的分析含量系统偏差，按边界等效法计算出乘系数(A)和加常数(B)，对占少数的偏差数据进行调平处理。

数据网格化采用克里金法，8方位搜索，搜索半径22.5km，正方形网格边长3km。

元素含量等值线值采用累频法求取，等值面色区为19级过渡色，由蓝色到红色表示含量值由低到高的变化。

1∶8 500 000

累频(%)	Sn 含量($\times10^{-6}$)
99	10.8
97	7.35
94	5.78
90	4.82
85	4.24
79	3.85
72	3.58
64	3.36
55	3.18
45	2.97
36	2.76
28	2.53
21	2.27
15	1.98
10	1.68
6	1.35
3	0.88
1	0.49

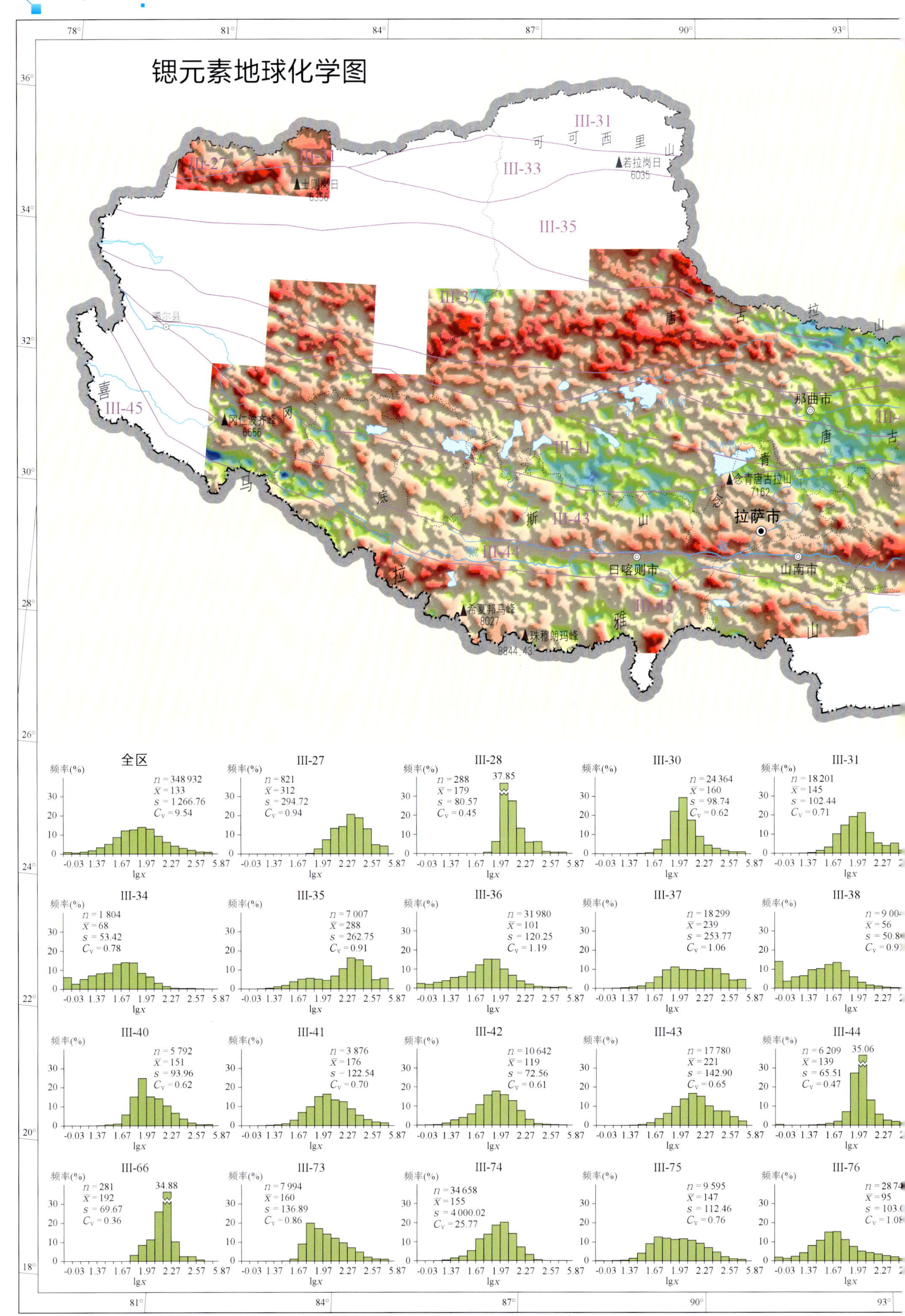

锶元素地球化学图
78° 81° 84° 87° 90° 93°
36° 34° 32° 30° 28° 26° 24° 22° 20° 18°
III-27
III-31
III-33
III-35
III-37
III-41
III-43
III-44
III-45
可可西里山
▲若拉岗日 6035
▲土则岗日 6356
噶尔县
喜马拉雅山
冈底斯山
▲冈仁波齐峰 6656
唐古拉山
那曲市
念青唐古拉山
▲念青唐古拉山 7162
拉萨市
日喀则市
山南市
▲希夏邦马峰 8027
▲珠穆朗玛峰 8844.43
全区 n = 348 932 $\bar{x}$ = 133 s = 1 266.76 C_v = 9.54
III-27 n = 821 $\bar{x}$ = 312 s = 294.72 C_v = 0.94
III-28 n = 288 $\bar{x}$ = 179 s = 80.57 C_v = 0.45 37.85
III-30 n = 24 364 $\bar{x}$ = 160 s = 98.74 C_v = 0.62
III-31 n = 18 201 $\bar{x}$ = 145 s = 102.44 C_v = 0.71
III-34 n = 1 804 $\bar{x}$ = 68 s = 53.42 C_v = 0.78
III-35 n = 7 007 $\bar{x}$ = 288 s = 262.75 C_v = 0.91
III-36 n = 31 980 $\bar{x}$ = 101 s = 120.25 C_v = 1.19
III-37 n = 18 299 $\bar{x}$ = 239 s = 253.77 C_v = 1.06
III-38 $\bar{x}$ = 56
III-40 n = 5 792 $\bar{x}$ = 151 s = 93.96 C_v = 0.62
III-41 n = 3 876 $\bar{x}$ = 176 s = 122.54 C_v = 0.70
III-42 n = 10 642 $\bar{x}$ = 119 s = 72.56 C_v = 0.61
III-43 n = 17 780 $\bar{x}$ = 221 s = 142.90 C_v = 0.65
III-44 n = 6 209 $\bar{x}$ = 139 s = 65.51 C_v = 0.47 35.06
III-66 n = 281 $\bar{x}$ = 192 s = 69.67 C_v = 0.36 34.88
III-73 n = 7 994 $\bar{x}$ = 160 s = 136.89 C_v = 0.86
III-74 n = 34 658 $\bar{x}$ = 155 s = 4 000.02 C_v = 25.77
III-75 n = 9 595 $\bar{x}$ = 147 s = 112.46 C_v = 0.76
III-76 $\bar{x}$ = 95
频率(%)
0 10 20 30
-0.03 1.37 1.67 1.97 2.27 2.57 5.87
lgx

本图主要采用1∶200 000和1∶500 000区域化探(水系沉积物测量)数据编制。其中：云南、贵州全部为1∶200 000区域化探数据；西藏为1∶200 000和1∶500 000区域化探数据混用；四川为1∶200 000区域化探数据和1∶250 000多目标地球化学调查(土壤测量)数据；重庆为1∶200 000区域化探数据和局部1∶50 000地球化学普查(水系沉积物测量)数据。

对不同采样分析批次间存在的分析含量系统偏差，按边界等效法计算出乘系数(*A*)和加常数(*B*)，对占少数的偏差数据进行调平处理。

数据网格化采用克里金法，8方位搜索，搜索半径22.5km，正方形网格边长3km。

元素含量等值线值采用累频法求取，等值面色区为19级过渡色，由蓝色到红色表示含量值由低到高的变化。

Sr

累频(%)	含量($\times10^{-6}$)
99	485
97	381
94	313
90	259
85	215
79	181
72	156
64	137
55	121
45	106
36	92.6
28	80.4
21	69.5
15	59.6
10	50.4
6	41.3
3	31.2
1	19.6

1∶8 500 000

0 85 170 255 340 km

III-32：$n=18917$，$\bar{x}=125$，$s=88.08$，$C_v=0.71$

III-39：$n=5819$，$\bar{x}=89$，$s=92.43$，$C_v=1.04$

III-45：$=8090$，$=208$，$=133.32$，$=0.64$

III-77：$n=55670$，$\bar{x}=83$，$s=54.99$，$C_v=0.66$

III-78：$n=5635$，$\bar{x}=55$，$s=15.02$，$C_v=0.27$；34.50

III-88：$n=10576$，$\bar{x}=89$，$s=81.74$，$C_v=0.92$

III-89：$n=6881$，$\bar{x}=51$，$s=47.95$，$C_v=0.94$

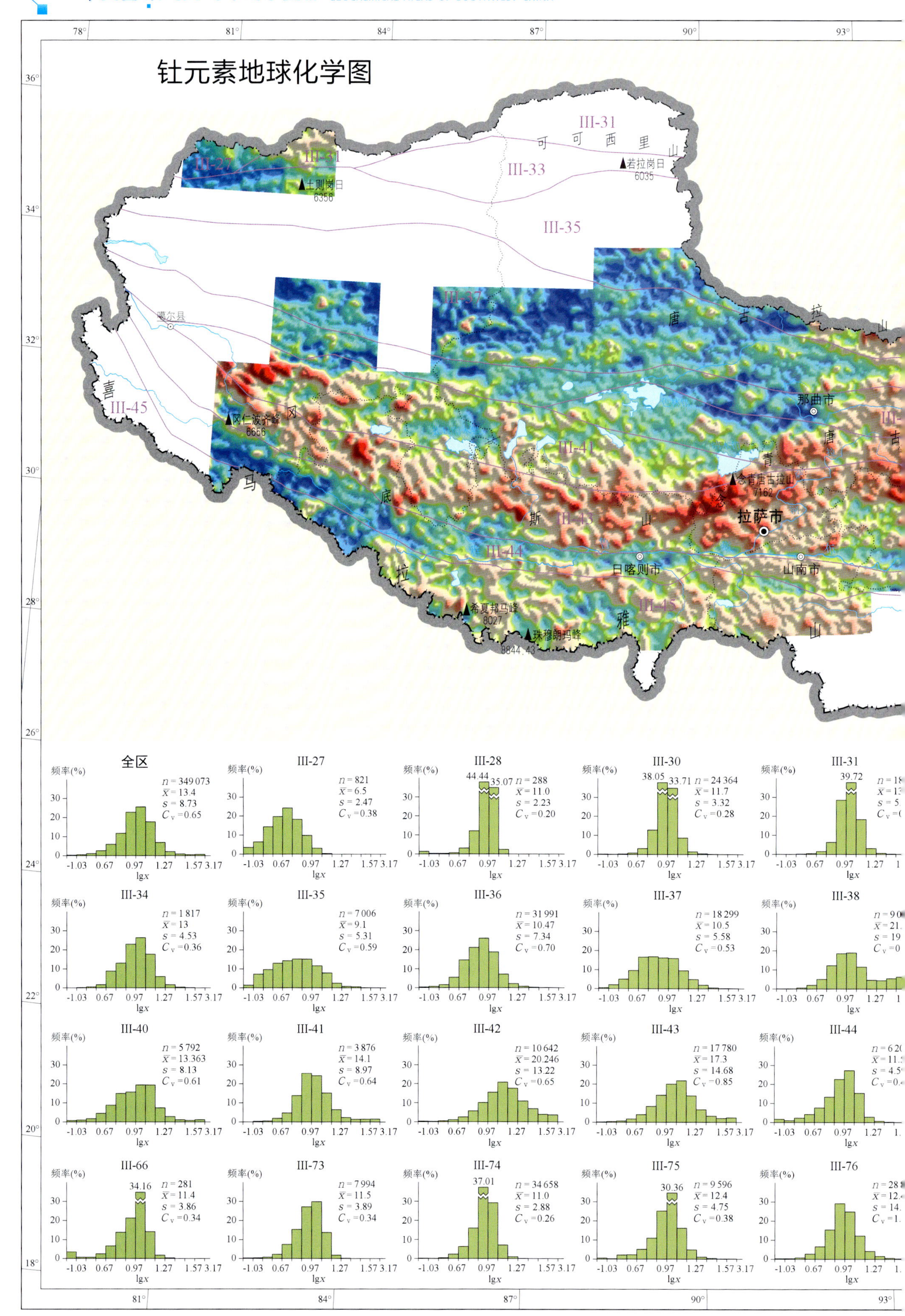
钍元素地球化学图
78° 81° 84° 87° 90° 93°
36° 34° 32° 30° 28° 26° 24° 22° 20° 18°
III-27
III-31
III-33
III-35
III-37
III-41
III-43
III-44
III-45
可 可 西 里 山
▲土则岗日 6356
▲若拉岗日 6035
唐 古 拉 山
噶尔县
那曲市
喜 马 拉 雅 山
冈 底 斯 山
▲冈仁波齐峰 6656
念 青 唐 古 拉 山
▲念青唐古拉山 7162
拉萨市
日喀则市
山南市
▲希夏邦马峰 8027
▲珠穆朗玛峰 8844.43
频率(%)
lgx
-1.03 0.67 0.97 1.27 1.57 3.17
全区
n=349 073
$\bar{x}$=13.4
s=8.73
C_v=0.65
III-27
n=821
$\bar{x}$=6.5
s=2.47
C_v=0.38
III-28
44.44 35.07
n=288
$\bar{x}$=11.0
s=2.23
C_v=0.20
III-30
38.05 33.71
n=24 364
$\bar{x}$=11.7
s=3.32
C_v=0.28
III-31
39.72
III-34
n=1 817
$\bar{x}$=13
s=4.53
C_v=0.36
III-35
n=7 006
$\bar{x}$=9.1
s=5.31
C_v=0.59
III-36
n=31 991
$\bar{x}$=10.47
s=7.34
C_v=0.70
III-37
n=18 299
$\bar{x}$=10.5
s=5.58
C_v=0.53
III-38
III-40
n=5 792
$\bar{x}$=13.363
s=8.13
C_v=0.61
III-41
n=3 876
$\bar{x}$=14.1
s=8.97
C_v=0.64
III-42
n=10 642
$\bar{x}$=20.246
s=13.22
C_v=0.65
III-43
n=17 780
$\bar{x}$=17.3
s=14.68
C_v=0.85
III-44
III-66
34.16
n=281
$\bar{x}$=11.4
s=3.86
C_v=0.34
III-73
n=7 994
$\bar{x}$=11.5
s=3.89
C_v=0.34
III-74
37.01
n=34 658
$\bar{x}$=11.0
s=2.88
C_v=0.26
III-75
30.36
n=9 596
$\bar{x}$=12.4
s=4.75
C_v=0.38
III-76

本图主要采用1∶200 000和1∶500 000区域化探(水系沉积物测量)数据编制。其中：云南、贵州全部为1∶200 000区域化探数据；西藏为1∶200 000和1∶500 000区域化探数据混用；四川为1∶200 000区域化探数据和1∶250 000多目标地球化学调查(土壤测量)数据；重庆为1∶200 000区域化探数据和局部1∶50 000地球化学普查(水系沉积物测量)数据。

对不同采样分析批次间存在的分析含量系统偏差，按边界等效法计算出乘系数(A)和加常数(B)，对占少数的偏差数据进行调平处理。

数据网格化采用克里金法，8方位搜索，搜索半径22.5km，正方形网格边长3km。

元素含量等值线值采用累频法求取，等值面色区为19级过渡色，由蓝色到红色表示含量值由低到高的变化。

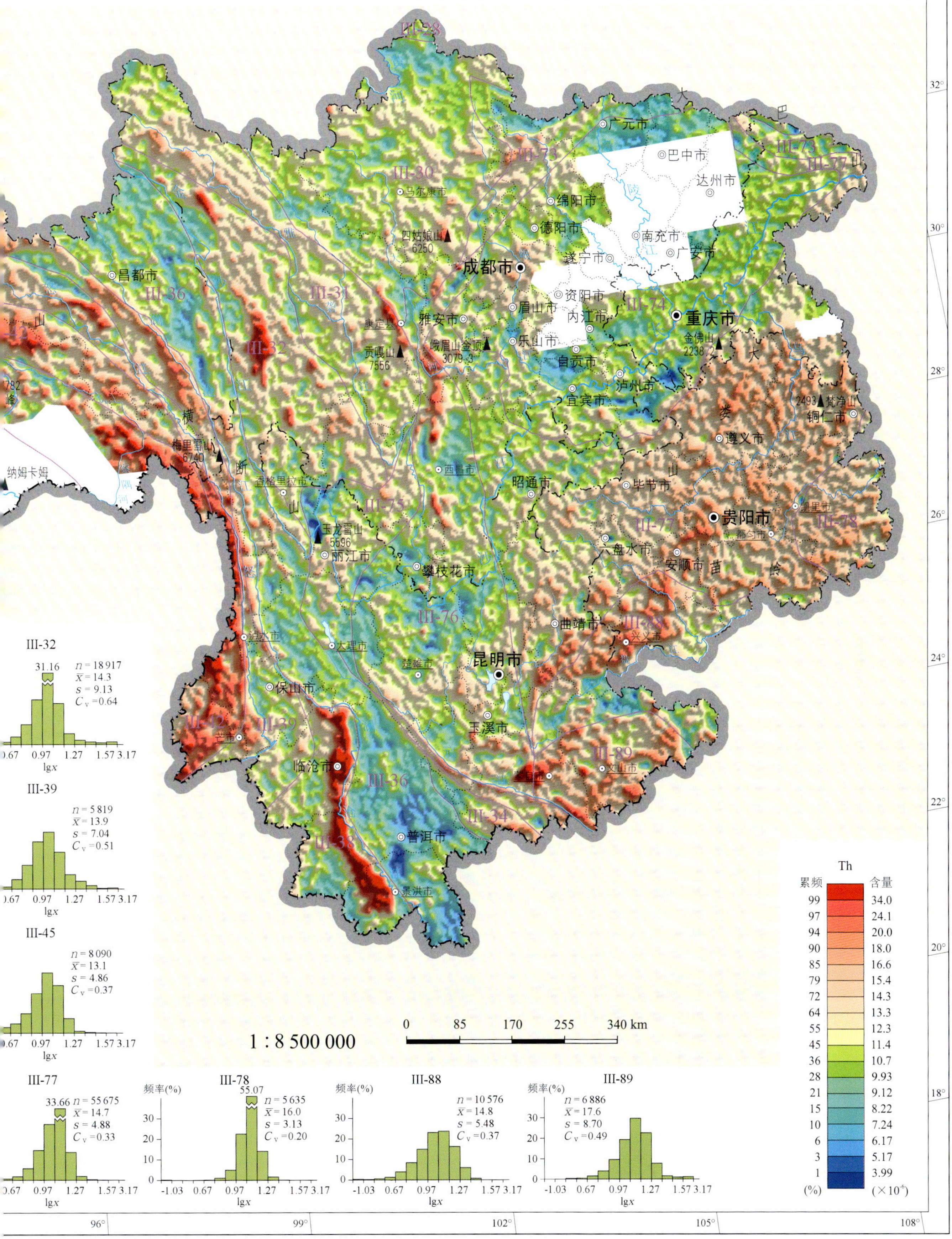

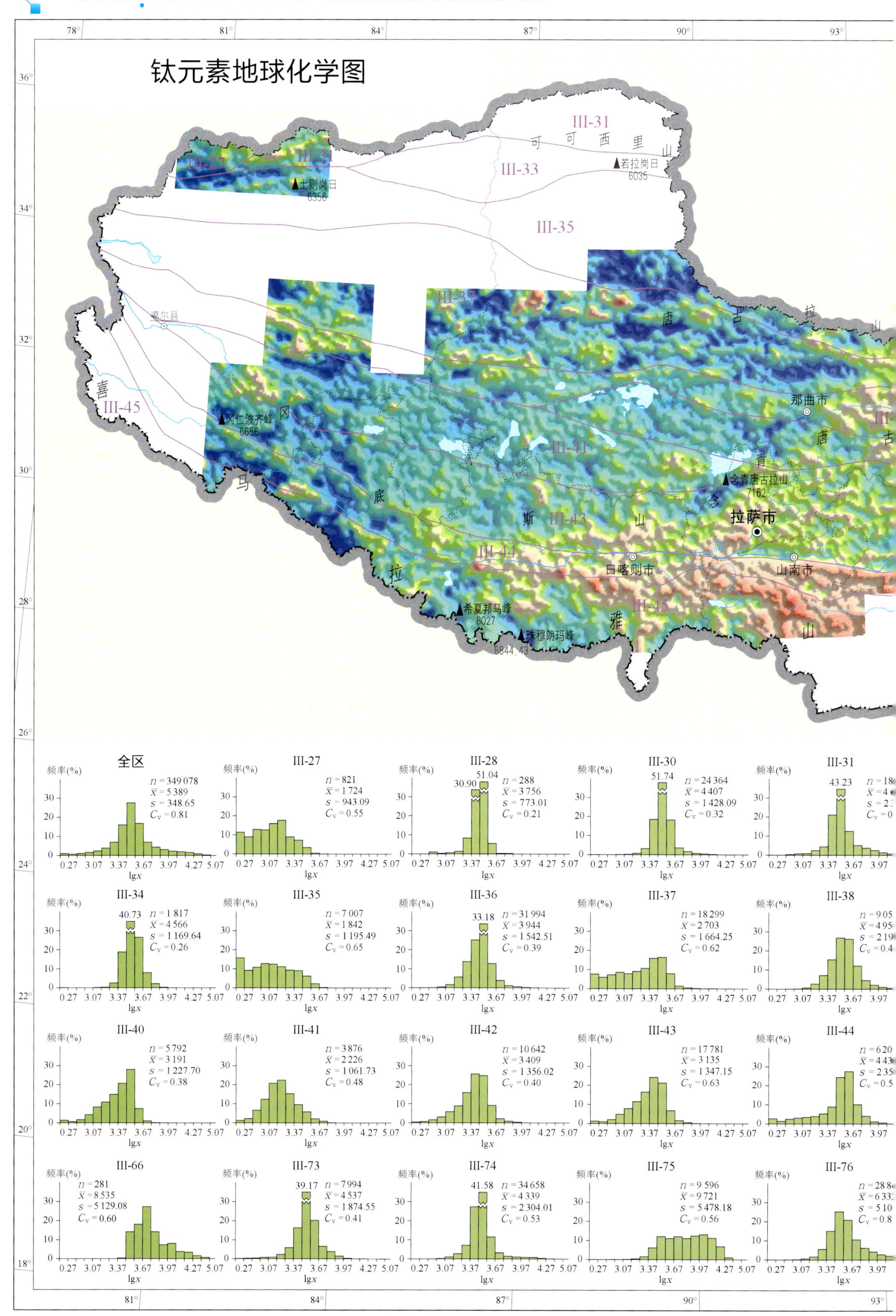
钛元素地球化学图
III-31
III-33
III-35
III-37
III-41
III-43
III-44
III-45
可可西里山
▲若拉岗日 6035
▲土则岗日 6356
噶尔县
▲冈仁波齐峰 6656
▲念青唐古拉山 7162
那曲市
拉萨市
日喀则市
山南市
▲希夏邦马峰 8027
▲珠穆朗玛峰 8844.43
全区 n=349 078 x̄=5 389 s=348.65 Cv=0.81
III-27 n=821 x̄=1 724 s=943.09 Cv=0.55
III-28 n=288 x̄=3 756 s=773.01 Cv=0.21
III-30 n=24 364 x̄=4 407 s=1 428.09 Cv=0.32
III-34 n=1 817 x̄=4 566 s=1 169.64 Cv=0.26
III-35 n=7 007 x̄=1 842 s=1 195.49 Cv=0.65
III-36 n=31 994 x̄=3 944 s=1 542.51 Cv=0.39
III-37 n=18 299 x̄=2 703 s=1 664.25 Cv=0.62
III-40 n=5 792 x̄=3 191 s=1 227.70 Cv=0.38
III-41 n=3 876 x̄=2 226 s=1 061.73 Cv=0.48
III-42 n=10 642 x̄=3 409 s=1 356.02 Cv=0.40
III-43 n=17 781 x̄=3 135 s=1 347.15 Cv=0.63
III-66 n=281 x̄=8 535 s=5 129.08 Cv=0.60
III-73 n=7 994 x̄=4 537 s=1 874.55 Cv=0.41
III-74 n=34 658 x̄=4 339 s=2 304.01 Cv=0.53
III-75 n=9 596 x̄=9 721 s=5 478.18 Cv=0.56
III-38
III-44
III-76
频率(%)
lgx

本图主要采用1∶200 000和1∶500 000区域化探(水系沉积物测量)数据编制。其中：云南、贵州全部为1∶200 000区域化探数据；西藏为1∶200 000和1∶500 000区域化探数据混用；四川为1∶200 000区域化探数据和1∶250 000多目标地球化学调查(土壤测量)数据；重庆为1∶200 000区域化探数据和局部1∶50 000地球化学普查(水系沉积物测量)数据。

对不同采样分析批次间存在的分析含量系统偏差，按边界等效法计算出乘系数(A)和加常数(B)，对占少数的偏差数据进行调平处理。

数据网格化采用克里金法，8方位搜索，搜索半径22.5km，正方形网格边长3km。

元素含量等值线值采用累频法求取，等值面色区为19级过渡色，由蓝色到红色表示含量值由低到高的变化。

III-32: $n=18\,917$, $\overline{X}=4\,886$, $s=2\,440.11$, $C_v=0.50$

III-39: $n=5\,819$, $\overline{X}=5\,988$, $s=137.05$, $C_v=0.52$

III-45: $n=8\,090$, $\overline{X}=4\,660$, $s=2\,388.67$, $C_v=0.51$

III-77: $n=55\,675$, $\overline{X}=8\,972$, $s=6\,840.81$, $C_v=0.76$

III-78: $n=5\,635$, $\overline{X}=4\,951$, $s=1\,056.31$, $C_v=0.21$ (34.80, 50.03)

III-88: $n=10\,576$, $\overline{X}=8\,588$, $s=5\,545.85$, $C_v=0.65$

III-89: $n=6\,886$, $\overline{X}=7\,356$, $s=3\,867.07$, $C_v=0.53$

频率(%) — lg$x$ (0.27 3.07 3.37 3.67 3.97 4.27 5.07)

1∶8 500 000

0 85 170 255 340 km

Ti

累频(%)	含量($\times10^{-6}$)
99	18 325
97	12 761
94	9 157
90	7 014
85	5 896
79	5 209
72	4 737
64	4 353
55	4 028
45	3 692
36	3 331
28	2 887
21	2 434
15	2 039
10	1 720
6	1 408
3	1 077
1	756

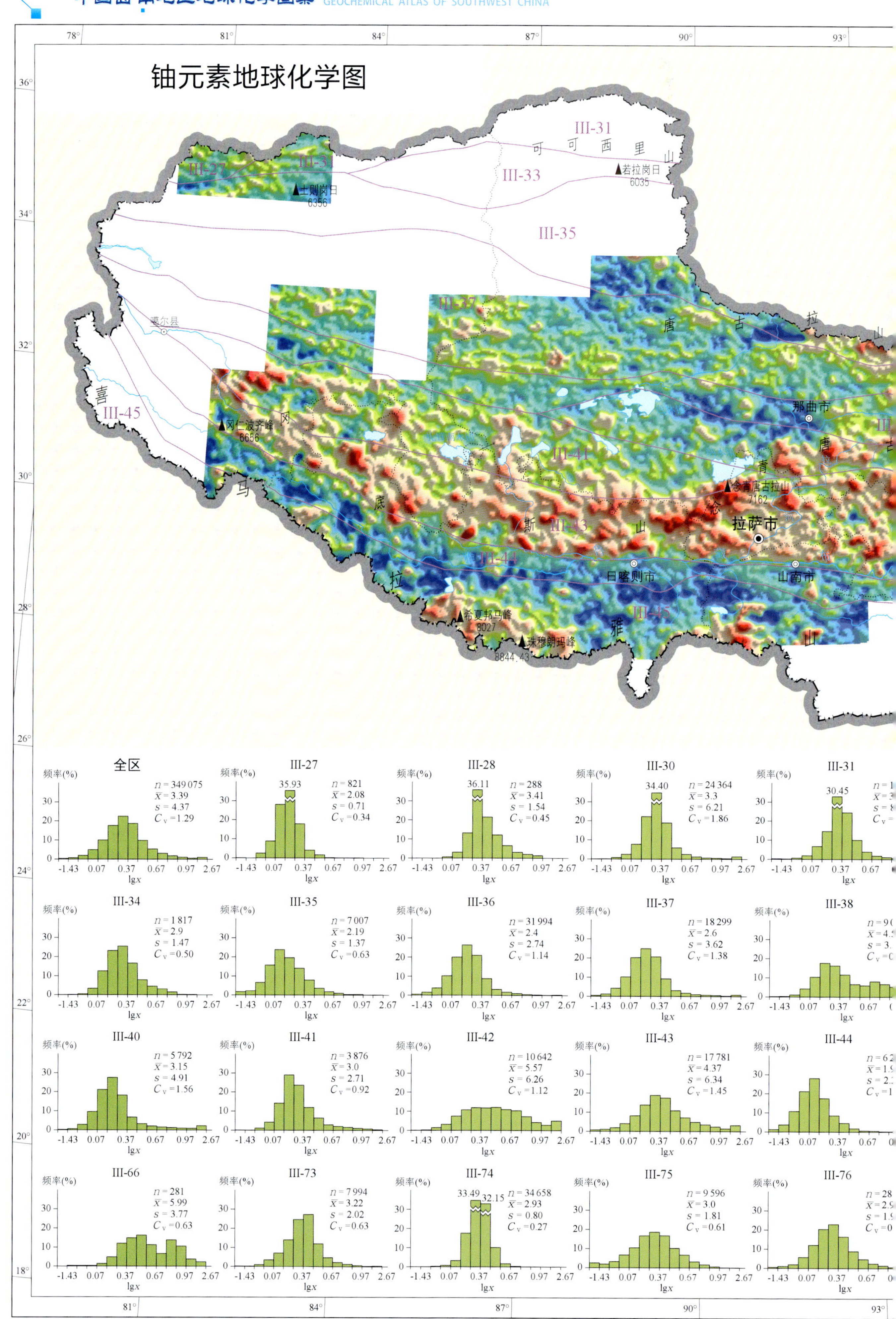
铀元素地球化学图
III-31
可可西里山
III-33
若拉岗日
6035
III-27
土则岗日
6356
III-35
噶尔县
唐古拉山
III-37
喜马拉雅山
III-45
冈仁波齐峰
6656
冈底斯山
III-41
念青唐古拉山
7162
III-43
那曲市
拉萨市
III-44
日喀则市
山南市
希夏邦马峰
8027
珠穆朗玛峰
8844.43
全区
n = 349 075
X̄ = 3.39
s = 4.37
Cv = 1.29
III-27
n = 821
X̄ = 2.08
s = 0.71
Cv = 0.34
35.93
III-28
n = 288
X̄ = 3.41
s = 1.54
Cv = 0.45
36.11
III-30
n = 24 364
X̄ = 3.3
s = 6.21
Cv = 1.86
34.40
III-31
30.45
III-34
n = 1 817
X̄ = 2.9
s = 1.47
Cv = 0.50
III-35
n = 7 007
X̄ = 2.19
s = 1.37
Cv = 0.63
III-36
n = 31 994
X̄ = 2.4
s = 2.74
Cv = 1.14
III-37
n = 18 299
X̄ = 2.6
s = 3.62
Cv = 1.38
III-38
III-40
n = 5 792
X̄ = 3.15
s = 4.91
Cv = 1.56
III-41
n = 3 876
X̄ = 3.0
s = 2.71
Cv = 0.92
III-42
n = 10 642
X̄ = 5.57
s = 6.26
Cv = 1.12
III-43
n = 17 781
X̄ = 4.37
s = 6.34
Cv = 1.45
III-44
III-66
n = 281
X̄ = 5.99
s = 3.77
Cv = 0.63
III-73
n = 7 994
X̄ = 3.22
s = 2.02
Cv = 0.63
III-74
n = 34 658
X̄ = 2.93
s = 0.80
Cv = 0.27
33.49
32.15
III-75
n = 9 596
X̄ = 3.0
s = 1.81
Cv = 0.61
III-76
频率(%)
lgx

本图主要采用1∶200 000和1∶500 000区域化探（水系沉积物测量）数据编制。其中：云南、贵州全部为1∶200 000区域化探数据；西藏为1∶200 000和1∶500 000区域化探数据混用；四川为1∶200 000区域化探数据和1∶250 000多目标地球化学调查（土壤测量）数据；重庆为1∶200 000区域化探数据和局部1∶50 000地球化学普查（水系沉积物测量）数据。

对不同采样分析批次间存在的分析含量系统偏差，按边界等效法计算出乘系数（A）和加常数（B），对占少数的偏差数据进行调平处理。

数据网格化采用克里金法，8方位搜索，搜索半径22.5km，正方形网格边长3km。

元素含量等值线值采用累频法求取，等值面色区为19级过渡色，由蓝色到红色表示含量值由低到高的变化。

1∶8 500 000

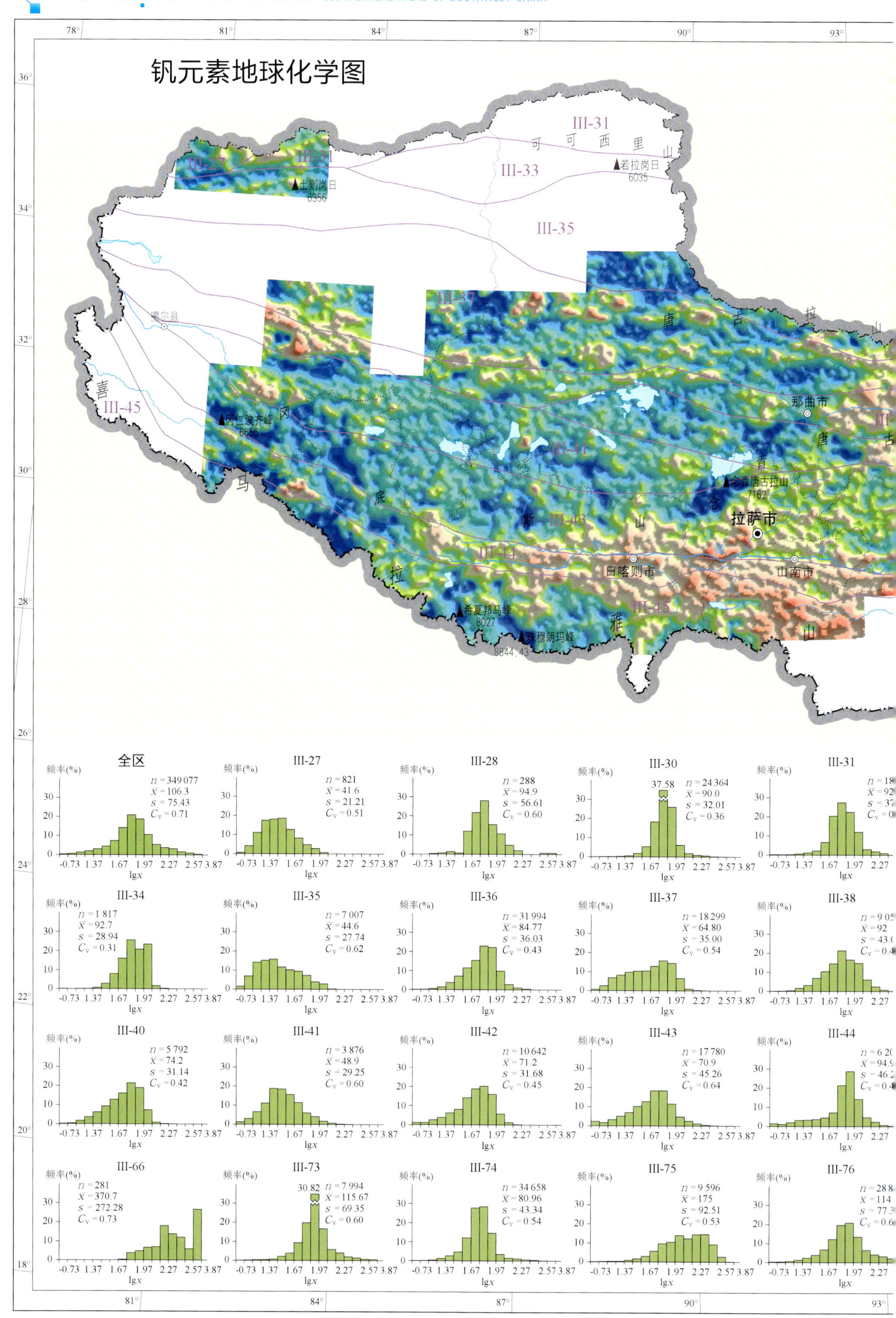
钒元素地球化学图
III-27
III-31
III-33
III-35
III-37
III-41
III-43
III-44
III-45
可 可 西 里 山
唐 古 拉 山
喜 马 拉 雅 山
冈 底 斯
念 青 唐 古 拉 山
▲土则岗日 6356
▲若拉岗日 6035
▲冈仁波齐峰 6656
▲念青唐古拉山 7162
▲希夏邦马峰 8027
▲珠穆朗玛峰 8844.43
噶尔县
那曲市
拉萨市
日喀则市
山南市
全区 n=349 077 x̄=106.3 s=75.43 Cv=0.71
III-27 n=821 x̄=41.6 s=21.21 Cv=0.51
III-28 n=288 x̄=94.9 s=56.61 Cv=0.60
III-30 n=24 364 x̄=90.0 s=32.01 Cv=0.36 37.58
III-31
III-34 n=1 817 x̄=92.7 s=28.94 Cv=0.31
III-35 n=7 007 x̄=44.6 s=27.74 Cv=0.62
III-36 n=31 994 x̄=84.77 s=36.03 Cv=0.43
III-37 n=18 299 x̄=64.80 s=35.00 Cv=0.54
III-38
III-40 n=5 792 x̄=74.2 s=31.14 Cv=0.42
III-41 n=3 876 x̄=48.9 s=29.25 Cv=0.60
III-42 n=10 642 x̄=71.2 s=31.68 Cv=0.45
III-43 n=17 780 x̄=70.9 s=45.26 Cv=0.64
III-44
III-66 n=281 x̄=370.7 s=272.28 Cv=0.73
III-73 n=7 994 x̄=115.67 s=69.35 Cv=0.60 30.82
III-74 n=34 658 x̄=80.96 s=43.34 Cv=0.54
III-75 n=9 596 x̄=175 s=92.51 Cv=0.53
III-76
频率(%)
lgx

本图主要采用1∶200 000和1∶500 000区域化探(水系沉积物测量)数据编制。其中：云南、贵州全部为1∶200 000区域化探数据；西藏为1∶200 000和1∶500 000区域化探数据混用；四川为1∶200 000区域化探数据和1∶250 000多目标地球化学调查(土壤测量)数据；重庆为1∶200 000区域化探数据和局部1∶50 000地球化学普查(水系沉积物测量)数据。

对不同采样分析批次间存在的分析含量系统偏差，按边界等效法计算出乘系数(A)和加常数(B)，对占少数的偏差数据进行调平处理。

数据网格化采用克里金法，8方位搜索，搜索半径22.5km，正方形网格边长3km。

元素含量等值线值采用累频法求取，等值面色区为19级过渡色，由蓝色到红色表示含量值由低到高的变化。

1∶8 500 000

0 85 170 255 340 km

V

累频(%)	含量($\times 10^{-6}$)
99	306
97	235
94	181
90	144
85	123
79	111
72	101
64	92.0
55	83.7
45	74.7
36	66.3
28	57.7
21	48.9
15	41.0
10	34.8
6	29.2
3	23.9
1	18.0

III-32: n=18 917, $\overline{x}$=108.4, s=73.21, C_v=0.68

III-39: n=5 819, $\overline{x}$=121.30, s=62.43, C_v=0.51

III-45: n=8 090, $\overline{x}$=95.5, s=45.97, C_v=0.48

III-77: n=55 675, $\overline{x}$=159.7, s=105.02, C_v=0.66

III-78: n=5 635, $\overline{x}$=85, s=28.26, C_v=0.33

III-88: n=10 576, $\overline{x}$=183.0, s=108.11, C_v=0.59

III-89: n=6 886, $\overline{x}$=156.9, s=74.56, C_v=0.48

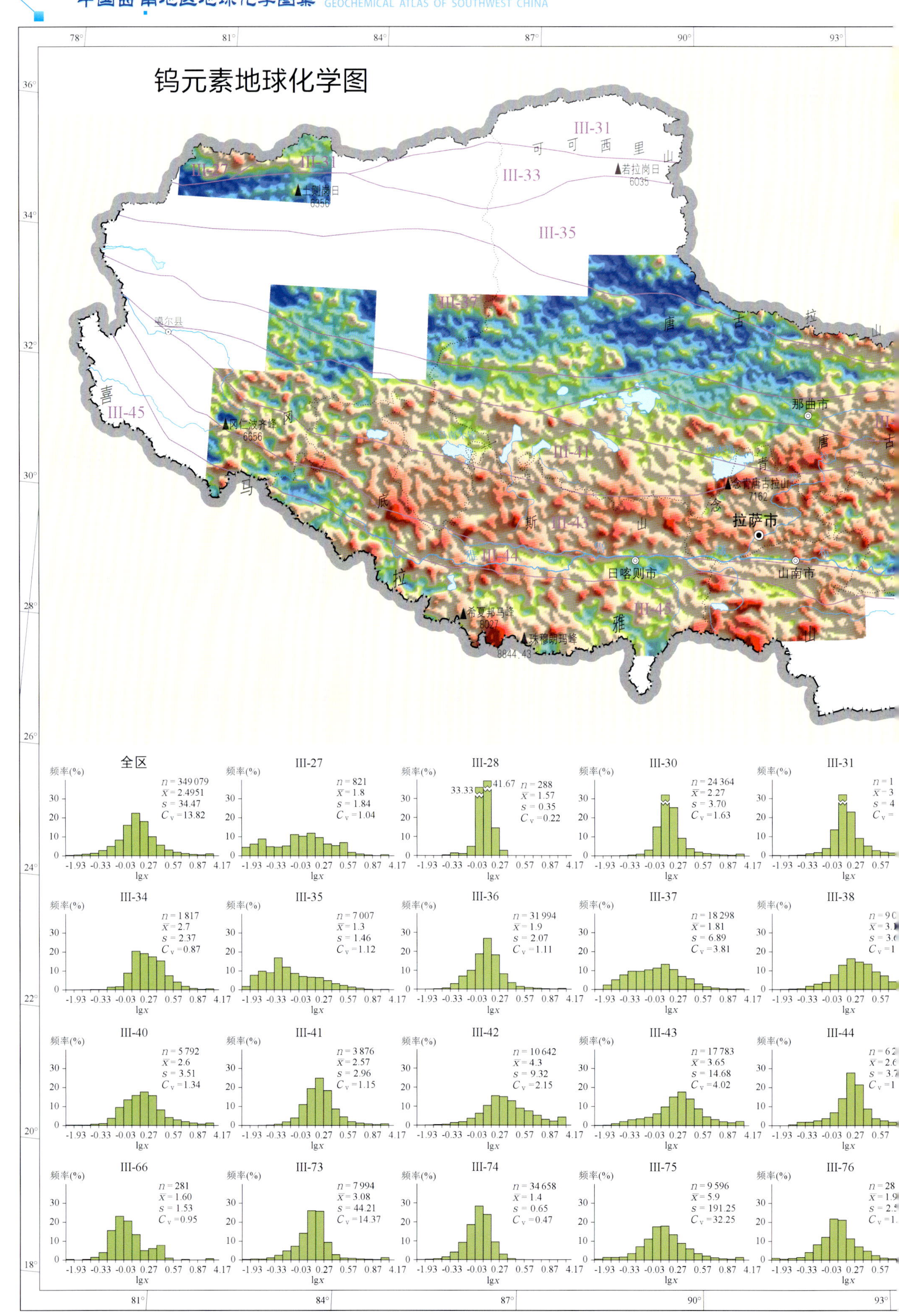
钨元素地球化学图
78° 81° 84° 87° 90° 93°
36° 34° 32° 30° 28° 26° 24° 22° 20° 18°
III-31
可 可 西 里 山
III-33
若拉岗日
6035
土则岗日
6350
III-35
III-37
唐 古 拉 山
噶尔县
那曲市
喜
III-45
冈仁波齐峰
6656
冈
III-41
念青唐古拉山
7162
马
底
斯
III-43
山
念
拉萨市
III-44
日喀则市
山南市
拉
希夏邦马峰
8027
珠穆朗玛峰
8844.43
雅
山
全区
n = 349 079
x̄ = 2.4951
s = 34.47
Cv = 13.82
III-27
n = 821
x̄ = 1.8
s = 1.84
Cv = 1.04
III-28
33.33
41.67
n = 288
x̄ = 1.57
s = 0.35
Cv = 0.22
III-30
n = 24 364
x̄ = 2.27
s = 3.70
Cv = 1.63
III-31
III-34
n = 1 817
x̄ = 2.7
s = 2.37
Cv = 0.87
III-35
n = 7 007
x̄ = 1.3
s = 1.46
Cv = 1.12
III-36
n = 31 994
x̄ = 1.9
s = 2.07
Cv = 1.11
III-37
n = 18 298
x̄ = 1.81
s = 6.89
Cv = 3.81
III-38
III-40
n = 5 792
x̄ = 2.6
s = 3.51
Cv = 1.34
III-41
n = 3 876
x̄ = 2.57
s = 2.96
Cv = 1.15
III-42
n = 10 642
x̄ = 4.3
s = 9.32
Cv = 2.15
III-43
n = 17 783
x̄ = 3.65
s = 14.68
Cv = 4.02
III-44
III-66
n = 281
x̄ = 1.60
s = 1.53
Cv = 0.95
III-73
n = 7 994
x̄ = 3.08
s = 44.21
Cv = 14.37
III-74
n = 34 658
x̄ = 1.4
s = 0.65
Cv = 0.47
III-75
n = 9 596
x̄ = 5.9
s = 191.25
Cv = 32.25
III-76
频率(%)
30 20 10 0
-1.93 -0.33 -0.03 0.27 0.57 0.87 4.17
lgx
81° 84° 87° 90° 93°

本图主要采用1：200 000和1：500 000区域化探(水系沉积物测量)数据编制。其中：云南、贵州全部为1：200 000区域化探数据；西藏为1：200 000和1：500 000区域化探数据混用；四川为1：200 000区域化探数据和1：250 000多目标地球化学调查(土壤测量)数据；重庆为1：200 000区域化探数据和局部1：50 000地球化学普查(水系沉积物测量)数据。

对不同采样分析批次间存在的分析含量系统偏差，按边界等效法计算出乘系数(A)和加常数(B)，对占少数的偏差数据进行调平处理。

数据网格化采用克里金法，8方位搜索，搜索半径22.5km，正方形网格边长3km。

元素含量等值线值采用累频法求取，等值面色区为19级过渡色，由蓝色到红色表示含量值由低到高的变化。

1：8 500 000

0 85 170 255 340 km

W

累频(%)	含量($\times 10^{-6}$)
99	7.98
97	5.40
94	4.18
90	3.46
85	2.96
79	2.59
72	2.29
64	2.05
55	1.86
45	1.67
36	1.52
28	1.39
21	1.26
15	1.14
10	1.00
6	0.84
3	0.67
1	0.49

III-32: n = 18 917, $\bar{x}$ = 2.8, s = 5.25, C_v = 1.90

III-39: n = 5 819, $\bar{x}$ = 3.6, s = 16.59, C_v = 4.60

III-45: n = 8 090, $\bar{x}$ = 3.593, s = 6.81, C_v = 1.90

III-77: n = 55 675, $\bar{x}$ = 1.8, s = 0.88, C_v = 0.48

III-78: n = 5 635, $\bar{x}$ = 1.3839, s = 0.99, C_v = 0.71

III-88: n = 10 576, $\bar{x}$ = 2.1, s = 2.49, C_v = 1.17

III-89: n = 6 886, $\bar{x}$ = 7.0, s = 36.55, C_v = 5.25

钇元素地球化学图

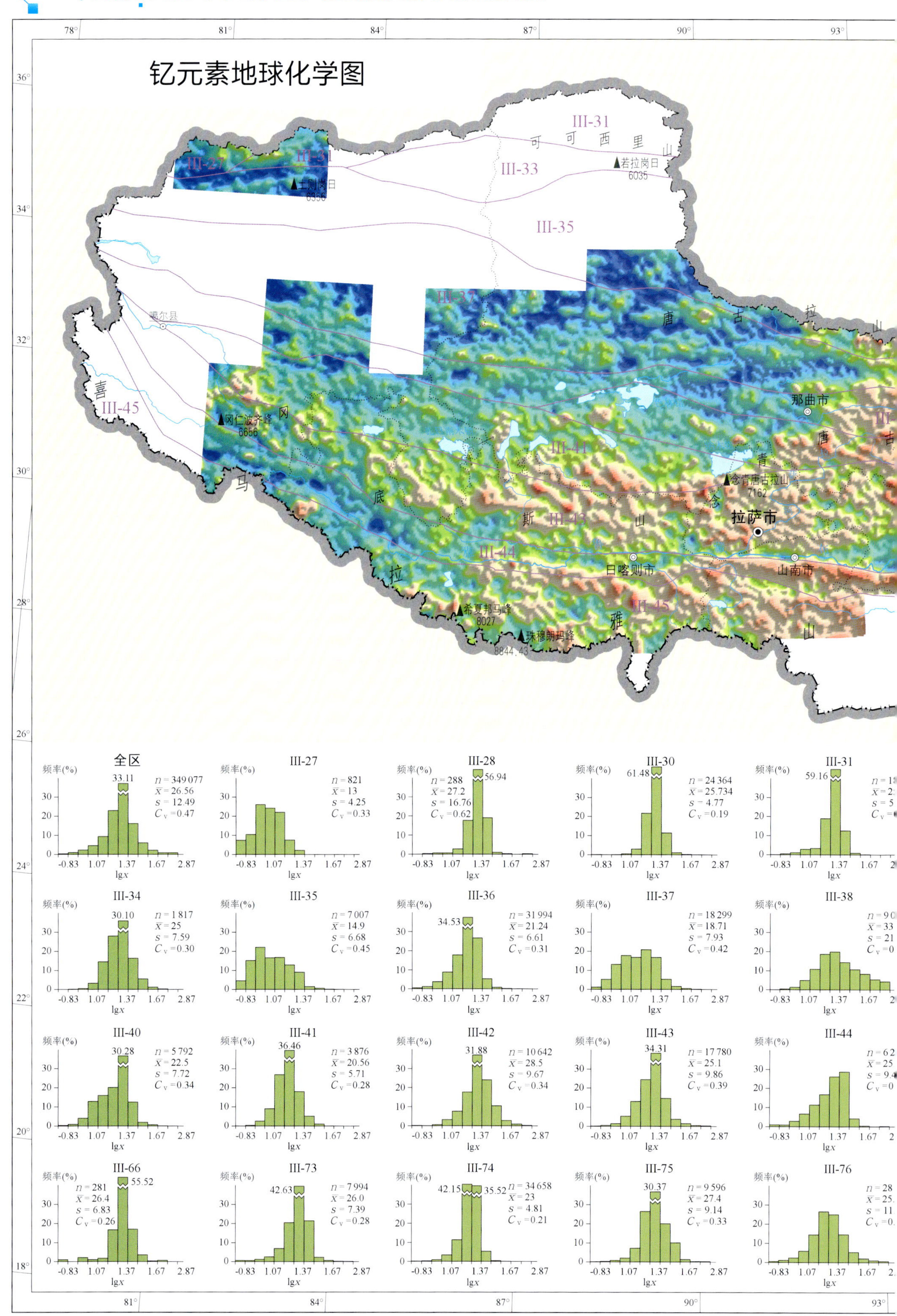

III-31
III-27
III-33
III-35
III-37
III-41
III-43
III-44
III-45
可可西里山
若拉岗日
6035
土则岗日
6356
噶尔县
冈仁波齐峰
6656
唐古拉山
那曲市
念青唐古拉山
7162
拉萨市
日喀则市
山南市
希夏邦马峰
8027
珠穆朗玛峰
8844.43
喜马拉雅山
冈底斯山
全区 n=349 077 X=26.56 s=12.49 Cv=0.47
III-27 n=821 X=13 s=4.25 Cv=0.33
III-28 n=288 X=27.2 s=16.76 Cv=0.62
III-30 n=24 364 X=25.734 s=4.77 Cv=0.19
III-34 n=1 817 X=25 s=7.59 Cv=0.30
III-35 n=7 007 X=14.9 s=6.68 Cv=0.45
III-36 n=31 994 X=21.24 s=6.61 Cv=0.31
III-37 n=18 299 X=18.71 s=7.93 Cv=0.42
III-40 n=5 792 X=22.5 s=5.71 Cv=0.34
III-41 n=3 876 X=20.56 s=5.71 Cv=0.28
III-42 n=10 642 X=28.5 s=9.67 Cv=0.34
III-43 n=17 780 X=25.1 s=9.86 Cv=0.39
III-66 n=281 X=26.4 s=6.83 Cv=0.26
III-73 n=7 994 X=26.0 s=7.39 Cv=0.28
III-74 n=34 658 X=23 s=4.81 Cv=0.21
III-75 n=9 596 X=27.4 s=9.14 Cv=0.33
频率(%)
lgx

本图主要采用1：200 000和1：500 000区域化探(水系沉积物测量)数据编制。其中：云南、贵州全部为1：200 000区域化探数据；西藏为1：200 000和1：500 000区域化探数据混用；四川为1：200 000区域化探数据和1：250 000多目标地球化学调查(土壤测量)数据；重庆为1：200 000区域化探数据和局部1：50 000地球化学普查(水系沉积物测量)数据。

对不同采样分析批次间存在的分析含量系统偏差，按边界等效法计算出乘系数(A)和加常数(B)，对占少数的偏差数据进行调平处理。

数据网格化采用克里金法，8方位搜索，搜索半径22.5km，正方形网格边长3km。

元素含量等值线值采用累频法求取，等值面色区为19级过渡色，由蓝色到红色表示含量值由低到高的变化。

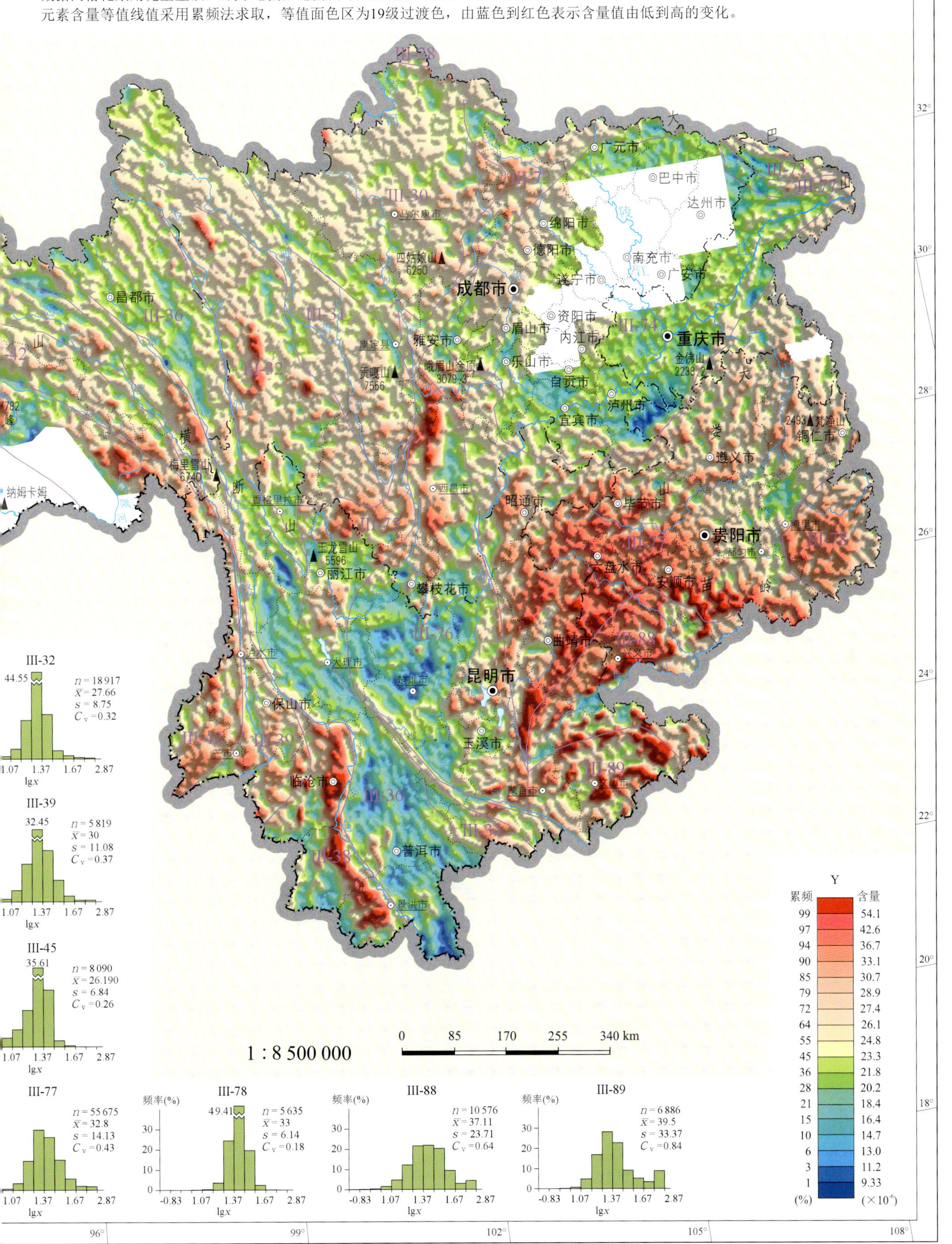

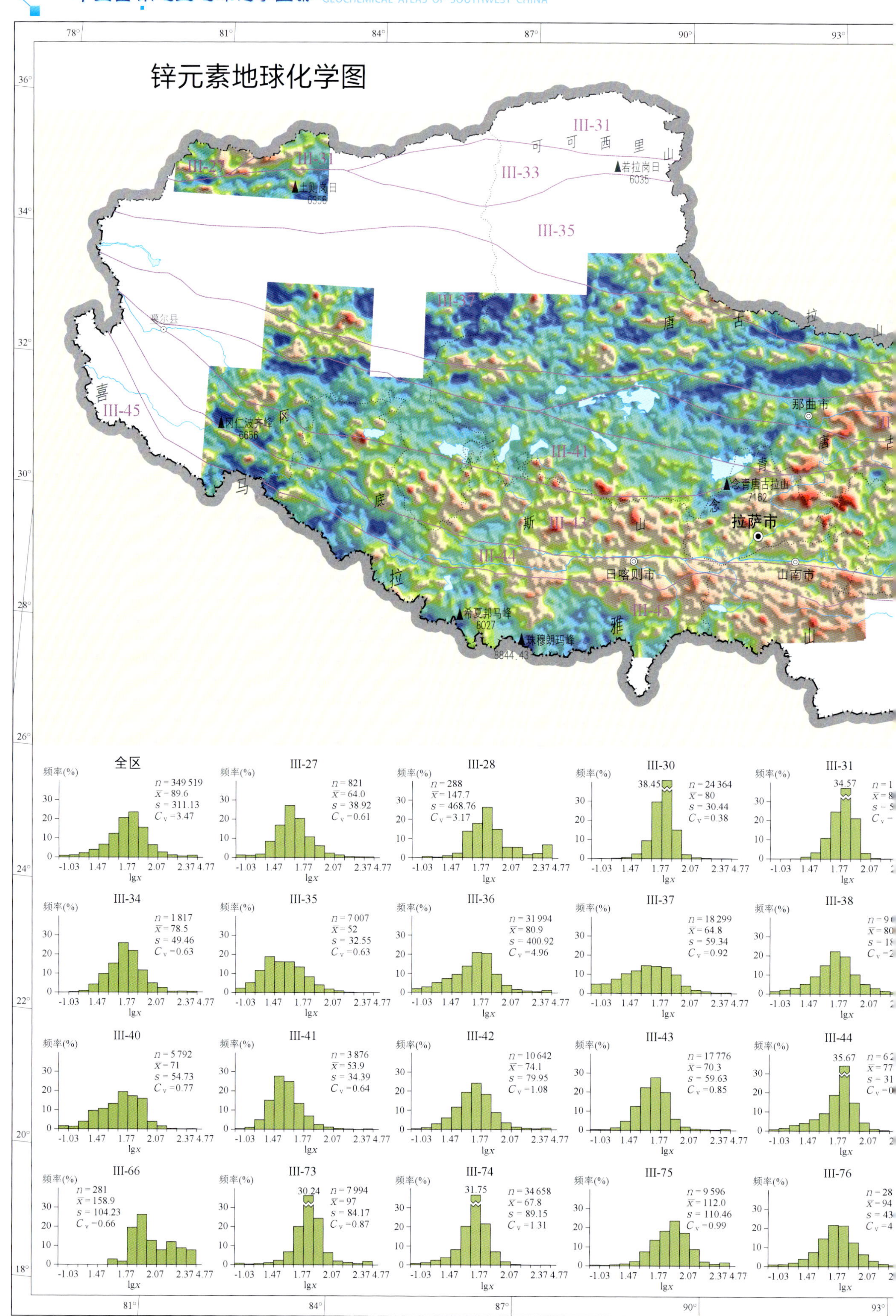

锌元素地球化学图
78° 81° 84° 87° 90° 93°
36° 34° 32° 30° 28° 26° 24° 22° 20° 18°
III-31
可 可 西 里 山
III-33
若拉岗日 6035
III-27
土则岗日 6356
III-35
III-37
唐 古 拉 山
噶尔县
喜
III-45
冈仁波齐峰 6656
冈
那曲市
III-41
念青唐古拉山 7162
马
底
斯
III-43
山
念
青
唐
拉萨市
III-44
日喀则市
山南市
拉
希夏邦马峰 8027
珠穆朗玛峰 8844.43
雅
III-45
全区
频率(%)
n=349 519
$\bar{X}$=89.6
s=311.13
C_v=3.47
III-27
n=821
$\bar{X}$=64.0
s=38.92
C_v=0.61
III-28
n=288
$\bar{X}$=147.7
s=468.76
C_v=3.17
III-30
38.45
n=24 364
$\bar{X}$=80
s=30.44
C_v=0.38
III-31
34.57
III-34
n=1 817
$\bar{X}$=78.5
s=49.46
C_v=0.63
III-35
n=7 007
$\bar{X}$=52
s=32.55
C_v=0.63
III-36
n=31 994
$\bar{X}$=80.9
s=400.92
C_v=4.96
III-37
n=18 299
$\bar{X}$=64.8
s=59.34
C_v=0.92
III-38
III-40
n=5 792
$\bar{X}$=71
s=54.73
C_v=0.77
III-41
n=3 876
$\bar{X}$=53.9
s=34.39
C_v=0.64
III-42
n=10 642
$\bar{X}$=74.1
s=79.95
C_v=1.08
III-43
n=17 776
$\bar{X}$=70.3
s=59.63
C_v=0.85
III-44
35.67
III-66
n=281
$\bar{X}$=158.9
s=104.23
C_v=0.66
III-73
30.24
n=7 994
$\bar{X}$=97
s=84.17
C_v=0.87
III-74
31.75
n=34 658
$\bar{X}$=67.8
s=89.15
C_v=1.31
III-75
n=9 596
$\bar{X}$=112.0
s=110.46
C_v=0.99
III-76
0 10 20 30
-1.03 1.47 1.77 2.07 2.37 4.77
lg$x$

本图主要采用1∶200 000和1∶500 000区域化探(水系沉积物测量)数据编制。其中：云南、贵州全部为1∶200 000区域化探数据；西藏为1∶200 000和1∶500 000区域化探数据混用；四川为1∶200 000区域化探数据和1∶250 000多目标地球化学调查(土壤测量)数据；重庆为1∶200 000区域化探数据和局部1∶50 000地球化学普查(水系沉积物测量)数据。

对不同采样分析批次间存在的分析含量系统偏差，按边界等效法计算出乘系数(A)和加常数(B)，对占少数的偏差数据进行调平处理。

数据网格化采用克里金法，8方位搜索，搜索半径22.5km，正方形网格边长3km。

元素含量等值线值采用累频法求取，等值面色区为19级过渡色，由蓝色到红色表示含量值由低到高的变化。

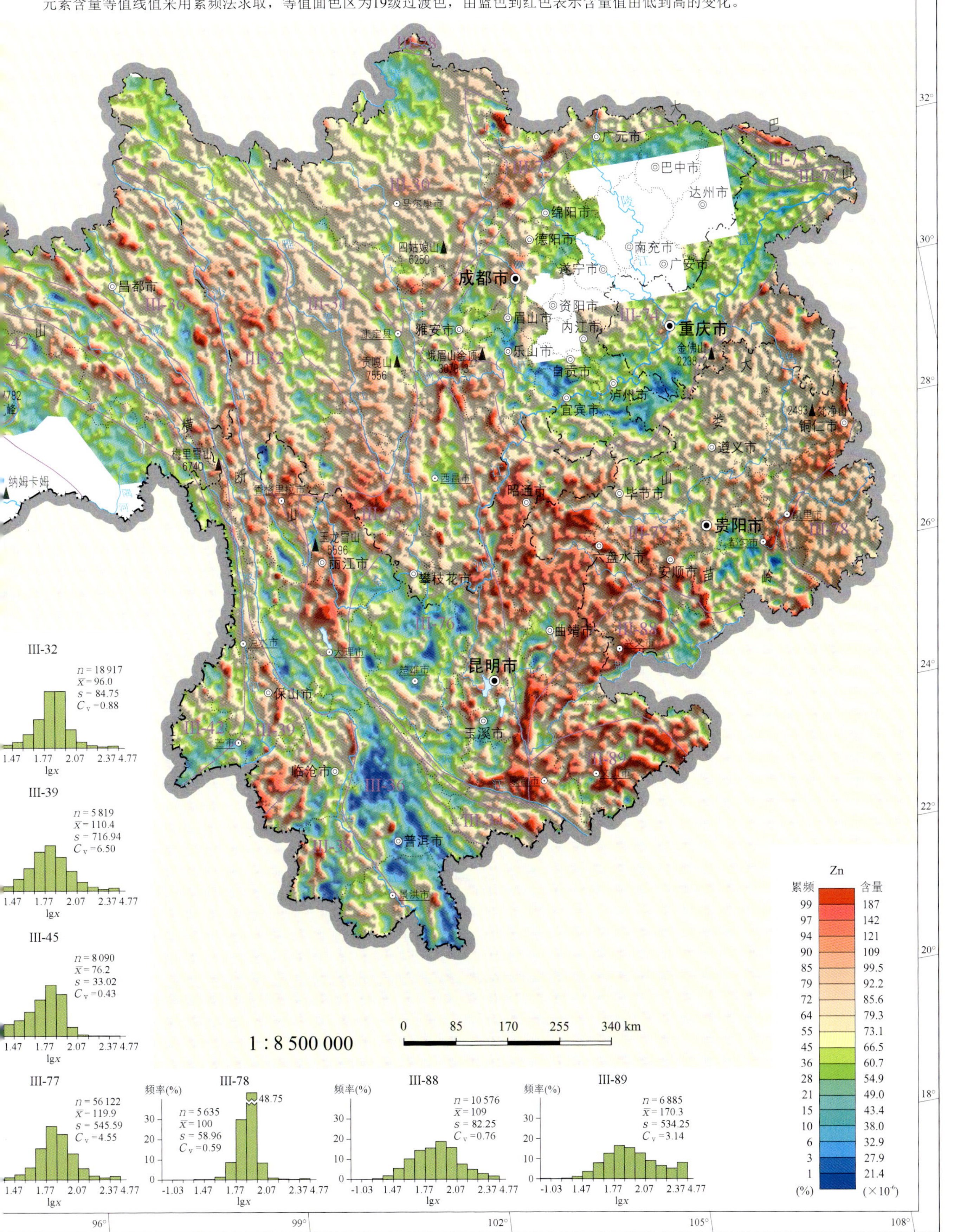

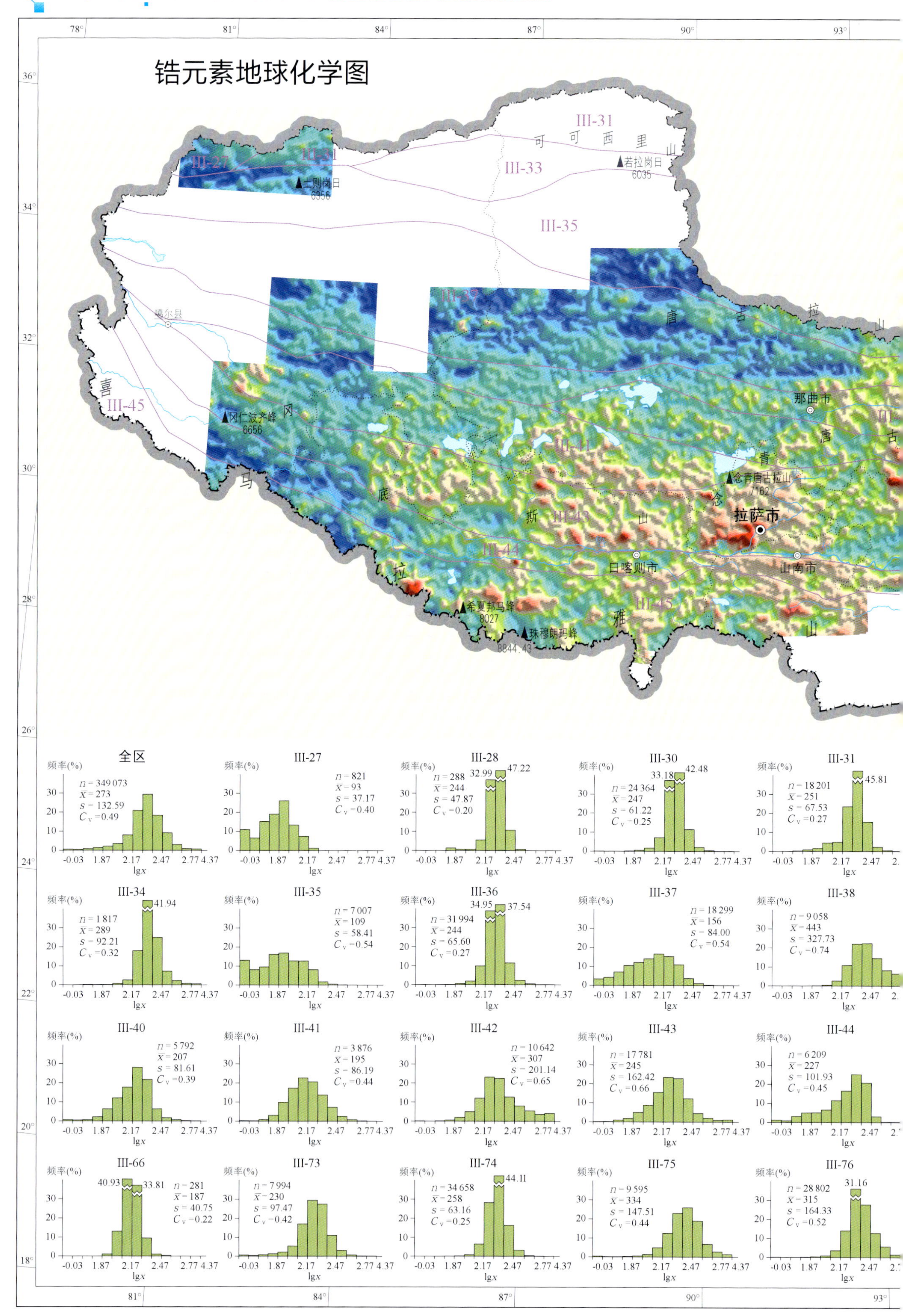

锆元素地球化学图
78° 81° 84° 87° 90° 93°
36° 34° 32° 30° 28° 26° 24° 22° 20° 18°
III-31
可 可 西 里 山
III-27
III-31
▲土则岗日 6356
III-33
▲若拉岗日 6035
III-35
III-37
唐 古 拉 山
噶尔县
喜
III-45
▲冈仁波齐峰 6656
冈
马
底
斯
III-41
III-43
山
那曲市
唐
古
青
▲念青唐古拉山 7162
念
拉萨市
III-44
日喀则市
山南市
拉
▲希夏邦马峰 8027
▲珠穆朗玛峰 8844.43
III-45
雅
山
全区
频率(%)
n = 349 073
$\bar{X}$ = 273
s = 132.59
C_v = 0.49
III-27
n = 821
$\bar{X}$ = 93
s = 37.17
C_v = 0.40
III-28
n = 288
$\bar{X}$ = 244
s = 47.87
C_v = 0.20
32.99 47.22
III-30
n = 24 364
$\bar{X}$ = 247
s = 61.22
C_v = 0.25
33.18 42.48
III-31
n = 18 201
$\bar{X}$ = 251
s = 67.53
C_v = 0.27
45.81
III-34
n = 1 817
$\bar{X}$ = 289
s = 92.21
C_v = 0.32
41.94
III-35
n = 7 007
$\bar{X}$ = 109
s = 58.41
C_v = 0.54
III-36
n = 31 994
$\bar{X}$ = 244
s = 65.60
C_v = 0.27
34.95 37.54
III-37
n = 18 299
$\bar{X}$ = 156
s = 84.00
C_v = 0.54
III-38
n = 9 058
$\bar{X}$ = 443
s = 327.73
C_v = 0.74
III-40
n = 5 792
$\bar{X}$ = 207
s = 81.61
C_v = 0.39
III-41
n = 3 876
$\bar{X}$ = 195
s = 86.19
C_v = 0.44
III-42
n = 10 642
$\bar{X}$ = 307
s = 201.14
C_v = 0.65
III-43
n = 17 781
$\bar{X}$ = 245
s = 162.42
C_v = 0.66
III-44
n = 6 209
$\bar{X}$ = 227
s = 101.93
C_v = 0.45
III-66
n = 281
$\bar{X}$ = 187
s = 40.75
C_v = 0.22
40.93 33.81
III-73
n = 7 994
$\bar{X}$ = 230
s = 97.47
C_v = 0.42
III-74
n = 34 658
$\bar{X}$ = 258
s = 63.16
C_v = 0.25
44.11
III-75
n = 9 595
$\bar{X}$ = 334
s = 147.51
C_v = 0.44
III-76
n = 28 802
$\bar{X}$ = 315
s = 164.33
C_v = 0.52
31.16
0 10 20 30
-0.03 1.87 2.17 2.47 2.77 4.37
lgx
81° 84° 87° 90° 93°

本图主要采用1∶200 000和1∶500 000区域化探(水系沉积物测量)数据编制。其中：云南、贵州全部为1∶200 000区域化探数据；西藏为1∶200 000和1∶500 000区域化探数据混用；四川为1∶200 000区域化探数据和1∶250 000多目标地球化学调查(土壤测量)数据；重庆为1∶200 000区域化探数据和局部1∶50 000地球化学普查(水系沉积物测量)数据。

对不同采样分析批次间存在的分析含量系统偏差，按边界等效法计算出乘系数(A)和加常数(B)，对占少数的偏差数据进行调平处理。

数据网格化采用克里金法，8方位搜索，搜索半径22.5km，正方形网格边长3km。

元素含量等值线值采用累频法求取，等值面色区为19级过渡色，由蓝色到红色表示含量值由低到高的变化。

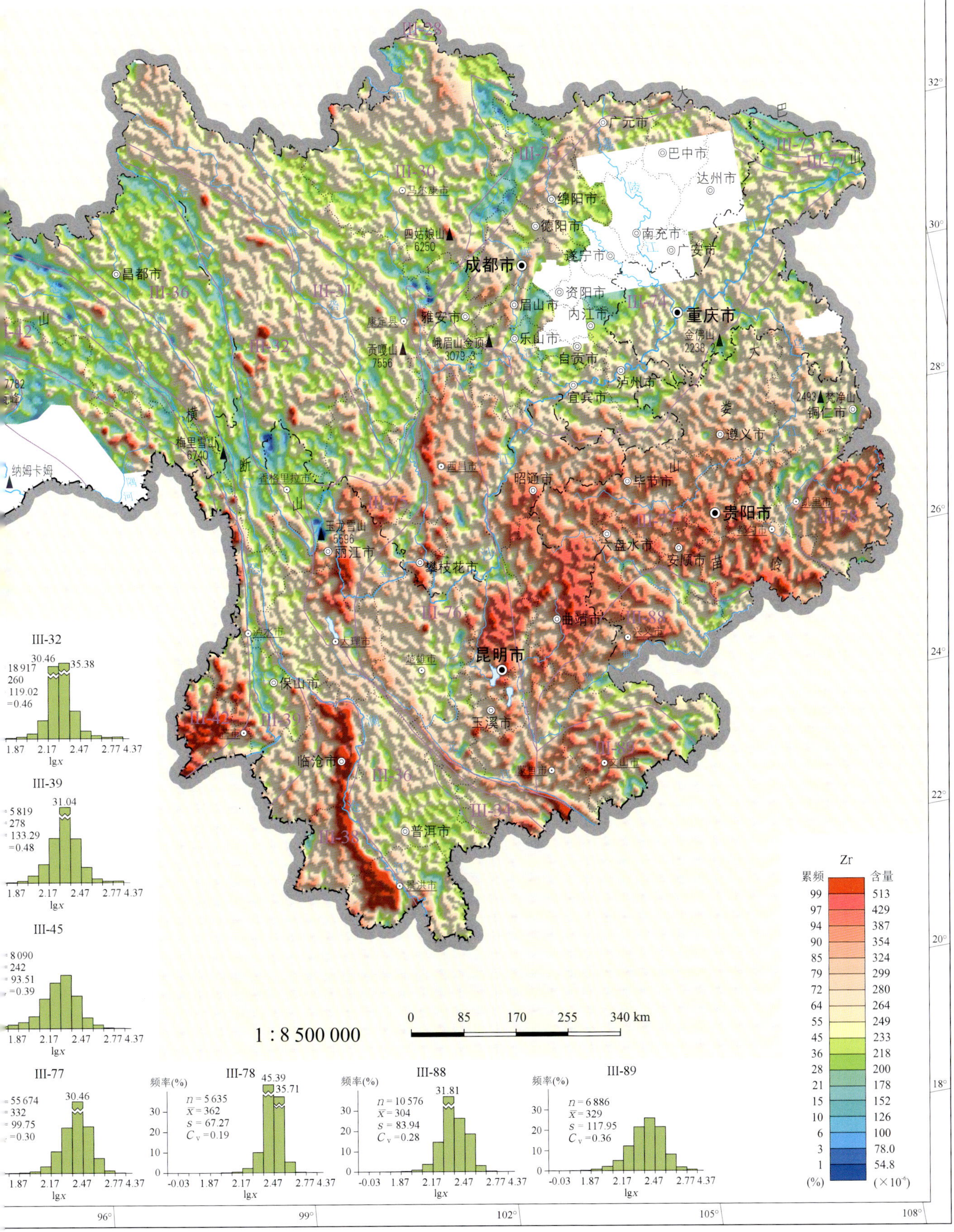

1∶8 500 000

0 85 170 255 340 km

Zr

累频 (%)	含量 ($\times10^{-6}$)
99	513
97	429
94	387
90	354
85	324
79	299
72	280
64	264
55	249
45	233
36	218
28	200
21	178
15	152
10	126
6	100
3	78.0
1	54.8

III-32

III-39

III-45

III-77

III-78：$n=5\,635$，$\overline{X}=362$，$s=67.27$，$C_v=0.19$

III-88：$n=10\,576$，$\overline{X}=304$，$s=83.94$，$C_v=0.28$

III-89：$n=6\,886$，$\overline{X}=329$，$s=117.95$，$C_v=0.36$

二氧化硅地球化学图

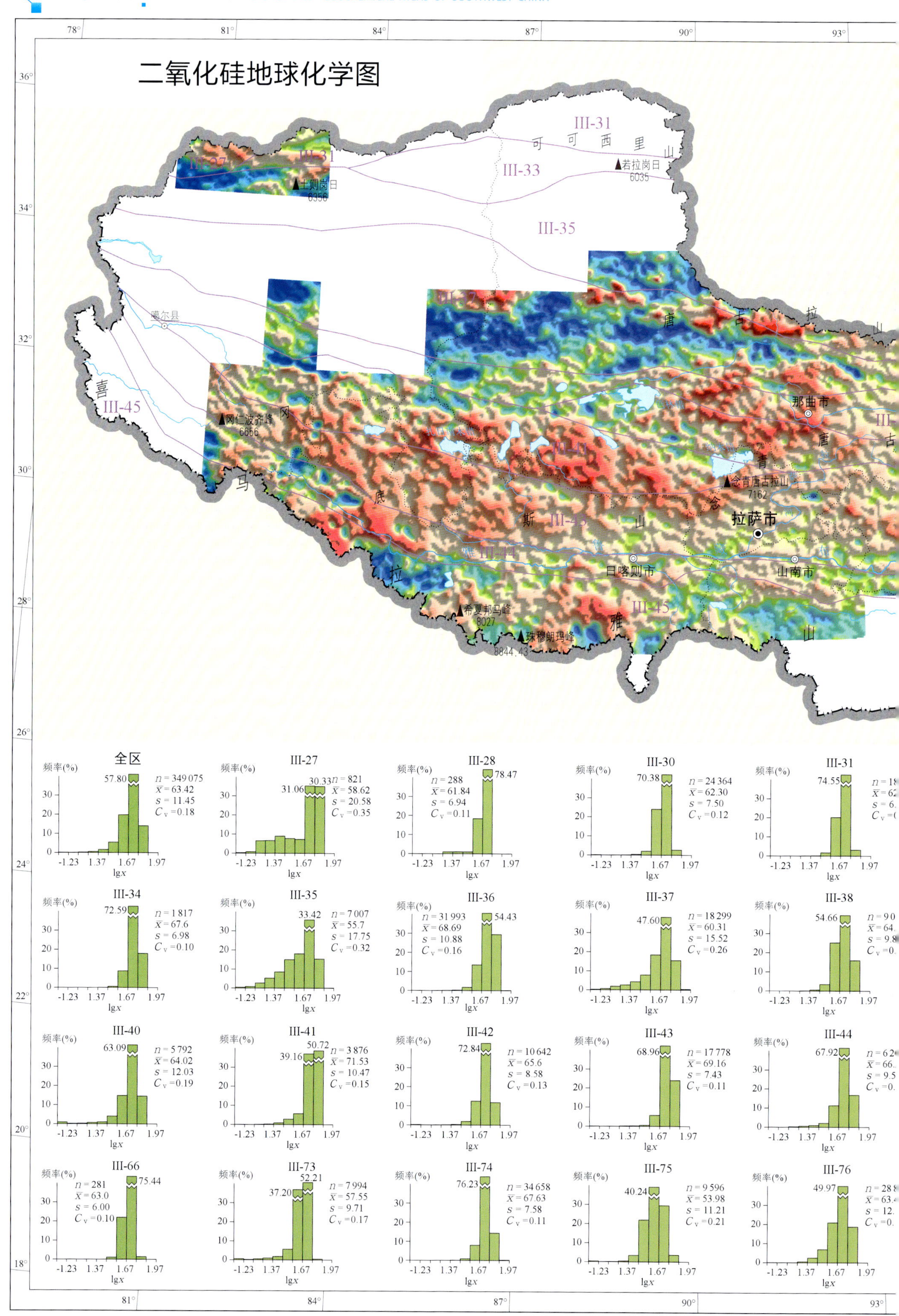

III-31
可 可 西 里 山
III-33
若拉岗日
6035
土则岗日
6356
III-35
噶尔县
唐 古 拉 山
那曲市
喜
III-45
冈仁波齐峰
6656
冈
马
底
斯
念
青
唐
古
念青唐古拉山
7162
拉萨市
日喀则市
山南市
拉
希夏邦马峰
8027
珠穆朗玛峰
8844.43
雅
山
全区
n = 349 075
$\bar{x}$ = 63.42
s = 11.45
C_v = 0.18
57.80
III-27
n = 821
$\bar{x}$ = 58.62
s = 20.58
C_v = 0.35
31.06
30.33
III-28
n = 288
$\bar{x}$ = 61.84
s = 6.94
C_v = 0.11
78.47
III-30
n = 24 364
$\bar{x}$ = 62.30
s = 7.50
C_v = 0.12
70.38
III-31
74.55
III-34
n = 1 817
$\bar{x}$ = 67.6
s = 6.98
C_v = 0.10
72.59
III-35
n = 7 007
$\bar{x}$ = 55.7
s = 17.75
C_v = 0.32
33.42
III-36
n = 31 993
$\bar{x}$ = 68.69
s = 10.88
C_v = 0.16
54.43
III-37
n = 18 299
$\bar{x}$ = 60.31
s = 15.52
C_v = 0.26
47.60
III-38
54.66
III-40
n = 5 792
$\bar{x}$ = 64.02
s = 12.03
C_v = 0.19
63.09
III-41
n = 3 876
$\bar{x}$ = 71.53
s = 10.47
C_v = 0.15
39.16
50.72
III-42
n = 10 642
$\bar{x}$ = 65.6
s = 8.58
C_v = 0.13
72.84
III-43
n = 17 778
$\bar{x}$ = 69.16
s = 7.43
C_v = 0.11
68.96
III-44
67.92
III-66
n = 281
$\bar{x}$ = 63.0
s = 6.00
C_v = 0.10
75.44
III-73
n = 7 994
$\bar{x}$ = 57.55
s = 9.71
C_v = 0.17
37.20
52.21
III-74
n = 34 658
$\bar{x}$ = 67.63
s = 7.58
C_v = 0.11
76.23
III-75
n = 9 596
$\bar{x}$ = 53.98
s = 11.21
C_v = 0.21
40.24
III-76
49.97
频率(%)
lgx

本图主要采用1∶200 000和1∶500 000区域化探(水系沉积物测量)数据编制。其中：云南、贵州全部为1∶200 000区域化探数据；西藏为1∶200 000和1∶500 000区域化探数据混用；四川为1∶200 000区域化探数据和1∶250 000多目标地球化学调查(土壤测量)数据；重庆为1∶200 000区域化探数据和局部1∶50 000地球化学普查(水系沉积物测量)数据。

对不同采样分析批次间存在的分析含量系统偏差，按边界等效法计算出乘系数(A)和加常数(B)，对占少数的偏差数据进行调平处理。

数据网格化采用克里金法，8方位搜索，搜索半径22.5km，正方形网格边长3km。

元素含量等值线值采用累频法求取，等值面色区为19级过渡色，由蓝色到红色表示含量值由低到高的变化。

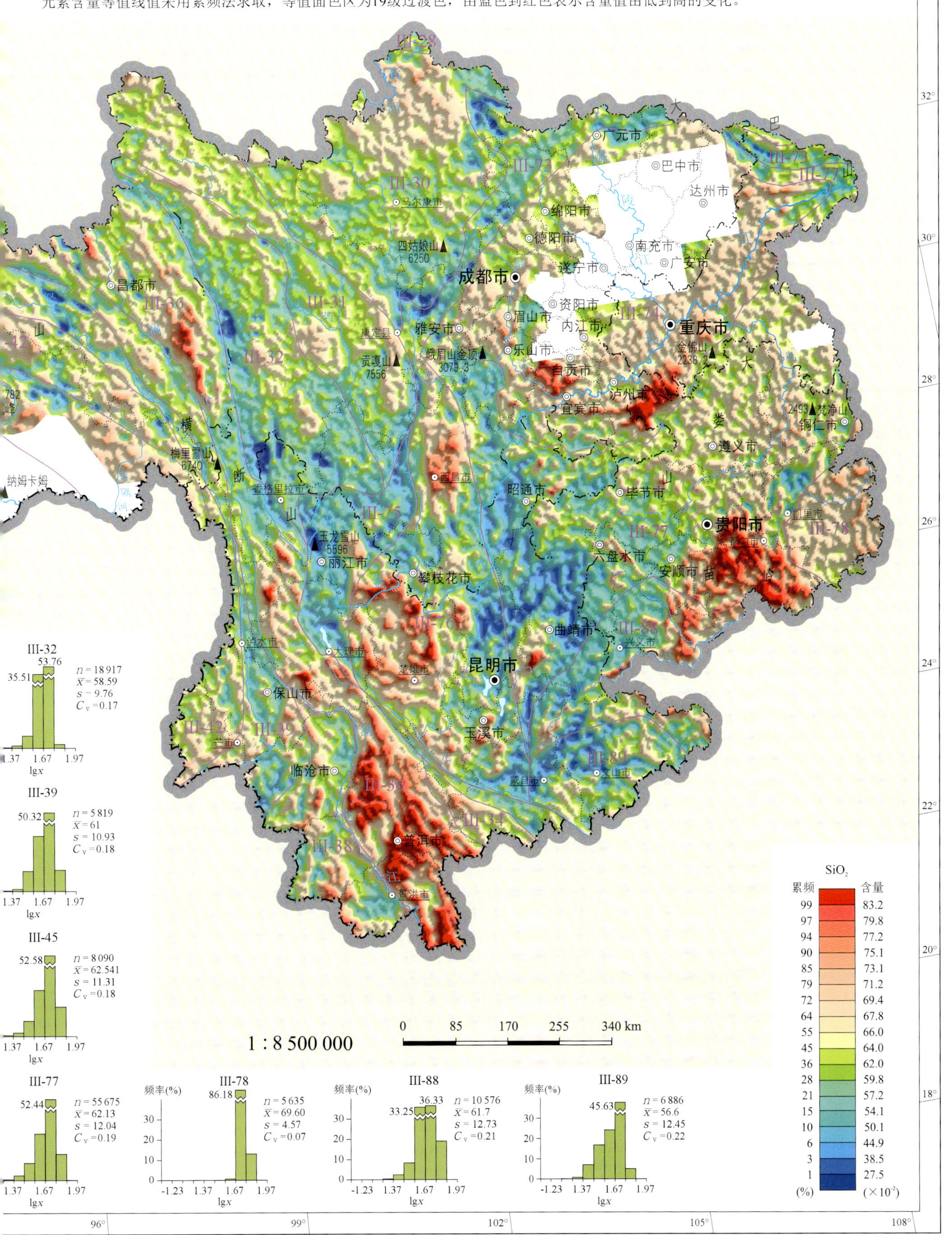

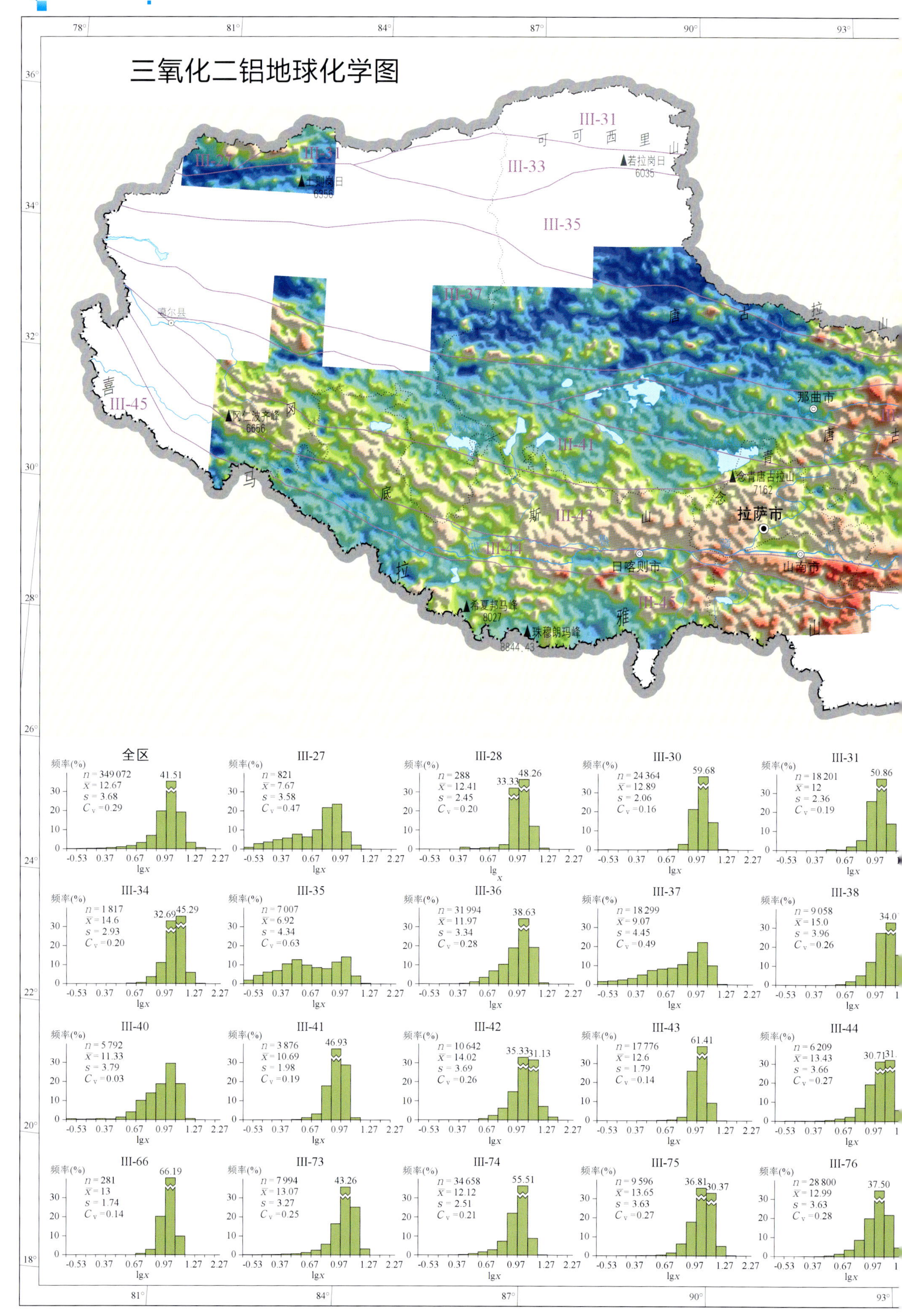
三氧化二铝地球化学图
III-31
III-33
III-35
III-37
III-41
III-43
III-44
III-45
可可西里山
唐古拉山
喜马拉雅山
冈底斯山
念青唐古拉山
若拉岗日 6035
冈仁波齐峰 6656
希夏邦马峰 8027
珠穆朗玛峰 8844.43
拉萨市
那曲市
日喀则市
山南市
噶尔县
全区 n=349 072 x̄=12.67 s=3.68 Cv=0.29 41.51
III-27 n=821 x̄=7.67 s=3.58 Cv=0.47
III-28 n=288 x̄=12.41 s=2.45 Cv=0.20 33.33 48.26
III-30 n=24 364 x̄=12.89 s=2.06 Cv=0.16 59.68
III-31 n=18 201 x̄=12 s=2.36 Cv=0.19 50.86
III-34 n=1 817 x̄=14.6 s=2.93 Cv=0.20 32.69 45.29
III-35 n=7 007 x̄=6.92 s=4.34 Cv=0.63
III-36 n=31 994 x̄=11.97 s=3.34 Cv=0.28 38.63
III-37 n=18 299 x̄=9.07 s=4.45 Cv=0.49
III-38 n=9 058 x̄=15.0 s=3.96 Cv=0.26 34.0
III-40 n=5 792 x̄=11.33 s=3.79 Cv=0.03
III-41 n=3 876 x̄=10.69 s=1.98 Cv=0.19 46.93
III-42 n=10 642 x̄=14.02 s=3.69 Cv=0.26 35.33 31.13
III-43 n=17 776 x̄=12.6 s=1.79 Cv=0.14 61.41
III-44 n=6 209 x̄=13.43 s=3.66 Cv=0.27 30.71 31
III-66 n=281 x̄=13 s=1.74 Cv=0.14 66.19
III-73 n=7 994 x̄=13.07 s=3.27 Cv=0.25 43.26
III-74 n=34 658 x̄=12.12 s=2.51 Cv=0.21 55.51
III-75 n=9 596 x̄=13.65 s=3.63 Cv=0.27 36.81 30.37
III-76 n=28 800 x̄=12.99 s=3.63 Cv=0.28 37.50
频率(%)
lgx
-0.53 0.37 0.67 0.97 1.27 2.27

本图主要采用1 : 200 000和1 : 500 000区域化探(水系沉积物测量)数据编制。其中：云南、贵州全部为1 : 200 000区域化探数据；西藏为1 : 200 000和1 : 500 000区域化探数据混用；四川为1 : 200 000区域化探数据和1 : 250 000多目标地球化学调查(土壤测量)数据；重庆为1 : 200 000区域化探数据和局部1 : 50 000地球化学普查(水系沉积物测量)数据。

对不同采样分析批次间存在的分析含量系统偏差，按边界等效法计算出乘系数(A)和加常数(B)，对占少数的偏差数据进行调平处理。

数据网格化采用克里金法，8方位搜索，搜索半径22.5km，正方形网格边长3km。

氧化物含量等值线值采用累频法求取，等值面色区为19级过渡色，由蓝色到红色表示含量值由低到高的变化。

1 : 8 500 000

0 85 170 255 340 km

Al_2O_3

累频(%)	含量($\times 10^{-2}$)
99	19.8
97	17.5
94	16.3
90	15.4
85	14.7
79	14.1
72	13.6
64	13.1
55	12.6
45	12.0
36	11.4
28	10.7
21	9.97
15	9.04
10	7.94
6	6.66
3	4.89
1	3.19

III-32: 18 917, 12.85, 2.56, =0.20; 52.85

III-39: 5 819, 15, 3.16, =0.21; 35.54, 37.64

III-45: 8 090, 12.676, 3.13, =0.25; 35.19

III-77: 55 675, 13.13, 3.64, =0.28; 39.71

III-78: n = 5 636, $\bar{x}$ = 14.60, s = 1.96, C_v = 0.13; 43.80, 47.83

III-88: n = 10 576, $\bar{x}$ = 14.2, s = 4.97, C_v = 0.35

III-89: n = 6 886, $\bar{x}$ = 17.3, s = 4.53, C_v = 0.26; 35.43

频率(%) ; lg$x$

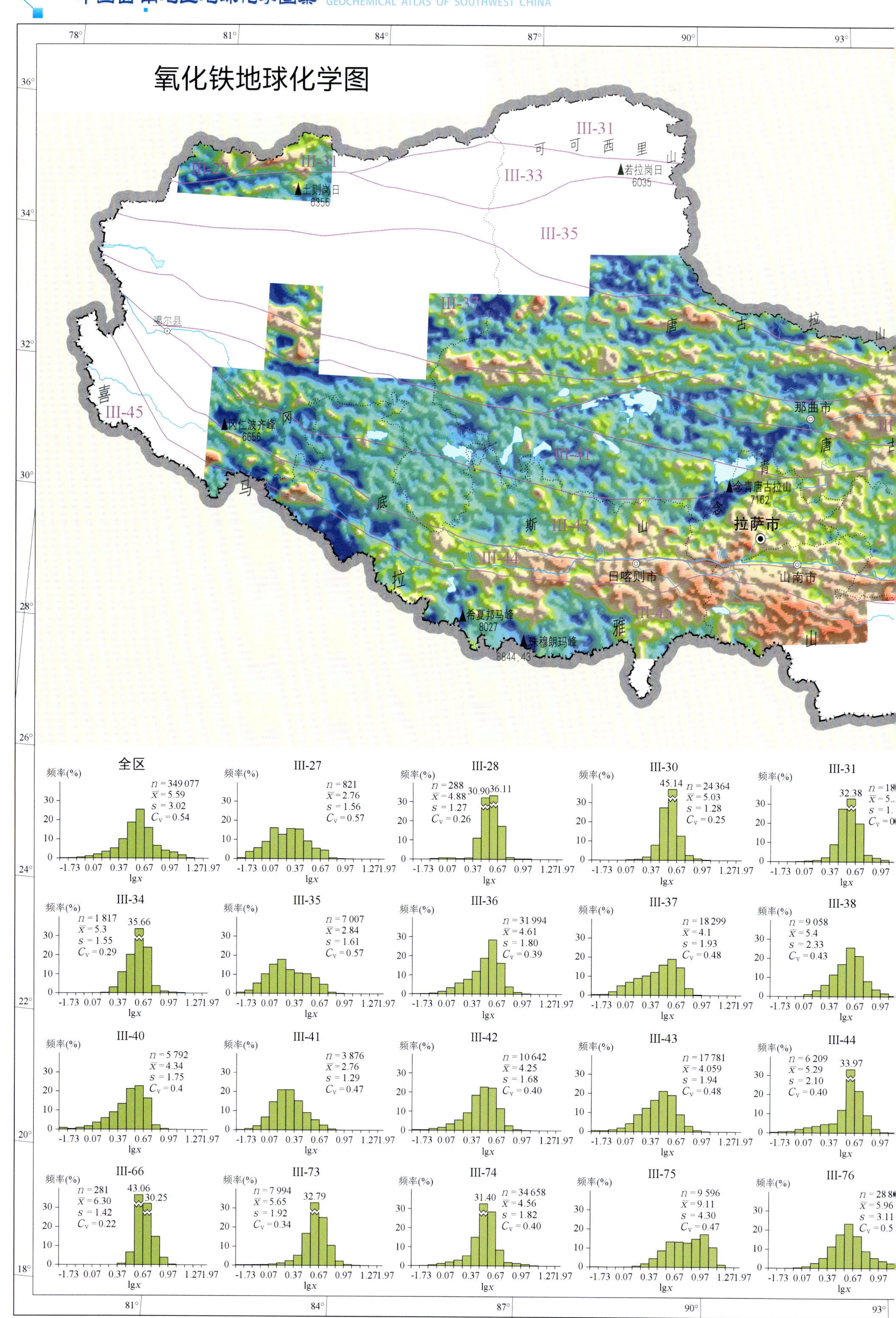

氧化铁地球化学图
可可西里山
若拉岗日 6035
土则岗日 6356
噶尔县
冈仁波齐峰 6666
唐古拉山
那曲市
念青唐古拉山 7162
拉萨市
日喀则市
山南市
希夏邦马峰 8027
珠穆朗玛峰 8844.43
喜马拉雅山
冈底斯山
全区
III-27
III-28
III-30
III-31
III-34
III-35
III-36
III-37
III-38
III-40
III-41
III-42
III-43
III-44
III-66
III-73
III-74
III-75
III-76
频率(%)
lgx

本图主要采用1∶200 000和1∶500 000区域化探(水系沉积物测量)数据编制。其中：云南、贵州全部为1∶200 000区域化探数据；西藏为1∶200 000和1∶500 000区域化探数据混用；四川为1∶200 000区域化探数据和1∶250 000多目标地球化学调查(土壤测量)数据；重庆为1∶200 000区域化探数据和局部1∶50 000地球化学普查(水系沉积物测量)数据。

对不同采样分析批次间存在的分析含量系统偏差，按边界等效法计算出乘系数(A)和加常数(B)，对占少数的偏差数据进行调平处理。

数据网格化采用克里金法，8方位搜索，搜索半径22.5km，正方形网格边长3km。

氧化物含量等值线值采用累频法求取，等值面色区为19级过渡色，由蓝色到红色表示含量值由低到高的变化。

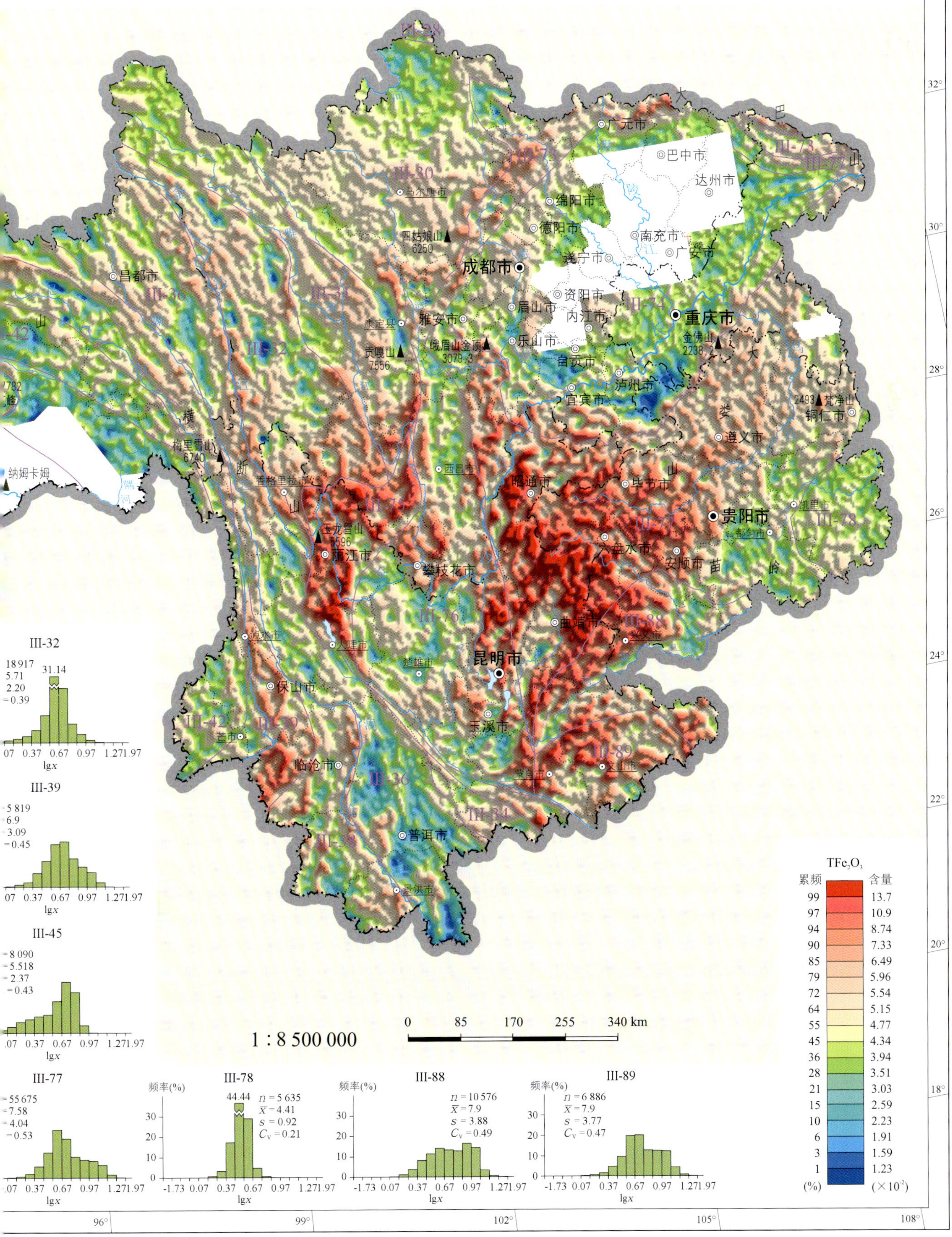

1∶8 500 000

0 85 170 255 340 km

TFe_2O_3

累频(%)	含量($\times10^{-2}$)
99	13.7
97	10.9
94	8.74
90	7.33
85	6.49
79	5.96
72	5.54
64	5.15
55	4.77
45	4.34
36	3.94
28	3.51
21	3.03
15	2.59
10	2.23
6	1.91
3	1.59
1	1.23

III-78: $n=5\,635$, $\bar{x}=4.41$, $s=0.92$, $C_v=0.21$

III-88: $n=10\,576$, $\bar{x}=7.9$, $s=3.88$, $C_v=0.49$

III-89: $n=6\,886$, $\bar{x}=7.9$, $s=3.77$, $C_v=0.47$

氧化钙地球化学图

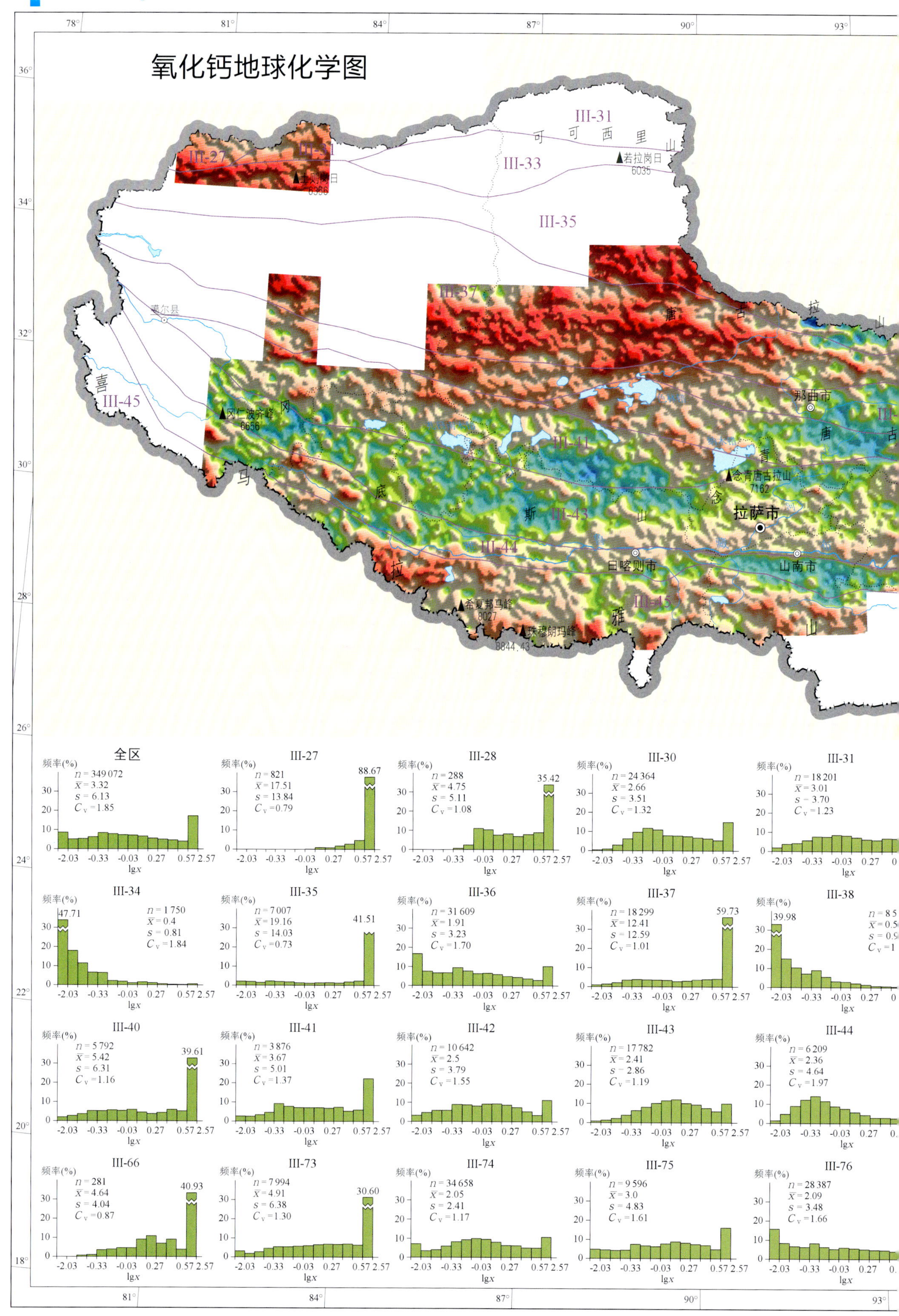

III-31
可 可 西 里 山
III-27
III-33
▲若拉岗日 6035
▲土则岗日 6356
III-35
III-37
噶尔县
唐 古 拉 山
喜
III-45
▲冈仁波齐峰 6656
冈
那曲市
III-41
马
底
斯
III-43
山
▲念青唐古拉山 7162
念
青
拉萨市
III-44
日喀则市
山南市
拉
▲希夏邦马峰 8027
▲珠穆朗玛峰 8844.43
雅
III-45
全区
n=349 072
x̄=3.32
s=6.13
Cv=1.85
III-27
n=821
x̄=17.51
s=13.84
Cv=0.79
88.67
III-28
n=288
x̄=4.75
s=5.11
Cv=1.08
35.42
III-30
n=24 364
x̄=2.66
s=3.51
Cv=1.32
III-31
n=18 201
x̄=3.01
s=3.70
Cv=1.23
III-34
47.71
n=1 750
x̄=0.4
s=0.81
Cv=1.84
III-35
n=7 007
x̄=19.16
s=14.03
Cv=0.73
41.51
III-36
n=31 609
x̄=1.91
s=3.23
Cv=1.70
III-37
n=18 299
x̄=12.41
s=12.59
Cv=1.01
59.73
III-38
39.98
III-40
n=5 792
x̄=5.42
s=6.31
Cv=1.16
39.61
III-41
n=3 876
x̄=3.67
s=5.01
Cv=1.37
III-42
n=10 642
x̄=2.5
s=3.79
Cv=1.55
III-43
n=17 782
x̄=2.41
s=2.86
Cv=1.19
III-44
n=6 209
x̄=2.36
s=4.64
Cv=1.97
III-66
n=281
x̄=4.64
s=4.04
Cv=0.87
40.93
III-73
n=7 994
x̄=4.91
s=6.38
Cv=1.30
30.60
III-74
n=34 658
x̄=2.05
s=2.41
Cv=1.17
III-75
n=9 596
x̄=3.0
s=4.83
Cv=1.61
III-76
n=28 387
x̄=2.09
s=3.48
Cv=1.66
频率(%)
lgx
-2.03 -0.33 -0.03 0.27 0.57 2.57

本图主要采用1：200 000和1：500 000区域化探(水系沉积物测量)数据编制。其中：云南、贵州全部为1：200 000区域化探数据；西藏为1：200 000和1：500 000区域化探数据混用；四川为1：200 000区域化探数据和1：250 000多目标地球化学调查(土壤测量)数据；重庆为1：200 000区域化探数据和局部1：50 000地球化学普查(水系沉积物测量)数据。

对不同采样分析批次间存在的分析含量系统偏差，按边界等效法计算出乘系数( )和加常数( )，对占少数的偏差数据进行调平处理。

数据网格化采用克里金法，8方位搜索，搜索半径22.5km，正方形网格边长3km。

氧化物含量等值线值采用累频法求取，等值面色区为19级过渡色，由蓝色到红色表示含量值由低到高的变化。

1：8 500 000

0 85 170 255 340 km

CaO

累频 (%)	含量 ($\times10^{-2}$)
99	32.0
97	21.2
94	12.7
90	7.75
85	5.23
79	3.78
72	2.77
64	2.09
55	1.60
45	1.24
36	0.99
28	0.81
21	0.67
15	0.54
10	0.43
6	0.31
3	0.22
1	0.16

III-32

= 18 917
= 3.7
= 6.95
= 1.88

III-39

= 5 769
= 2.4
= 3.42
= 1.43

III-45

= 8 090
= 5.0
= 5.77
= 1.15

34.79

III-77

= 55 550
= 2.06
= 3.19
= 1.55

III-78

频率(%)

n = 5 636
$\bar{x}$ = 0.35
s = 0.75
C_v = 2.18

68.66

III-88

频率(%)

n = 10 562
$\bar{x}$ = 1.38
s = 1.78
C_v = 1.29

III-89

频率(%)

n = 6 816
$\bar{x}$ = 1.1
s = 1.72
C_v = 1.54

-2.03 -0.33 -0.03 0.27 0.57 2.57

lg$x$

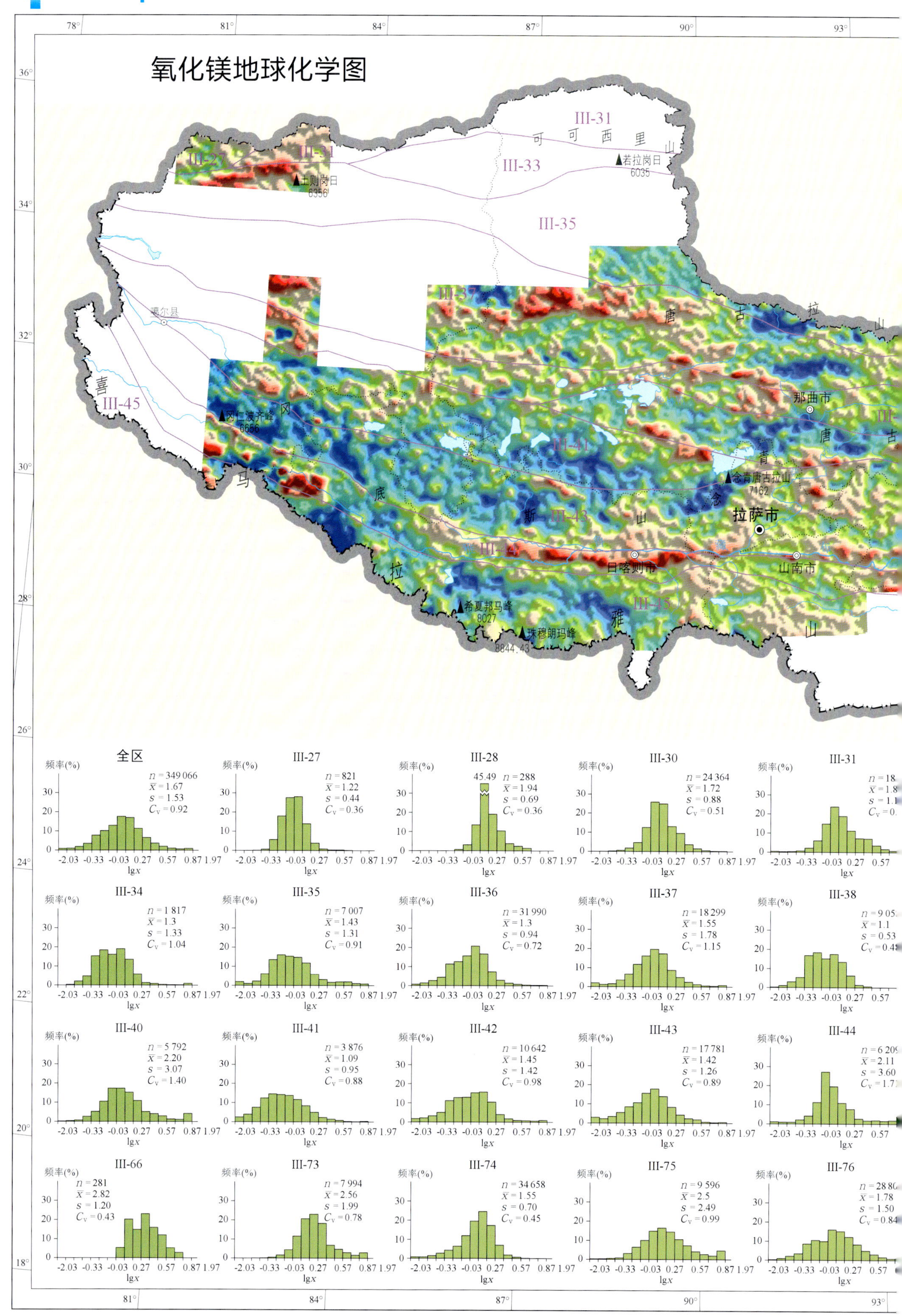

氧化镁地球化学图
III-27
III-31
III-33
III-35
III-37
III-41
III-43
III-45
可可西里山
土则岗日 6356
若拉岗日 6035
噶尔县
冈仁波齐峰 6656
念青唐古拉山 7162
拉萨市
那曲市
日喀则市
山南市
希夏邦马峰 8027
珠穆朗玛峰 8844.43
喜马拉雅山
冈底斯山
唐古拉山
念青唐古拉山
全区 n = 349 066 x̄ = 1.67 s = 1.53 Cv = 0.92
III-27 n = 821 x̄ = 1.22 s = 0.44 Cv = 0.36
III-28 45.49 n = 288 x̄ = 1.94 s = 0.69 Cv = 0.36
III-30 n = 24 364 x̄ = 1.72 s = 0.88 Cv = 0.51
III-31
III-34 n = 1 817 x̄ = 1.3 s = 1.33 Cv = 1.04
III-35 n = 7 007 x̄ = 1.43 s = 1.31 Cv = 0.91
III-36 n = 31 990 x̄ = 1.3 s = 0.94 Cv = 0.72
III-37 n = 18 299 x̄ = 1.55 s = 1.78 Cv = 1.15
III-38
III-40 n = 5 792 x̄ = 2.20 s = 3.07 Cv = 1.40
III-41 n = 3 876 x̄ = 1.09 s = 0.95 Cv = 0.88
III-42 n = 10 642 x̄ = 1.45 s = 1.42 Cv = 0.98
III-43 n = 17 781 x̄ = 1.42 s = 1.26 Cv = 0.89
III-44
III-66 n = 281 x̄ = 2.82 s = 1.20 Cv = 0.43
III-73 n = 7 994 x̄ = 2.56 s = 1.99 Cv = 0.78
III-74 n = 34 658 x̄ = 1.55 s = 0.70 Cv = 0.45
III-75 n = 9 596 x̄ = 2.5 s = 2.49 Cv = 0.99
III-76
频率(%)
lgx
-2.03 -0.33 -0.03 0.27 0.57 0.87 1.97

本图主要采用1∶200 000和1∶500 000区域化探(水系沉积物测量)数据编制。其中：云南、贵州全部为1∶200 000区域化探数据；西藏为1∶200 000和1∶500 000区域化探数据混用；四川为1∶200 000区域化探数据和1∶250 000多目标地球化学调查(土壤测量)数据；重庆为1∶200 000区域化探数据和局部1∶50 000地球化学普查(水系沉积物测量)数据。

对不同采样分析批次间存在的分析含量系统偏差，按边界等效法计算出乘系数(A)和加常数(B)，对占少数的偏差数据进行调平处理。

数据网格化采用克里金法，8方位搜索，搜索半径22.5km，正方形网格边长3km。

氧化物含量等值线值采用累频法求取，等值面色区为19级过渡色，由蓝色到红色表示含量值由低到高的变化。

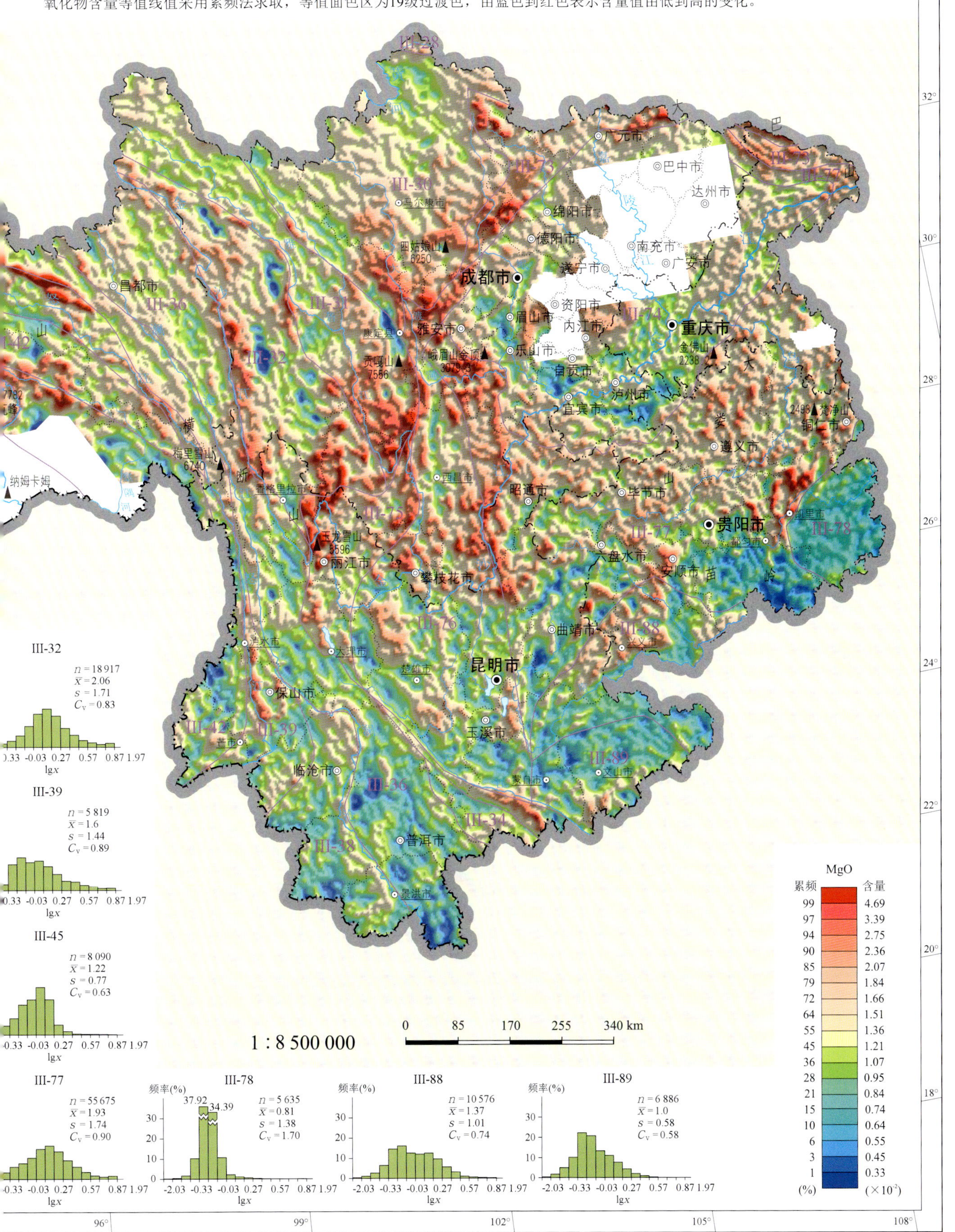

氧化钾地球化学图

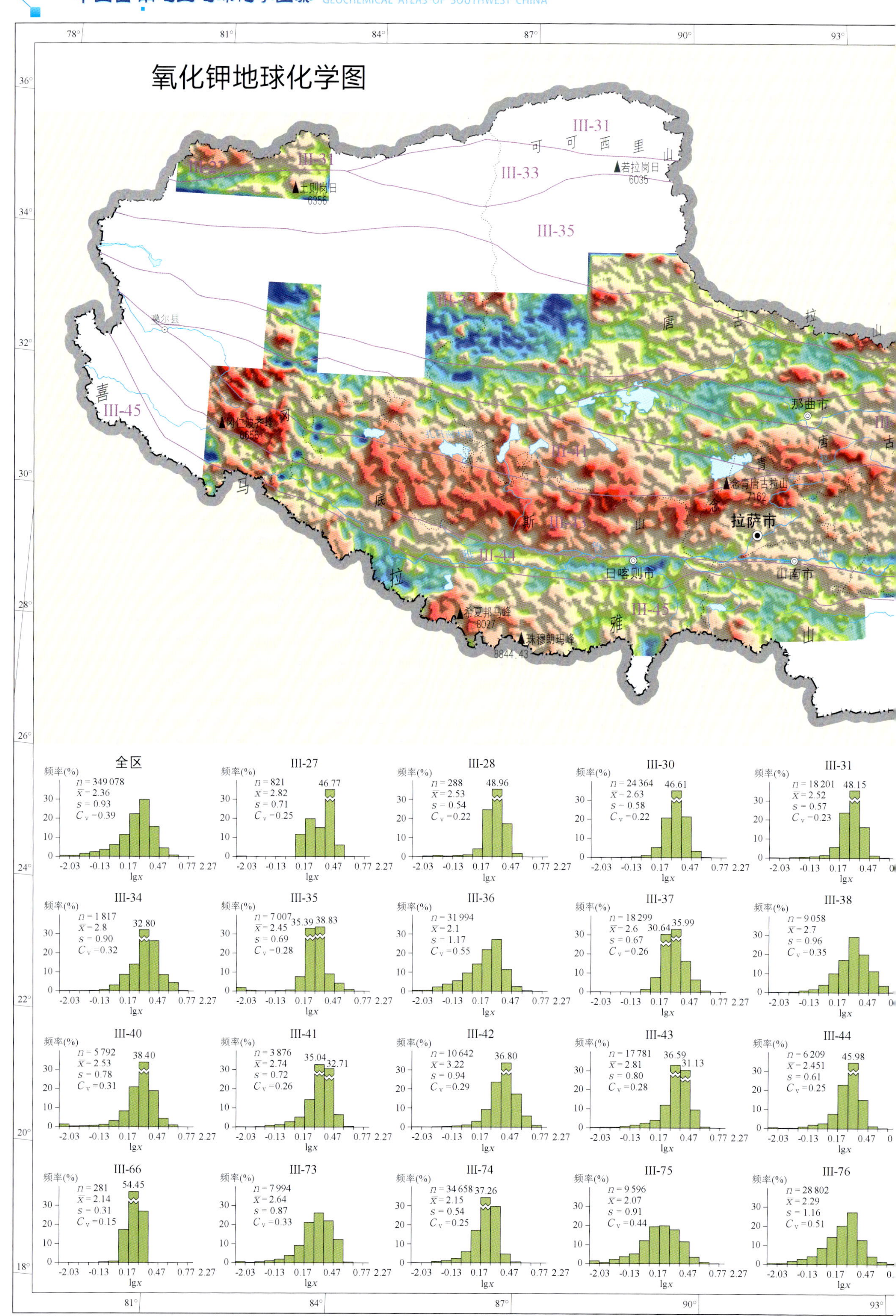
III-31
可 可 西 里 山
III-33
若拉岗日
6035
III-35
土则岗日
6356
噶尔县
喜
III-45
冈仁波齐峰
6656
冈
马
底
斯
III-41
III-43
III-44
唐
古
拉
山
那曲市
念青唐古拉山
7162
念
青
拉萨市
日喀则市
山南市
拉
雅
山
希夏邦马峰
8027
珠穆朗玛峰
8844.43
全区 n = 349 078 X̄ = 2.36 s = 0.93 Cv = 0.39
III-27 n = 821 X̄ = 2.82 s = 0.71 Cv = 0.25 46.77
III-28 n = 288 X̄ = 2.53 s = 0.54 Cv = 0.22 48.96
III-30 n = 24 364 X̄ = 2.63 s = 0.58 Cv = 0.22 46.61
III-31 n = 18 201 X̄ = 2.52 s = 0.57 Cv = 0.23 48.15
III-34 n = 1 817 X̄ = 2.8 s = 0.90 Cv = 0.32 32.80
III-35 n = 7 007 X̄ = 2.45 s = 0.69 Cv = 0.28 35.39 38.83
III-36 n = 31 994 X̄ = 2.1 s = 1.17 Cv = 0.55
III-37 n = 18 299 X̄ = 2.6 s = 0.67 Cv = 0.26 30.64 35.99
III-38 n = 9 058 X̄ = 2.7 s = 0.96 Cv = 0.35
III-40 n = 5 792 X̄ = 2.53 s = 0.78 Cv = 0.31 38.40
III-41 n = 3 876 X̄ = 2.74 s = 0.72 Cv = 0.26 35.04 32.71
III-42 n = 10 642 X̄ = 3.22 s = 0.94 Cv = 0.29 36.80
III-43 n = 17 781 X̄ = 2.81 s = 0.80 Cv = 0.28 36.59 31.13
III-44 n = 6 209 X̄ = 2.451 s = 0.61 Cv = 0.25 45.98
III-66 n = 281 X̄ = 2.14 s = 0.31 Cv = 0.15 54.45
III-73 n = 7 994 X̄ = 2.64 s = 0.87 Cv = 0.33
III-74 n = 34 658 X̄ = 2.15 s = 0.54 Cv = 0.25 37.26
III-75 n = 9 596 X̄ = 2.07 s = 0.91 Cv = 0.44
III-76 n = 28 802 X̄ = 2.29 s = 1.16 Cv = 0.51
频率(%)
lgx
-2.03 -0.13 0.17 0.47 0.77 2.27

本图主要采用1∶200 000和1∶500 000区域化探(水系沉积物测量)数据编制。其中：云南、贵州全部为1∶200 000区域化探数据；西藏为1∶200 000和1∶500 000区域化探数据混用；四川为1∶200 000区域化探数据和1∶250 000多目标地球化学调查(土壤测量)数据；重庆为1∶200 000区域化探数据和局部1∶50 000地球化学普查(水系沉积物测量)数据。

对不同采样分析批次间存在的分析含量系统偏差，按边界等效法计算出乘系数(A)和加常数(B)，对占少数的偏差数据进行调平处理。

数据网格化采用克里金法，8方位搜索，搜索半径22.5km，正方形网格边长3km。

氧化物含量等值线值采用累频法求取，等值面色区为19级过渡色，由蓝色到红色表示含量值由低到高的变化。

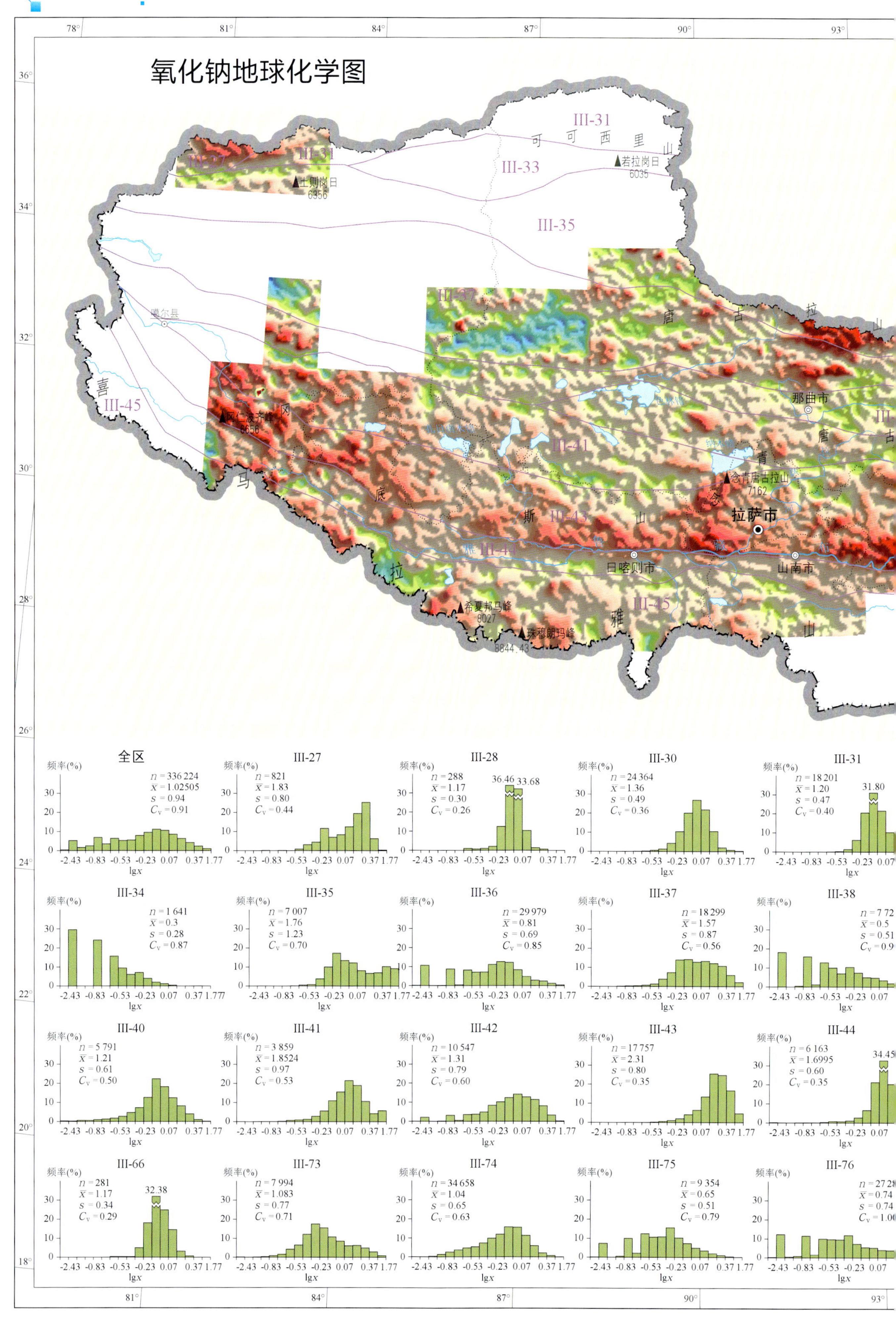

氧化钠地球化学图
III-31
III-33
III-35
III-37
III-41
III-43
III-44
III-45
可可西里山
唐古拉山
念青唐古拉山
冈底斯山
喜马拉雅山
土则岗日 6356
若拉岗日 6035
冈仁波齐峰 6656
念青唐古拉山 7162
希夏邦马峰 8027
珠穆朗玛峰 8844.43
那曲市
拉萨市
日喀则市
山南市
噶尔县
全区 n=336 224 x̄=1.02505 s=0.94 Cv=0.91
III-27 n=821 x̄=1.83 s=0.80 Cv=0.44
III-28 n=288 x̄=1.17 s=0.30 Cv=0.26 36.46 33.68
III-30 n=24 364 x̄=1.36 s=0.49 Cv=0.36
III-31 n=18 201 x̄=1.20 s=0.47 Cv=0.40 31.80
III-34 n=1 641 x̄=0.3 s=0.28 Cv=0.87
III-35 n=7 007 x̄=1.76 s=1.23 Cv=0.70
III-36 n=29 979 x̄=0.81 s=0.69 Cv=0.85
III-37 n=18 299 x̄=1.57 s=0.87 Cv=0.56
III-38
III-40 n=5 791 x̄=1.21 s=0.61 Cv=0.50
III-41 n=3 859 x̄=1.8524 s=0.97 Cv=0.53
III-42 n=10 547 x̄=1.31 s=0.79 Cv=0.60
III-43 n=17 757 x̄=2.31 s=0.80 Cv=0.35
III-44 n=6 163 x̄=1.6995 s=0.60 Cv=0.35 34.45
III-66 n=281 x̄=1.17 s=0.34 Cv=0.29 32.38
III-73 n=7 994 x̄=1.083 s=0.77 Cv=0.71
III-74 n=34 658 x̄=1.04 s=0.65 Cv=0.63
III-75 n=9 354 x̄=0.65 s=0.51 Cv=0.79
III-76
频率(%)
lgx

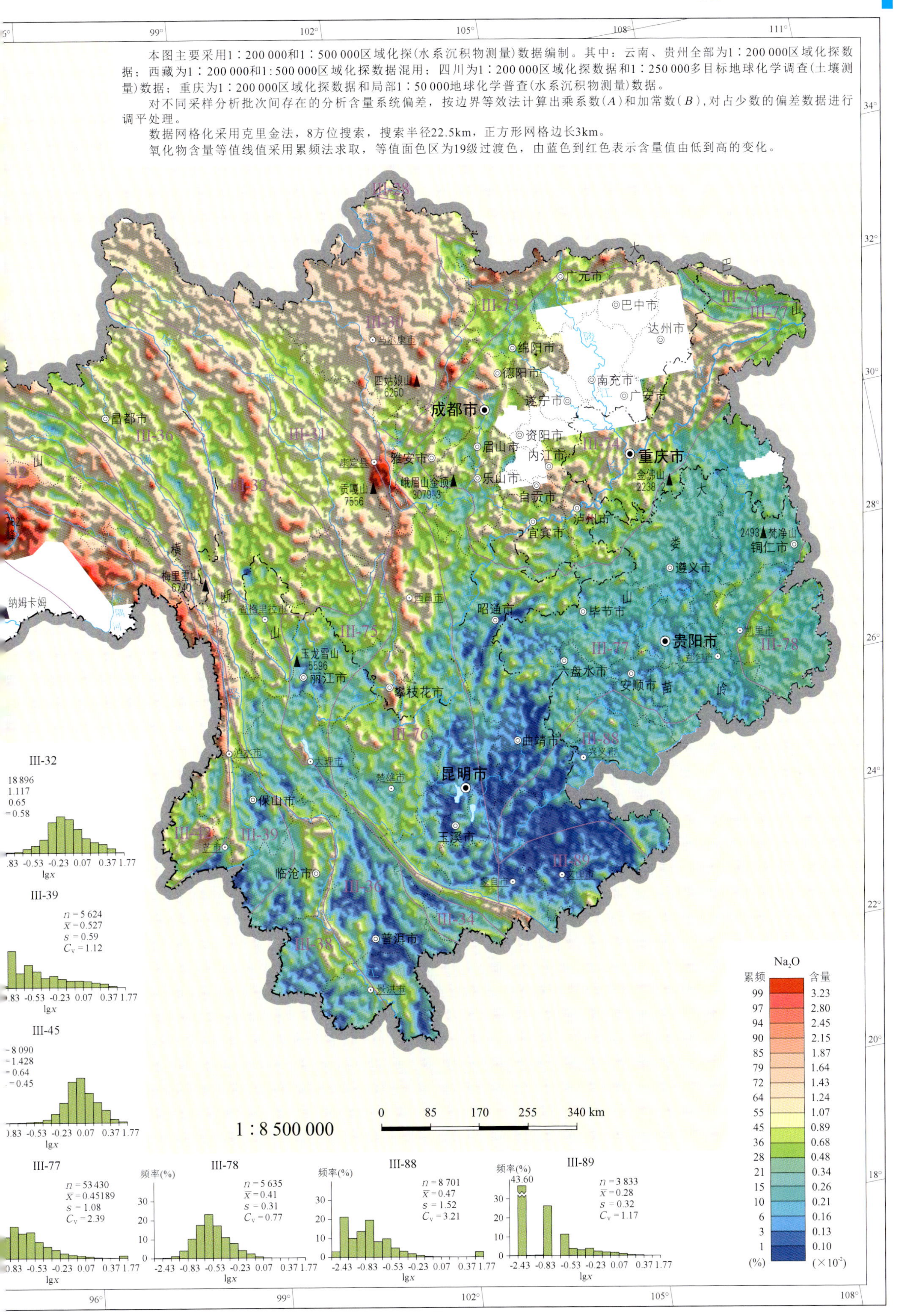

本图主要采用1∶200 000和1∶500 000区域化探(水系沉积物测量)数据编制。其中：云南、贵州全部为1∶200 000区域化探数据；西藏为1∶200 000和1∶500 000区域化探数据混用；四川为1∶200 000区域化探数据和1∶250 000多目标地球化学调查(土壤测量)数据；重庆为1∶200 000区域化探数据和局部1∶50 000地球化学普查(水系沉积物测量)数据。
对不同采样分析批次间存在的分析含量系统偏差，按边界等效法计算出乘系数(A)和加常数(B)，对占少数的偏差数据进行调平处理。
数据网格化采用克里金法，8方位搜索，搜索半径22.5km，正方形网格边长3km。
氧化物含量等值线值采用累频法求取，等值面色区为19级过渡色，由蓝色到红色表示含量值由低到高的变化。
广元市
巴中市
达州市
绵阳市
德阳市
南充市
广安市
遂宁市
成都市
资阳市
眉山市
内江市
重庆市
雅安市
康定县
贡嘎山 7556
峨眉山金顶 3079.3
乐山市
自贡市
金佛山 2238
泸州市
宜宾市
梵净山 2493
铜仁市
遵义市
马尔康市
四姑娘山 6250
昌都市
梅里雪山 6740
纳姆卡姆
香格里拉市
西昌市
昭通市
毕节市
贵阳市
凯里市
都匀市
玉龙雪山 5596
丽江市
攀枝花市
六盘水市
安顺市
曲靖市
兴义市
泸水市
大理市
楚雄市
昆明市
保山市
芒市
玉溪市
临沧市
蒙自市
文山市
普洱市
景洪市
III-28
III-30
III-31
III-32
III-36
III-73
III-74
III-75
III-76
III-77
III-78
III-88
III-89
III-39
III-34
III-38
1∶8 500 000
0 85 170 255 340 km
Na₂O
累频 (%)
99 97 94 90 85 79 72 64 55 45 36 28 21 15 10 6 3 1
含量 (×10⁻²)
3.23 2.80 2.45 2.15 1.87 1.64 1.43 1.24 1.07 0.89 0.68 0.48 0.34 0.26 0.21 0.16 0.13 0.10
III-32
18 896
1.117
0.65
=0.58
III-39
n = 5 624
x̄ = 0.527
s = 0.59
Cv = 1.12
III-45
=8 090
=1.428
0.64
=0.45
III-77
n = 53 430
x̄ = 0.45189
s = 1.08
Cv = 2.39
III-78
n = 5 635
x̄ = 0.41
s = 0.31
Cv = 0.77
III-88
n = 8 701
x̄ = 0.47
s = 1.52
Cv = 3.21
III-89
n = 3 833
x̄ = 0.28
s = 0.32
Cv = 1.17
频率(%)
43.60
lgx
-2.43 -0.83 -0.53 -0.23 0.07 0.37 1.77

78° 81° 84° 87° 90° 93°
36° 34° 32° 30° 28° 26° 24° 22° 20° 18°
可可西里山
若拉岗日 6035
土则岗日 6356
噶尔县
那曲市
冈仁波齐峰 6656
念青唐古拉山 7162
拉萨市
日喀则市
山南市
希夏邦马峰 8027
珠穆朗玛峰 8844.43
地质矿产图例
地 层
第四系 Q 冲积、黄土、冰碛及湖沼沉积，洞穴、火山堆积等
古近系 新近系 R 内陆盆地为碎屑岩及火山岩，青藏等有火山质磨拉石，藏南等为海相沉积
白垩系 K 陆相碎屑岩为主，西藏有海相碎屑岩及火山岩
侏罗系 J 陆相碎屑岩为主，藏南、滇西等为海相沉积，怒江一带为深水复理石及火山岩
TJ 三叠系-侏罗系并层
三叠系 T 松潘—三江地区为海相复理石及火山岩；华南下、中统为浅海碳酸盐岩或砂泥质复理石，上统多为陆相含煤沉积
Mz 中生界并层
PT 二叠系-三叠系并层
二叠系 P 华南为浅海碳酸盐岩-过渡相含煤系，藏南为冈瓦纳相
CP 石炭系-泥盆系并层
石炭系 C 华南为陆表海碳酸盐岩，下统含煤；藏南为冈瓦纳相
DC 泥盆系-石炭系并层
泥盆系 D 华南等地为陆相碎屑岩-陆表海碳酸盐岩及台盆相深水碳酸盐岩、硅质岩
Pz2 上古生界并层
AnD 前泥盆系：变质砂板岩、片麻岩、大理岩（藏北）
志留系 S 海相碎屑岩和碳酸盐岩
OS 奥陶系-泥盆系并层
奥陶系 O 华南为碎屑岩及火山岩
AnO 前奥陶系：板岩、片岩、片麻岩、石英岩（藏南）
∈O 寒武系-奥陶系并层
Pz1 下古生界并层
AnZ 前震旦系：聂拉木群（藏南）
Pt 元古宇
Ar 太古宇
变质岩
变质岩、混合岩、花岗质岩石等
M M4 中生代杂岩、M3 古生代杂岩、M2 元古宙杂岩、M1 太古宙杂岩
变质岩
1. 花岗岩类
γ 花岗岩，κγ 碱性花岗岩
γ6 喜马拉雅期
γ5-6 燕山晚期—喜马拉雅期
γ5 燕山期
γ4-5 华力西期—燕山期
γ4 华力西期
γ2 后吕梁期（元古宙）
2. 闪长岩类
δ 分期：δ5、δ4
3. 铁镁质岩类
N 分期：N5-6、N5、N4、N3、N2
4. 超铁镁质岩类
Σ Σ6、Σ5-6、Σ5、Σ4-5、Σ4、Σ3、Σ2、Σ1(时代不明)
5. 碱性岩类
κ κ6、κ5、κ4、κ3、κ2、κ1
火山岩
1. 上新世—全新世火山岩
分三期：以玄武岩为例，β1 上新世，β2、β3 全新世，β 未分
β 玄武岩类 β1、β2、β3
2. 潜火山岩
分期：κσ6、κσ5、κσ4、κσ3
β κσ6、κσ5、κσ4、κσ3、κσ2、κσ1
其他
Opm 蛇绿混杂岩

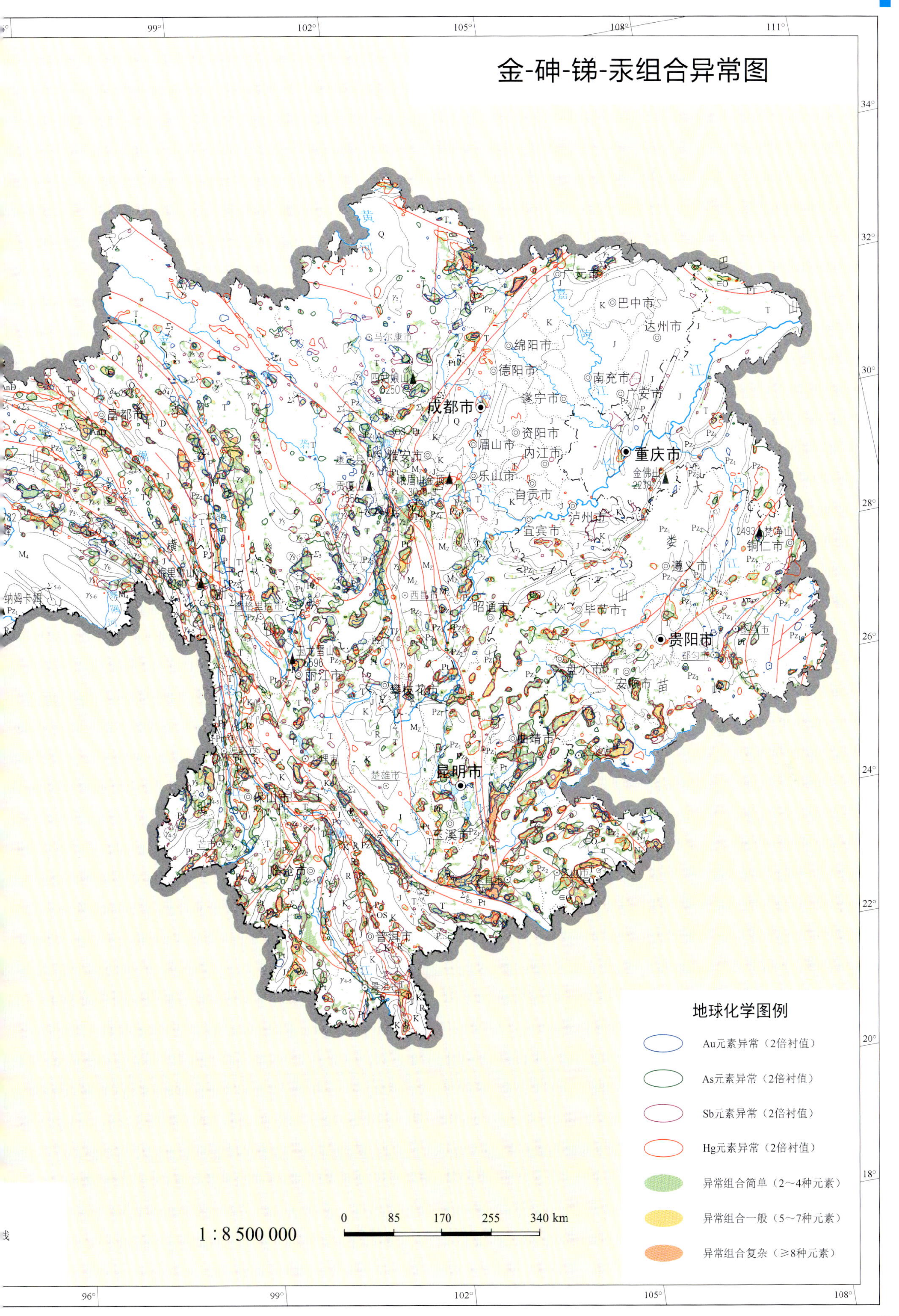
金-砷-锑-汞组合异常图
地球化学图例
Au元素异常（2倍衬值）
As元素异常（2倍衬值）
Sb元素异常（2倍衬值）
Hg元素异常（2倍衬值）
异常组合简单（2～4种元素）
异常组合一般（5～7种元素）
异常组合复杂（≥8种元素）
1 : 8 500 000
0 85 170 255 340 km
成都市
重庆市
贵阳市
昆明市
绵阳市
德阳市
遂宁市
南充市
广安市
巴中市
达州市
资阳市
眉山市
内江市
乐山市
自贡市
宜宾市
泸州市
雅安市
遵义市
铜仁市
毕节市
昭通市
六盘水市
安顺市
攀枝花市
丽江市
曲靖市
玉溪市
临沧市
普洱市
保山市
昌都市
99°
102°
105°
108°
111°
96°
34°
32°
30°
28°
26°
24°
22°
20°
18°

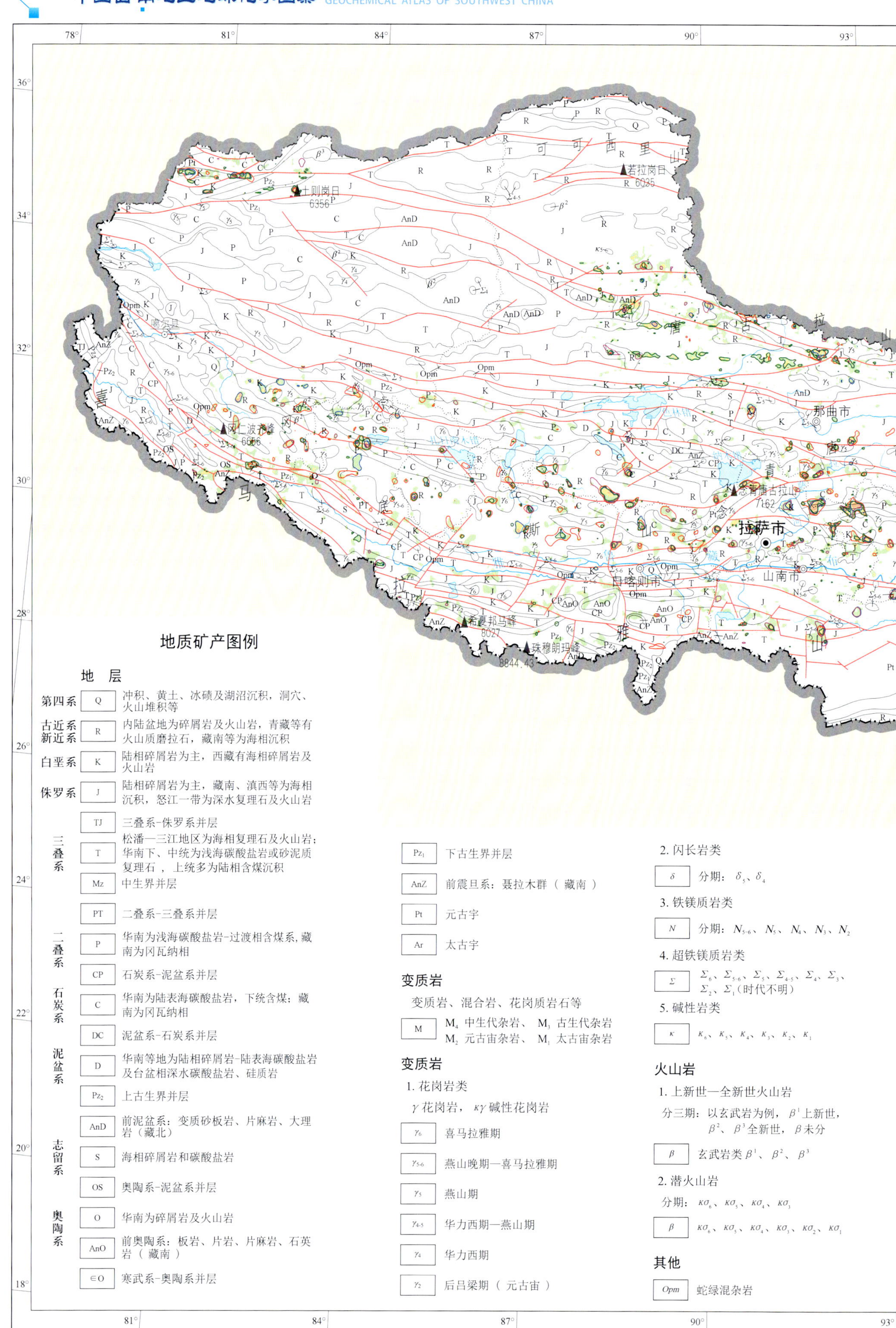

78° 81° 84° 87° 90° 93°
36° 34° 32° 30° 28° 26° 24° 22° 20° 18°
可可西里山
若拉岗日 6035
土则岗日 6356
噶尔县
冈仁波齐峰 6656
那曲市
念青唐古拉山 7162
拉萨市
日喀则市
山南市
希夏邦马峰 8027
珠穆朗玛峰 8844.43
地质矿产图例
地 层
第四系 Q 冲积、黄土、冰碛及湖沼沉积，洞穴、火山堆积等
古近系 新近系 R 内陆盆地为碎屑岩及火山岩，青藏等有火山质磨拉石，藏南等为海相沉积
白垩系 K 陆相碎屑岩为主，西藏有海相碎屑岩及火山岩
侏罗系 J 陆相碎屑岩为主，藏南、滇西等为海相沉积，怒江一带为深水复理石及火山岩
TJ 三叠系-侏罗系并层
三叠系 T 松潘—三江地区为海相复理石及火山岩；华南下、中统为浅海碳酸盐岩或砂泥质复理石 ，上统多为陆相含煤沉积
Mz 中生界并层
PT 二叠系-三叠系并层
二叠系 P 华南为浅海碳酸盐岩-过渡相含煤系，藏南为冈瓦纳相
CP 石炭系-二叠系并层
石炭系 C 华南为陆表海碳酸盐岩，下统含煤；藏南为冈瓦纳相
DC 泥盆系-石炭系并层
泥盆系 D 华南等地为陆相碎屑岩-陆表海碳酸盐岩及台盆相深水碳酸盐岩、硅质岩
Pz_2 上古生界并层
AnD 前泥盆系：变质砂板岩、片麻岩、大理岩（藏北）
志留系 S 海相碎屑岩和碳酸盐岩
OS 奥陶系-志留系并层
奥陶系 O 华南为碎屑岩及火山岩
AnO 前奥陶系：板岩、片岩、片麻岩、石英岩（ 藏南 ）
∈O 寒武系-奥陶系并层
Pz_1 下古生界并层
AnZ 前震旦系：聂拉木群（ 藏南 ）
Pt 元古宇
Ar 太古宇
变质岩
变质岩、混合岩、花岗质岩石等
M M_4 中生代杂岩、 M_3 古生代杂岩 M_2 元古宙杂岩、 M_1 太古宙杂岩
变质岩
1. 花岗岩类
γ 花岗岩，$\kappa\gamma$ 碱性花岗岩
γ_6 喜马拉雅期
$\gamma_{5\text{-}6}$ 燕山晚期—喜马拉雅期
γ_5 燕山期
$\gamma_{4\text{-}5}$ 华力西期—燕山期
γ_4 华力西期
γ_2 后吕梁期（ 元古宙 ）
2. 闪长岩类
δ 分期：δ_5、δ_4
3. 铁镁质岩类
N 分期：$N_{5\text{-}6}$、N_5、N_4、N_3、N_2
4. 超铁镁质岩类
Σ Σ_6、$\Sigma_{5\text{-}6}$、Σ_5、$\Sigma_{4\text{-}5}$、Σ_4、Σ_3、Σ_2、Σ_1（时代不明）
5. 碱性岩类
κ κ_6、κ_5、κ_4、κ_3、κ_2、κ_1
火山岩
1. 上新世—全新世火山岩
分三期：以玄武岩为例，β^1 上新世，β^2、β^3 全新世，β 未分
β 玄武岩类 β^1、β^2、β^3
2. 潜火山岩
分期：$\kappa\sigma_6$、$\kappa\sigma_5$、$\kappa\sigma_4$、$\kappa\sigma_3$
β $\kappa\sigma_6$、$\kappa\sigma_5$、$\kappa\sigma_4$、$\kappa\sigma_3$、$\kappa\sigma_2$、$\kappa\sigma_1$
其他
Opm 蛇绿混杂岩

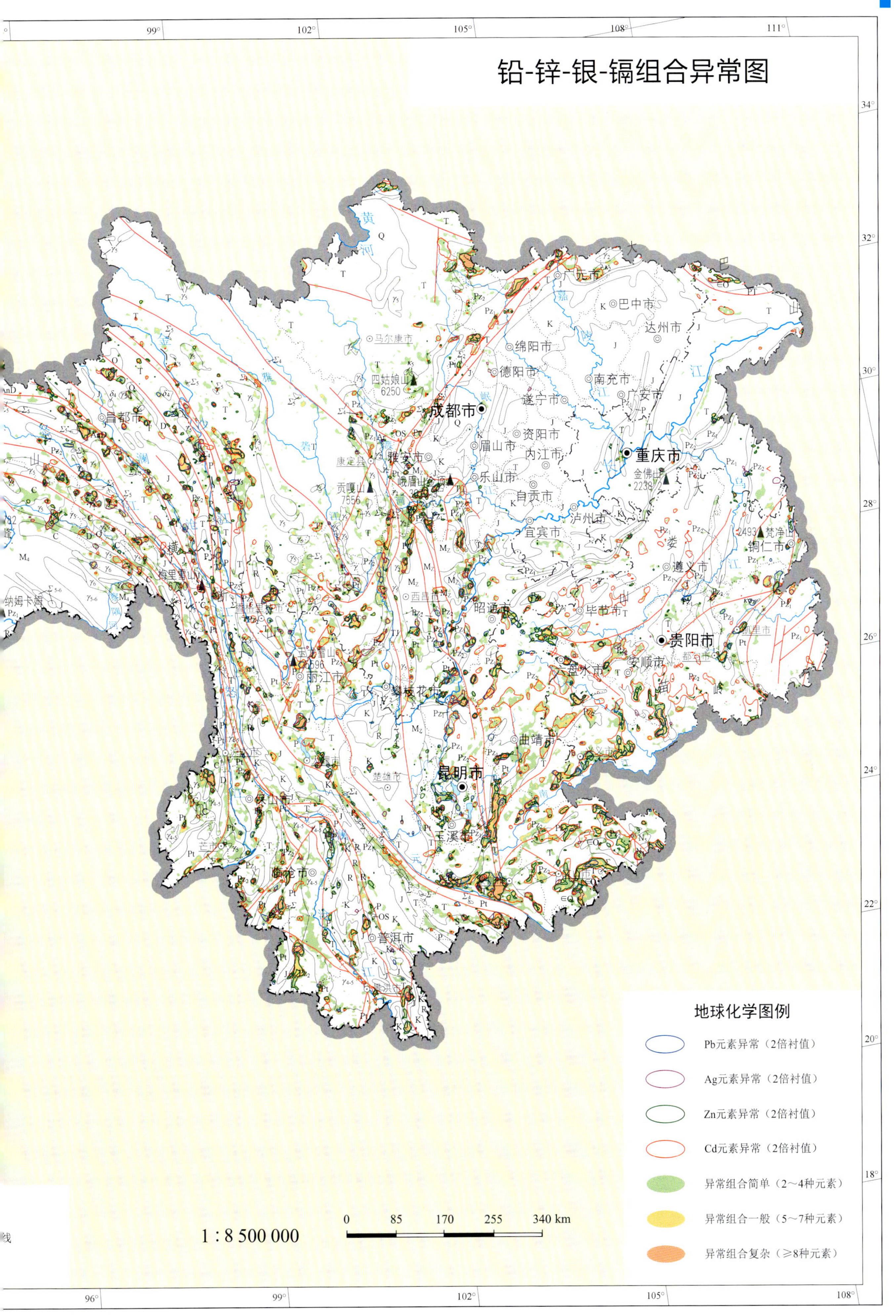

铅-锌-银-镉组合异常图
地球化学图例
Pb元素异常（2倍衬值）
Ag元素异常（2倍衬值）
Zn元素异常（2倍衬值）
Cd元素异常（2倍衬值）
异常组合简单（2～4种元素）
异常组合一般（5～7种元素）
异常组合复杂（≥8种元素）
1 : 8 500 000
0 85 170 255 340 km
成都市
重庆市
贵阳市
昆明市

78°
81°
84°
87°
90°
93°
36°
34°
32°
30°
28°
26°
24°
22°
20°
18°
可可西里山
若拉岗日
6035
土则岗日
6356
冈仁波齐峰
6656
唐古拉
那曲市
念青唐古拉山
7162
拉萨市
日喀则市
山南市
希夏邦马峰
8027
珠穆朗玛峰
8844.43
喜马拉雅山
冈底斯山
地质矿产图例
地层
第四系
Q
冲积、黄土、冰碛及湖沼沉积，洞穴、火山堆积等
古近系 新近系
R
内陆盆地为碎屑岩及火山岩，青藏等有火山质磨拉石，藏南等为海相沉积
白垩系
K
陆相碎屑岩为主，西藏有海相碎屑岩及火山岩
侏罗系
J
陆相碎屑岩为主，藏南、滇西等为海相沉积，怒江一带为深水复理石及火山岩
TJ
三叠系-侏罗系并层
三叠系
T
松潘—三江地区为海相复理石及火山岩；华南下、中统为浅海碳酸盐岩或砂泥质复理石 ，上统多为陆相含煤沉积
Mz
中生界并层
PT
二叠系-三叠系并层
二叠系
P
华南为浅海碳酸盐岩-过渡相含煤系，藏南为冈瓦纳相
CP
石炭系-泥盆系并层
石炭系
C
华南为陆表海碳酸盐岩，下统含煤；藏南为冈瓦纳相
DC
泥盆系-石炭系并层
泥盆系
D
华南等地为陆相碎屑岩-陆表海碳酸盐岩及台盆相深水碳酸盐岩、硅质岩
Pz2
上古生界并层
AnD
前泥盆系：变质砂板岩、片麻岩、大理岩（藏北）
志留系
S
海相碎屑岩和碳酸盐岩
OS
奥陶系-泥盆系并层
奥陶系
O
华南为碎屑岩及火山岩
AnO
前奥陶系：板岩、片岩、片麻岩、石英岩（ 藏南 ）
∈O
寒武系-奥陶系并层
Pz1
下古生界并层
AnZ
前震旦系：聂拉木群（ 藏南 ）
Pt
元古宇
Ar
太古宇
变质岩
变质岩、混合岩、花岗质岩石等
M
M4 中生代杂岩、 M3 古生代杂岩
M2 元古宙杂岩、 M1 太古宙杂岩
变质岩
1. 花岗岩类
γ 花岗岩，κγ 碱性花岗岩
γ6
喜马拉雅期
γ5-6
燕山晚期—喜马拉雅期
γ5
燕山期
γ4-5
华力西期—燕山期
γ4
华力西期
γ2
后吕梁期（ 元古宙 ）
2. 闪长岩类
δ
分期：δ5、δ4
3. 铁镁质岩类
N
分期：N5-6、N5、N4、N3、N2
4. 超铁镁质岩类
Σ
Σ6、Σ5-6、Σ5、Σ4-5、Σ4、Σ3、Σ2、Σ1（时代不明）
5. 碱性岩类
κ
κ6、κ5、κ4、κ3、κ2、κ1
火山岩
1. 上新世—全新世火山岩
分三期：以玄武岩为例，β1 上新世，β2、β3 全新世，β 未分
β
玄武岩类 β1、β2、β3
2. 潜火山岩
分期：κσ6、κσ5、κσ4、κσ3
β
κσ6、κσ5、κσ4、κσ3、κσ2、κσ1
其他
Opm
蛇绿混杂岩
81°
84°
87°
90°
93°

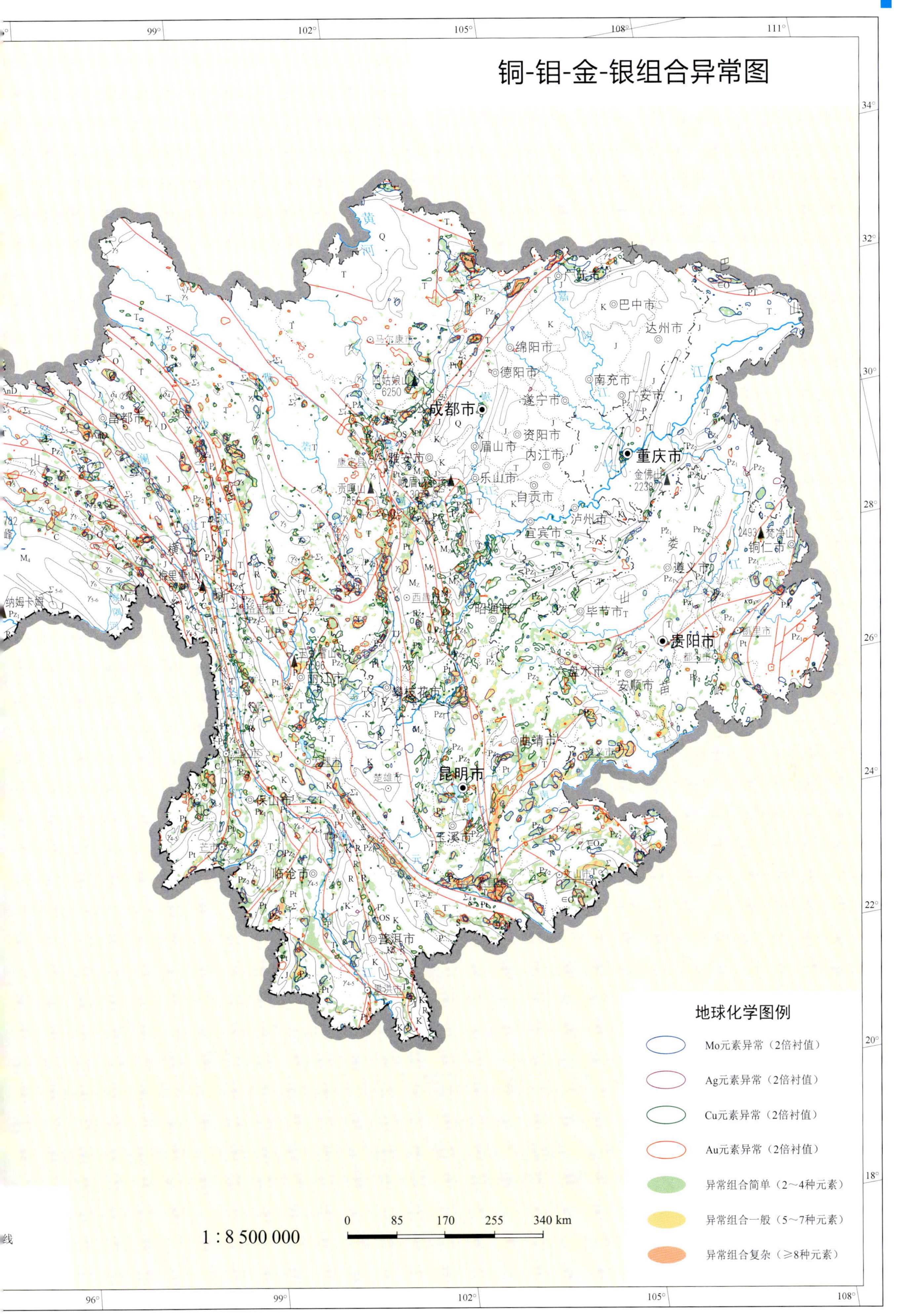
铜-钼-金-银组合异常图
成都市
重庆市
贵阳市
昆明市
巴中市
达州市
绵阳市
德阳市
南充市
广安市
遂宁市
资阳市
眉山市
内江市
雅安市
乐山市
自贡市
泸州市
宜宾市
遵义市
铜仁市
毕节市
昭通市
六盘水市
安顺市
攀枝花市
丽江市
曲靖市
保山市
临沧市
玉溪市
普洱市
地球化学图例
Mo元素异常（2倍衬值）
Ag元素异常（2倍衬值）
Cu元素异常（2倍衬值）
Au元素异常（2倍衬值）
异常组合简单（2～4种元素）
异常组合一般（5～7种元素）
异常组合复杂（≥8种元素）
1 : 8 500 000
0 85 170 255 340 km

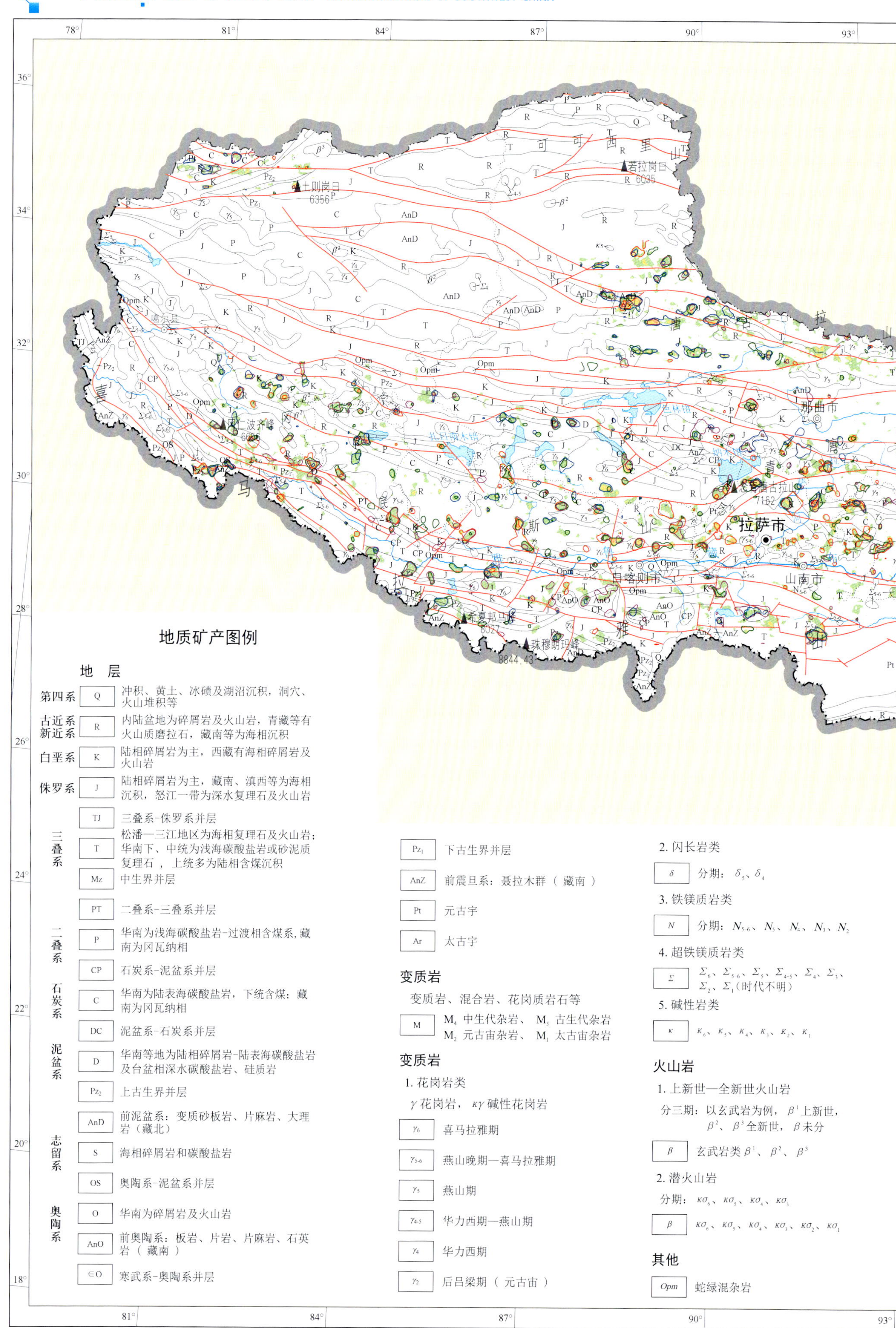

78° 81° 84° 87° 90° 93°
36° 34° 32° 30° 28° 26° 24° 22° 20° 18°
可可西里山
若拉岗日 6035
土则岗日 6356
冈仁波齐峰 6656
念青唐古拉山 7162
拉萨市
日喀则市
山南市
那曲市
希夏邦马峰 8027
珠穆朗玛峰 8844.43
喜马拉雅山
地质矿产图例
地层
第四系 Q 冲积、黄土、冰碛及湖沼沉积，洞穴、火山堆积等
古近系新近系 R 内陆盆地为碎屑岩及火山岩，青藏等有火山质磨拉石，藏南等为海相沉积
白垩系 K 陆相碎屑岩为主，西藏有海相碎屑岩及火山岩
侏罗系 J 陆相碎屑岩为主，藏南、滇西等为海相沉积，怒江一带为深水复理石及火山岩
TJ 三叠系-侏罗系并层
三叠系 T 松潘—三江地区为海相复理石及火山岩；华南下、中统为浅海碳酸盐岩或砂泥质复理石，上统多为陆相含煤沉积
Mz 中生界并层
PT 二叠系-三叠系并层
二叠系 P 华南为浅海碳酸盐岩-过渡相含煤系，藏南为冈瓦纳相
CP 石炭系-泥盆系并层
石炭系 C 华南为陆表海碳酸盐岩，下统含煤；藏南为冈瓦纳相
DC 泥盆系-石炭系并层
泥盆系 D 华南等地为陆相碎屑岩-陆表海碳酸盐岩及台盆相深水碳酸盐岩、硅质岩
Pz2 上古生界并层
AnD 前泥盆系：变质砂板岩、片麻岩、大理岩（藏北）
志留系 S 海相碎屑岩和碳酸盐岩
OS 奥陶系-泥盆系并层
奥陶系 O 华南为碎屑岩及火山岩
AnO 前奥陶系：板岩、片岩、片麻岩、石英岩（藏南）
∈O 寒武系-奥陶系并层
Pz1 下古生界并层
AnZ 前震旦系：聂拉木群（藏南）
Pt 元古宇
Ar 太古宇
变质岩
变质岩、混合岩、花岗质岩石等
M M4 中生代杂岩、M3 古生代杂岩、M2 元古宙杂岩、M1 太古宙杂岩
变质岩
1. 花岗岩类
γ 花岗岩，κγ 碱性花岗岩
γ6 喜马拉雅期
γ5-6 燕山晚期—喜马拉雅期
γ5 燕山期
γ4-5 华力西期—燕山期
γ4 华力西期
γ2 后吕梁期（元古宙）
2. 闪长岩类
δ 分期：δ5、δ4
3. 铁镁质岩类
N 分期：N5-6、N5、N4、N3、N2
4. 超铁镁质岩类
Σ Σ6、Σ5-6、Σ5、Σ4-5、Σ4、Σ3、Σ2、Σ1（时代不明）
5. 碱性岩类
κ κ6、κ5、κ4、κ3、κ2、κ1
火山岩
1. 上新世—全新世火山岩
分三期：以玄武岩为例，β1 上新世，β2、β3 全新世，β 未分
β 玄武岩类 β1、β2、β3
2. 潜火山岩
分期：κσ6、κσ5、κσ4、κσ3
β κσ6、κσ5、κσ4、κσ3、κσ2、κσ1
其他
Opm 蛇绿混杂岩
81° 84° 87° 90° 93°

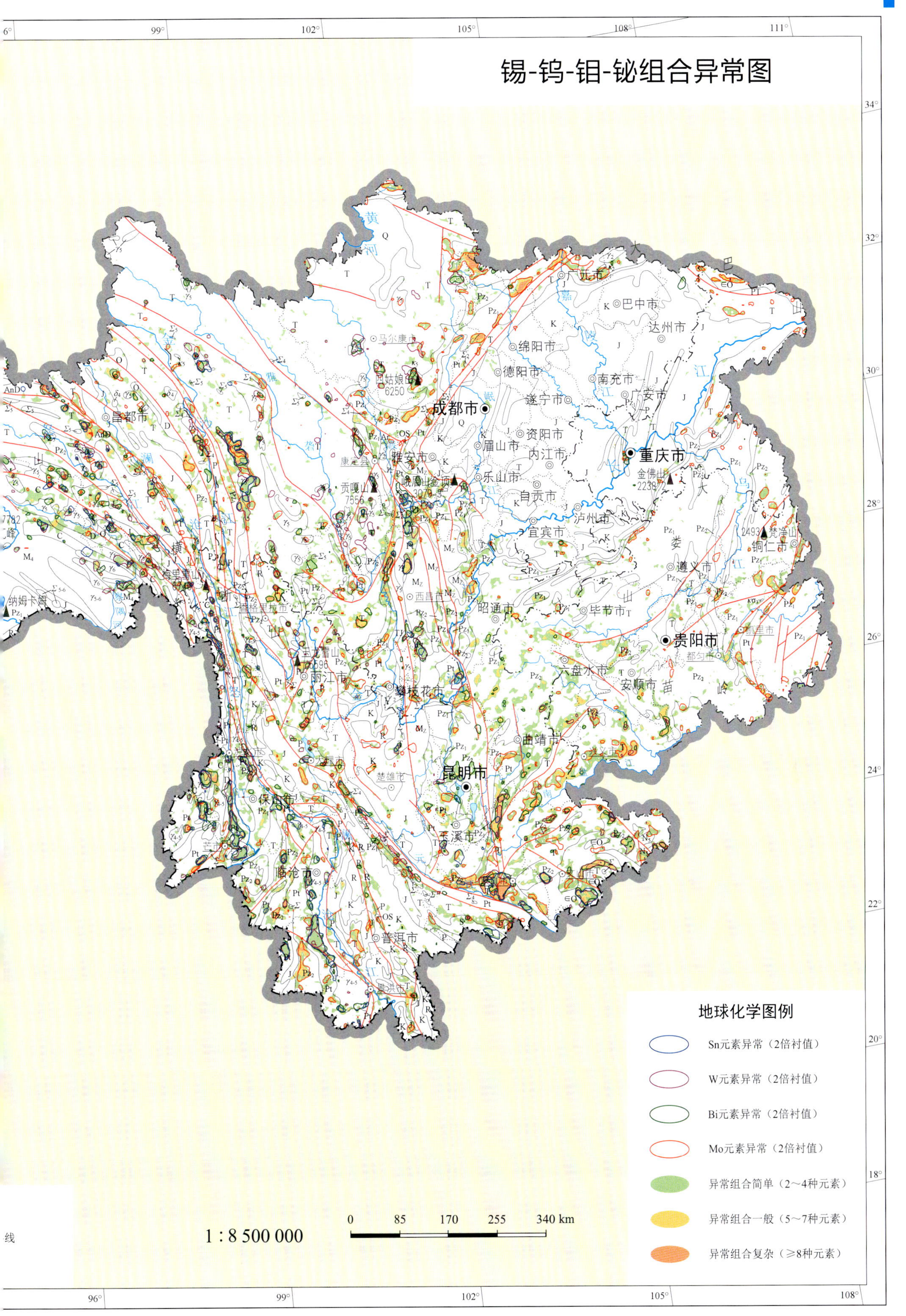
锡-钨-钼-铋组合异常图
地球化学图例
Sn元素异常（2倍衬值）
W元素异常（2倍衬值）
Bi元素异常（2倍衬值）
Mo元素异常（2倍衬值）
异常组合简单（2～4种元素）
异常组合一般（5～7种元素）
异常组合复杂（≥8种元素）
1 : 8 500 000
0 85 170 255 340 km
成都市
重庆市
贵阳市
昆明市
绵阳市
德阳市
遂宁市
资阳市
眉山市
内江市
乐山市
自贡市
泸州市
宜宾市
南充市
广安市
巴中市
达州市
广元市
遵义市
铜仁市
毕节市
六盘水市
安顺市
曲靖市
玉溪市
昭通市
丽江市
攀枝花市
普洱市
临沧市
保山市
昌都市
雅安市
西昌市
楚雄市
都匀市
凯里市
四姑娘山
6250
贡嘎山
7556
金佛山
2238
梵净山
纳姆卡姆

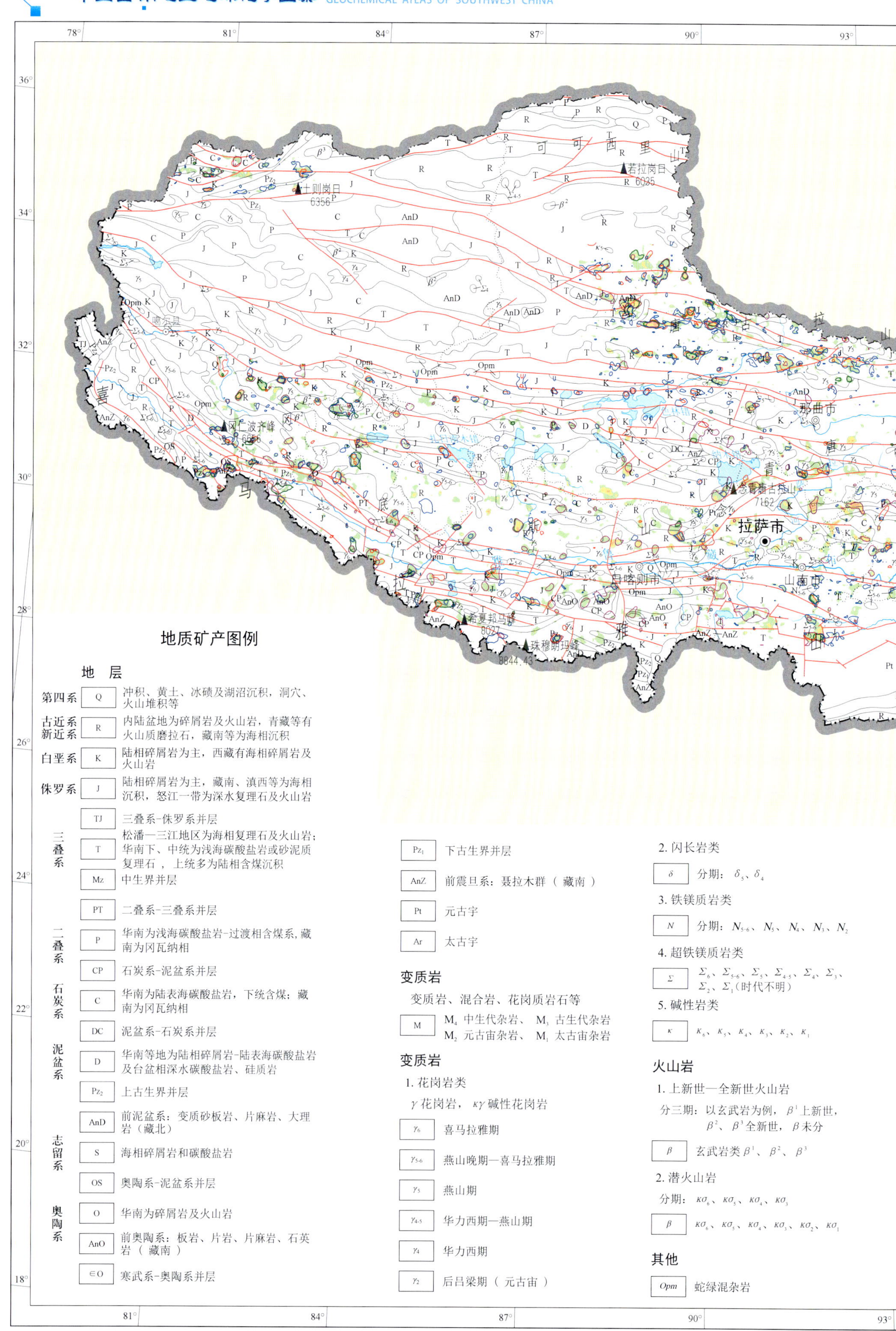

78° 81° 84° 87° 90° 93°
36° 34° 32° 30° 28° 26° 24° 22° 20° 18°
可可西里山
若拉岗日 6035
土则岗日 6356
冈仁波齐峰 6656
拉萨市
那曲市
日喀则市
山南市
念青唐古拉山 7162
希夏邦马峰 8027
珠穆朗玛峰 8844.43
喜马拉雅山
冈底斯山
唐古拉山
地质矿产图例
地层
第四系
Q 冲积、黄土、冰碛及湖沼沉积，洞穴、火山堆积等
古近系 新近系
R 内陆盆地为碎屑岩及火山岩，青藏等有火山质磨拉石，藏南等为海相沉积
白垩系
K 陆相碎屑岩为主，西藏有海相碎屑岩及火山岩
侏罗系
J 陆相碎屑岩为主，藏南、滇西等为海相沉积，怒江一带为深水复理石及火山岩
TJ 三叠系-侏罗系并层
三叠系
T 松潘—三江地区为海相复理石及火山岩；华南下、中统为浅海碳酸盐岩或砂泥质复理石，上统多为陆相含煤沉积
Mz 中生界并层
PT 二叠系-三叠系并层
二叠系
P 华南为浅海碳酸盐岩-过渡相含煤系，藏南为冈瓦纳相
CP 石炭系-二叠系并层
石炭系
C 华南为陆表海碳酸盐岩，下统含煤；藏南为冈瓦纳相
DC 泥盆系-石炭系并层
泥盆系
D 华南等地为陆相碎屑岩-陆表海碳酸盐岩及台盆相深水碳酸盐岩、硅质岩
Pz2 上古生界并层
AnD 前泥盆系：变质砂板岩、片麻岩、大理岩（藏北）
志留系
S 海相碎屑岩和碳酸盐岩
OS 奥陶系-泥盆系并层
奥陶系
O 华南为碎屑岩及火山岩
AnO 前奥陶系：板岩、片岩、片麻岩、石英岩（藏南）
∈O 寒武系-奥陶系并层
Pz1 下古生界并层
AnZ 前震旦系：聂拉木群（藏南）
Pt 元古宇
Ar 太古宇
变质岩
变质岩、混合岩、花岗质岩石等
M M4 中生代杂岩、M3 古生代杂岩
M2 元古宙杂岩、M1 太古宙杂岩
变质岩
1. 花岗岩类
γ 花岗岩，κγ 碱性花岗岩
γ6 喜马拉雅期
γ5-6 燕山晚期—喜马拉雅期
γ5 燕山期
γ4-5 华力西期—燕山期
γ4 华力西期
γ2 后吕梁期（元古宙）
2. 闪长岩类
δ 分期：δ5、δ4
3. 铁镁质岩类
N 分期：N5-6、N5、N4、N3、N2
4. 超铁镁质岩类
Σ Σ6、Σ5-6、Σ5、Σ4-5、Σ4、Σ3、Σ2、Σ1（时代不明）
5. 碱性岩类
κ κ6、κ5、κ4、κ3、κ2、κ1
火山岩
1. 上新世—全新世火山岩
分三期：以玄武岩为例，β1 上新世，β2、β3 全新世，β 未分
β 玄武岩类 β1、β2、β3
2. 潜火山岩
分期：κσ6、κσ5、κσ4、κσ3
β κσ6、κσ5、κσ4、κσ3、κσ2、κσ1
其他
Opm 蛇绿混杂岩

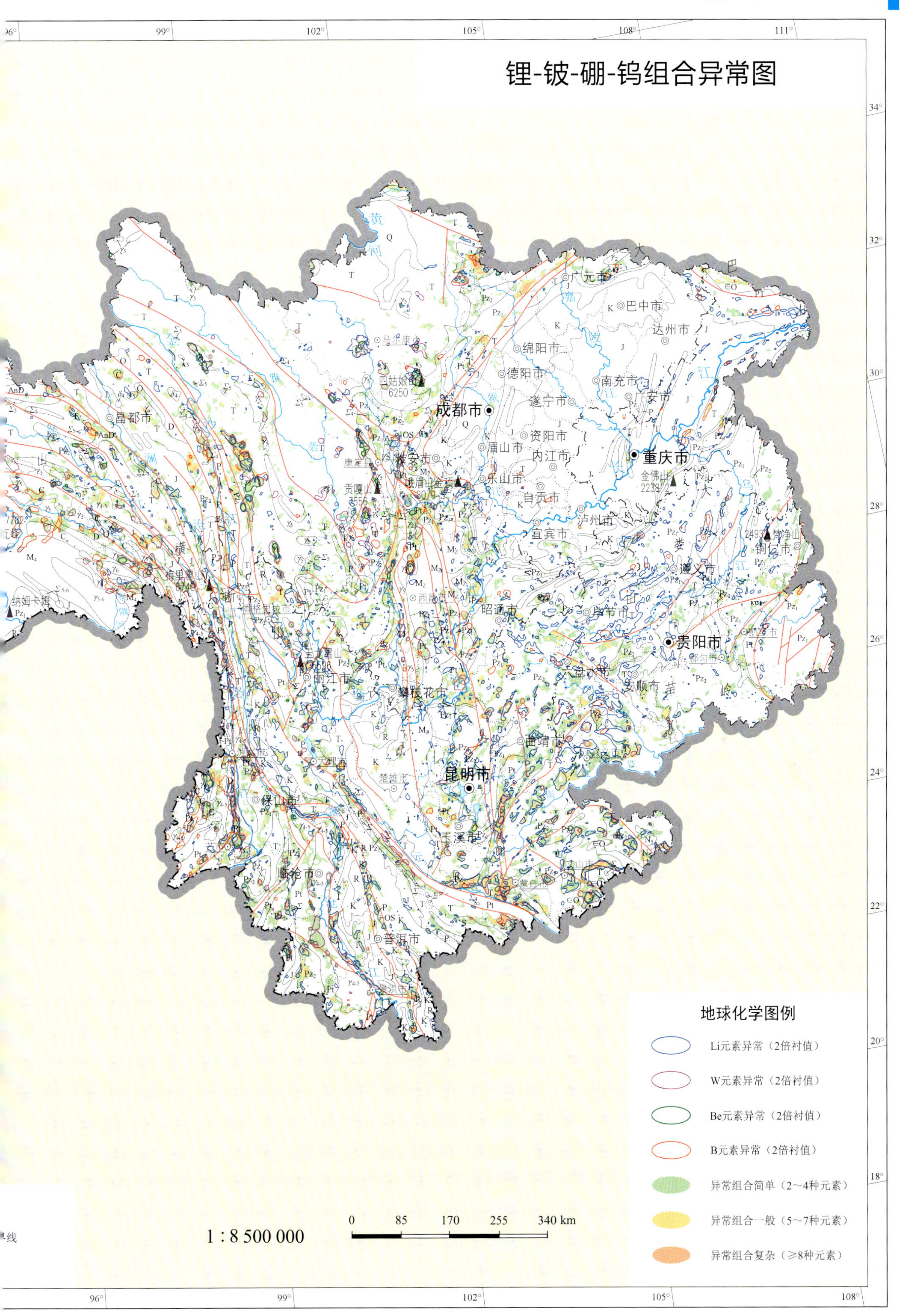

锂-铍-硼-钨组合异常图
成都市
重庆市
贵阳市
昆明市
广元市
巴中市
达州市
绵阳市
德阳市
南充市
广安市
遂宁市
资阳市
眉山市
内江市
雅安市
乐山市
自贡市
泸州市
宜宾市
遵义市
铜仁市
昭通市
毕节市
安顺市
六盘水市
曲靖市
攀枝花市
丽江市
大理市
保山市
临沧市
普洱市
玉溪市
楚雄市
昌都市
地球化学图例
Li元素异常（2倍衬值）
W元素异常（2倍衬值）
Be元素异常（2倍衬值）
B元素异常（2倍衬值）
异常组合简单（2～4种元素）
异常组合一般（5～7种元素）
异常组合复杂（≥8种元素）
1 : 8 500 000
0 85 170 255 340 km

78° 81° 84° 87° 90° 93°
36° 34° 32° 30° 28° 26° 24° 22° 20° 18°
可可西里山
若拉岗日 6035
土则岗日 6356
噶尔县
冈仁波齐峰 6656
喜马拉雅山
冈底斯山
唐古拉山
念青唐古拉山 7162
那曲市
拉萨市
日喀则市
山南市
希夏邦马峰 8027
珠穆朗玛峰 8844.43
地质矿产图例
地层
第四系 Q 冲积、黄土、冰碛及湖沼沉积，洞穴、火山堆积等
古近系 新近系 R 内陆盆地为碎屑岩及火山岩，青藏等有火山质磨拉石，藏南等为海相沉积
白垩系 K 陆相碎屑岩为主，西藏有海相碎屑岩及火山岩
侏罗系 J 陆相碎屑岩为主，藏南、滇西等为海相沉积，怒江一带为深水复理石及火山岩
TJ 三叠系-侏罗系并层
三叠系 T 松潘—三江地区为海相复理石及火山岩；华南下、中统为浅海碳酸盐岩或砂泥质复理石，上统多为陆相含煤沉积
Mz 中生界并层
PT 二叠系-三叠系并层
二叠系 P 华南为浅海碳酸盐岩-过渡相含煤系，藏南为冈瓦纳相
CP 石炭系-泥盆系并层
石炭系 C 华南为陆表海碳酸盐岩，下统含煤；藏南为冈瓦纳相
DC 泥盆系-石炭系并层
泥盆系 D 华南等地为陆相碎屑岩-陆表海碳酸盐岩及台盆相深水碳酸盐岩、硅质岩
Pz2 上古生界并层
AnD 前泥盆系：变质砂板岩、片麻岩、大理岩（藏北）
志留系 S 海相碎屑岩和碳酸盐岩
OS 奥陶系-泥盆系并层
奥陶系 O 华南为碎屑岩及火山岩
AnO 前奥陶系：板岩、片岩、片麻岩、石英岩（藏南）
∈O 寒武系-奥陶系并层
Pz1 下古生界并层
AnZ 前震旦系：聂拉木群（藏南）
Pt 元古宇
Ar 太古宇
变质岩
变质岩、混合岩、花岗质岩石等
M M4 中生代杂岩、M3 古生代杂岩 M2 元古宙杂岩、M1 太古宙杂岩
变质岩
1. 花岗岩类
γ 花岗岩，κγ 碱性花岗岩
γ6 喜马拉雅期
γ5-6 燕山晚期—喜马拉雅期
γ5 燕山期
γ4-5 华力西期—燕山期
γ4 华力西期
γ2 后吕梁期（元古宙）
2. 闪长岩类
δ 分期：δ5、δ4
3. 铁镁质岩类
N 分期：N5-6、N5、N4、N3、N2
4. 超铁镁质岩类
Σ Σ6、Σ5-6、Σ5、Σ4-5、Σ4、Σ3、Σ2、Σ1（时代不明）
5. 碱性岩类
κ κ6、κ5、κ4、κ3、κ2、κ1
火山岩
1. 上新世—全新世火山岩
分三期：以玄武岩为例，β1 上新世，β2、β3 全新世，β 未分
β 玄武岩类 β1、β2、β3
2. 潜火山岩
分期：κσ6、κσ5、κσ4、κσ3
β κσ6、κσ5、κσ4、κσ3、κσ2、κσ1
其他
Opm 蛇绿混杂岩

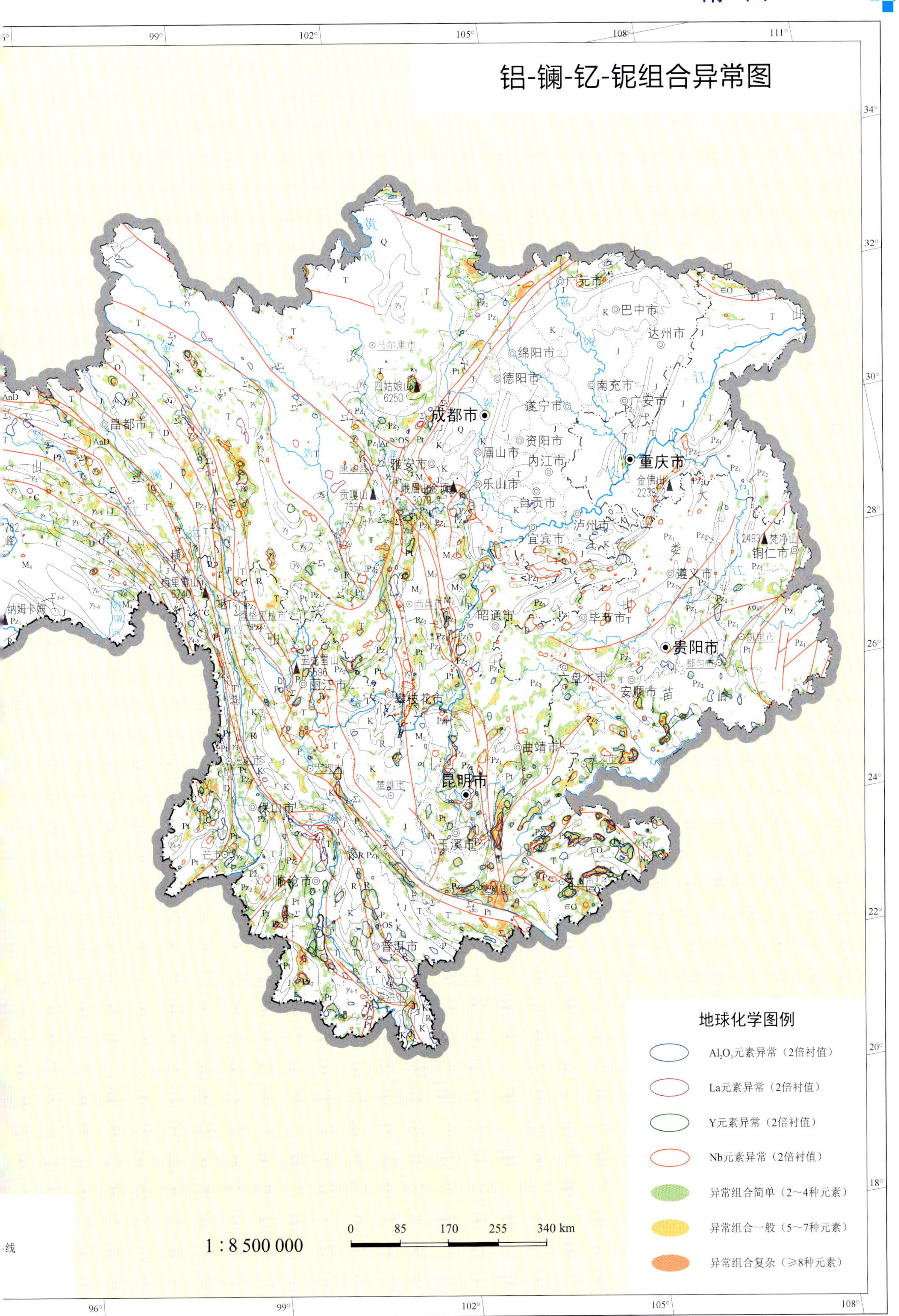
铝-镧-钇-铌组合异常图
地球化学图例
Al_2O_3元素异常（2倍衬值）
La元素异常（2倍衬值）
Y元素异常（2倍衬值）
Nb元素异常（2倍衬值）
异常组合简单（2～4种元素）
异常组合一般（5～7种元素）
异常组合复杂（≥8种元素）
1：8 500 000
0 85 170 255 340 km
成都市
重庆市
贵阳市
昆明市

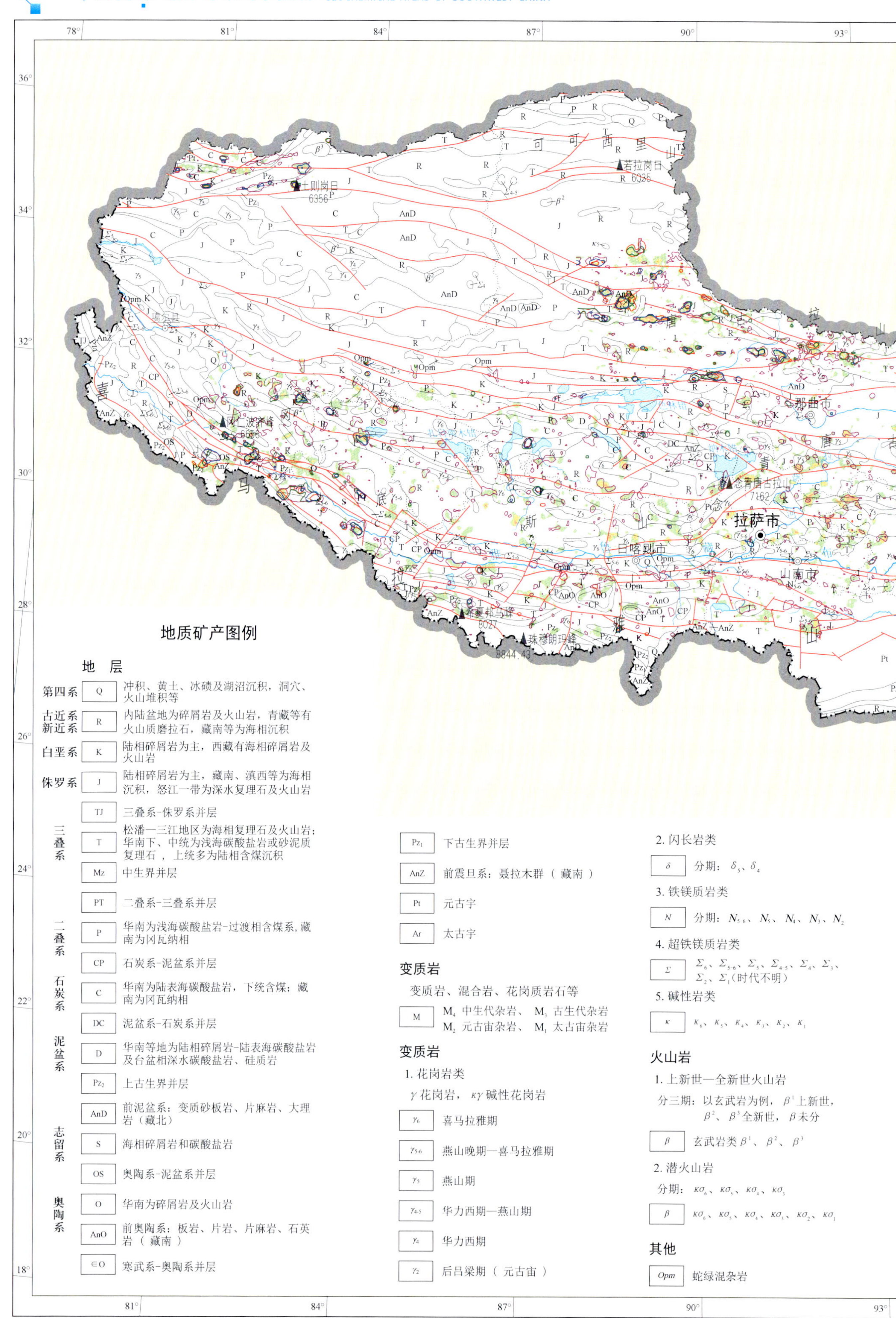
78°
81°
84°
87°
90°
93°
36°
34°
32°
30°
28°
26°
24°
22°
20°
18°
可 可 西 里 山
若拉岗日
6035
土则岗日
6356
唐
拉
山
那曲市
念青唐古拉山
7162
拉萨市
日喀则市
山南市
希夏邦马峰
8027
珠穆朗玛峰
8844.43
喜
马
拉
雅
山
冈底斯山
地质矿产图例
地 层
第四系
Q 冲积、黄土、冰碛及湖沼沉积，洞穴、火山堆积等
古近系 新近系
R 内陆盆地为碎屑岩及火山岩，青藏等有火山质磨拉石，藏南等为海相沉积
白垩系
K 陆相碎屑岩为主，西藏有海相碎屑岩及火山岩
侏罗系
J 陆相碎屑岩为主，藏南、滇西等为海相沉积，怒江一带为深水复理石及火山岩
TJ 三叠系-侏罗系并层
三叠系
T 松潘—三江地区为海相复理石及火山岩；华南下、中统为浅海碳酸盐岩或砂泥质复理石，上统多为陆相含煤沉积
Mz 中生界并层
PT 二叠系-三叠系并层
二叠系
P 华南为浅海碳酸盐岩-过渡相含煤系，藏南为冈瓦纳相
CP 石炭系-泥盆系并层
石炭系
C 华南为陆表海碳酸盐岩，下统含煤；藏南为冈瓦纳相
DC 泥盆系-石炭系并层
泥盆系
D 华南等地为陆相碎屑岩-陆表海碳酸盐岩及台盆相深水碳酸盐岩、硅质岩
Pz2 上古生界并层
AnD 前泥盆系：变质砂板岩、片麻岩、大理岩（藏北）
志留系
S 海相碎屑岩和碳酸盐岩
OS 奥陶系-泥盆系并层
奥陶系
O 华南为碎屑岩及火山岩
AnO 前奥陶系：板岩、片岩、片麻岩、石英岩（藏南）
∈O 寒武系-奥陶系并层
Pz1 下古生界并层
AnZ 前震旦系：聂拉木群（藏南）
Pt 元古宇
Ar 太古宇
变质岩
变质岩、混合岩、花岗质岩石等
M M4 中生代杂岩、M3 古生代杂岩 M2 元古宙杂岩、M1 太古宙杂岩
变质岩
1. 花岗岩类
γ 花岗岩，κγ 碱性花岗岩
γ6 喜马拉雅期
γ5-6 燕山晚期—喜马拉雅期
γ5 燕山期
γ4-5 华力西期—燕山期
γ4 华力西期
γ2 后吕梁期（元古宙）
2. 闪长岩类
δ 分期：δ5、δ4
3. 铁镁质岩类
N 分期：N5-6、N5、N4、N3、N2
4. 超铁镁质岩类
Σ Σ6、Σ5-6、Σ5、Σ4-5、Σ4、Σ3、Σ2、Σ1（时代不明）
5. 碱性岩类
κ κ6、κ5、κ4、κ3、κ2、κ1
火山岩
1. 上新世—全新世火山岩
分三期：以玄武岩为例，β1 上新世，β2、β3 全新世，β 未分
β 玄武岩类 β1、β2、β3
2. 潜火山岩
分期：κσ6、κσ5、κσ4、κσ3
β κσ6、κσ5、κσ4、κσ3、κσ2、κσ1
其他
Opm 蛇绿混杂岩

铁-锰-钒-钛组合异常图
地球化学图例
TFe2O3元素异常（2倍衬值）
Mn元素异常（2倍衬值）
V元素异常（2倍衬值）
Ti元素异常（2倍衬值）
异常组合简单（2～4种元素）
异常组合一般（5～7种元素）
异常组合复杂（≥8种元素）
1 : 8 500 000
0
85
170
255
340 km
成都市
重庆市
贵阳市
昆明市
绵阳市
德阳市
遂宁市
资阳市
眉山市
内江市
乐山市
自贡市
宜宾市
泸州市
南充市
广安市
巴中市
达州市
广元市
昌都市
昭通市
毕节市
遵义市
铜仁市
六盘水市
安顺市
曲靖市
玉溪市
攀枝花市
丽江市
大理市
保山市
临沧市
普洱市
西昌市
雅安市
马尔康市
四姑娘山
6250
贡嘎山
7556
梅里雪山
6740
玉龙雪山
金佛山
2238
梵净山
2493
96°
99°
102°
105°
108°
111°
34°
32°
30°
28°
26°
24°
22°
20°
18°

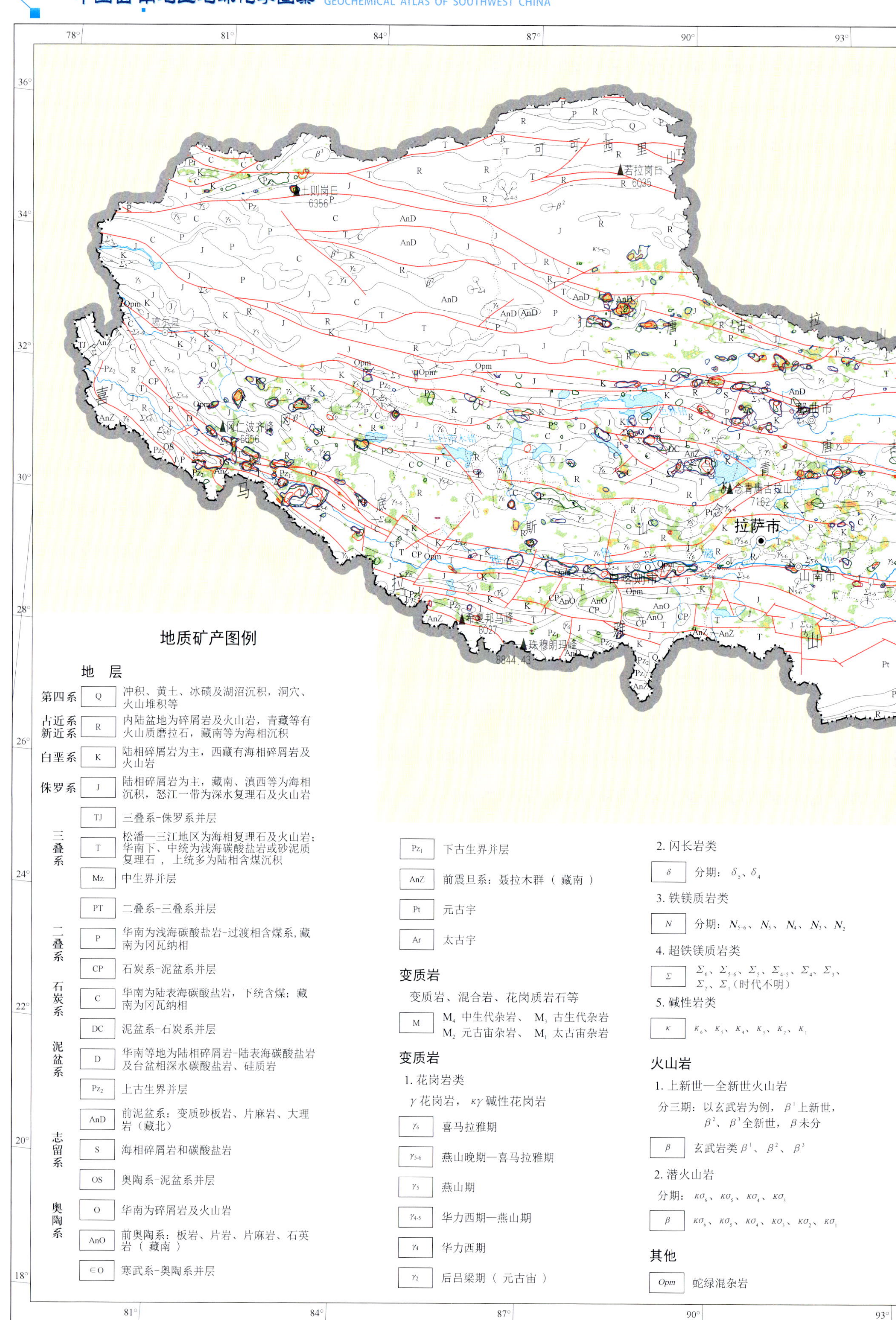

可可西里山
若拉岗日
土则岗日
冈仁波齐峰
喜马拉雅山
念青唐古拉山
唐古拉山
拉萨市
那曲市
山南市
日喀则市
珠穆朗玛峰
希夏邦马峰
地质矿产图例
地　层
第四系
Q 冲积、黄土、冰碛及湖沼沉积，洞穴、火山堆积等
古近系 新近系
R 内陆盆地为碎屑岩及火山岩，青藏等有火山质磨拉石，藏南等为海相沉积
白垩系
K 陆相碎屑岩为主，西藏有海相碎屑岩及火山岩
侏罗系
J 陆相碎屑岩为主，藏南、滇西等为海相沉积，怒江一带为深水复理石及火山岩
TJ 三叠系-侏罗系并层
三叠系
T 松潘—三江地区为海相复理石及火山岩；华南下、中统为浅海碳酸盐岩或砂泥质复理石，上统多为陆相含煤沉积
Mz 中生界并层
PT 二叠系-三叠系并层
二叠系
P 华南为浅海碳酸盐岩-过渡相含煤系，藏南为冈瓦纳相
CP 石炭系-二叠系并层
石炭系
C 华南为陆表海碳酸盐岩，下统含煤；藏南为冈瓦纳相
DC 泥盆系-石炭系并层
泥盆系
D 华南等地为陆相碎屑岩-陆表海碳酸盐岩及台盆相深水碳酸盐岩、硅质岩
Pz2 上古生界并层
AnD 前泥盆系：变质砂板岩、片麻岩、大理岩（藏北）
志留系
S 海相碎屑岩和碳酸盐岩
OS 奥陶系-志留系并层
奥陶系
O 华南为碎屑岩及火山岩
AnO 前奥陶系：板岩、片岩、片麻岩、石英岩（藏南）
∈O 寒武系-奥陶系并层
Pz1 下古生界并层
AnZ 前震旦系：聂拉木群（藏南）
Pt 元古宇
Ar 太古宇
变质岩
变质岩、混合岩、花岗质岩石等
M M4 中生代杂岩、M3 古生代杂岩、M2 元古宙杂岩、M1 太古宙杂岩
变质岩
1. 花岗岩类
γ 花岗岩，κγ 碱性花岗岩
γ6 喜马拉雅期
γ5-6 燕山晚期—喜马拉雅期
γ5 燕山期
γ4-5 华力西期—燕山期
γ4 华力西期
γ2 后吕梁期（元古宙）
2. 闪长岩类
δ 分期：δ5、δ4
3. 铁镁质岩类
N 分期：N5-6、N5、N4、N3、N2
4. 超铁镁质岩类
Σ Σ6、Σ5-6、Σ5、Σ4-5、Σ4、Σ3、Σ2、Σ1（时代不明）
5. 碱性岩类
κ κ6、κ5、κ4、κ3、κ2、κ1
火山岩
1. 上新世—全新世火山岩
分三期：以玄武岩为例，β1 上新世，β2、β3 全新世，β 未分
β 玄武岩类 β1、β2、β3
2. 潜火山岩
分期：κσ6、κσ5、κσ4、κσ3
β κσ6、κσ5、κσ4、κσ3、κσ2、κσ1
其他
Opm 蛇绿混杂岩

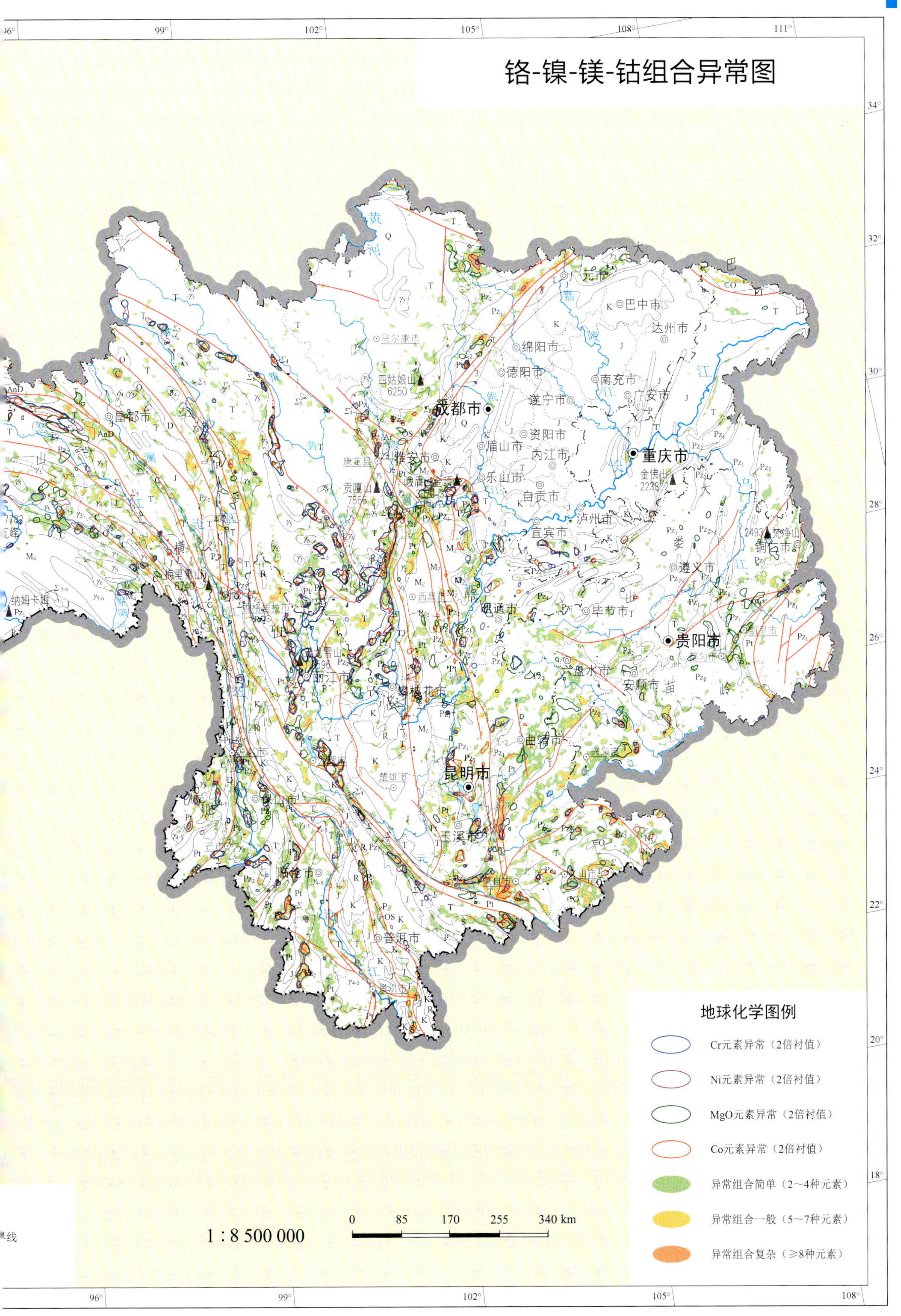
铬-镍-镁-钴组合异常图
成都市
重庆市
贵阳市
昆明市
地球化学图例
Cr元素异常（2倍衬值）
Ni元素异常（2倍衬值）
MgO元素异常（2倍衬值）
Co元素异常（2倍衬值）
异常组合简单（2～4种元素）
异常组合一般（5～7种元素）
异常组合复杂（≥8种元素）
1 : 8 500 000
0 85 170 255 340 km

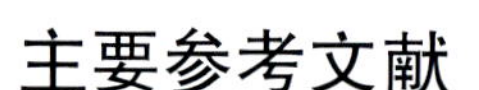

主要参考文献

鲍征宇，李方林，贾先巧．地球化学场时－空结构分析的方法体系［J］．地球科学，1999(3)：67-71.

鲍征宇，於崇文．广东韶关地区区域地球化学研究［J］．地球科学，1986(1)：32.

鲍征宇．耗散结构理论及其地学应用［J］．地质科技情报，1987(4)：33-37.

程力军，杜光伟．西藏高原区域化探工作进展及主要成果［J］．中国地质，2001(1)：46-48，35.

冯济州，贵州省地球化学图集［M］．北京：地质出版社，2008.

何邵麟，陈智．贵州地壳表层构造地球化学分区及其意义［J］．贵州地质，2002(3)：148-155.

何邵麟，程国繁，刘应忠，等．黔西南金地球化学块体资源潜力与找矿方法研究［J］．矿物学报，2007(Z1)：477-482.

何邵麟，曾昭光，罗明学，等．黔西南金矿勘查地球化学30年：回顾与展望［J］．物探与化探，2008(5)：461-464.

何邵麟．贵州表生沉积物地球化学背景特征［J］．贵州地质，1998(2)：149-156.

何邵麟．试用地质地球化学资料解释黔西南金矿的形成［J］．贵州地质，1992(2)：150-160.

胡从亮，袁义生，刘应忠，等．贵州省矿产资源潜力评价化探资料应用成果报告［R］．贵阳：贵州省地质调查院，2013.

惠广领，陈惠强，胡先才，等．西藏自治区矿产资源潜力评价化探资料应用研究成果报告［R］．拉萨：西藏自治区地质调查院，2013.

李方林，鲍征宇，裴韬，等．地球化学空间数据处理原理及软件系统［J］．地球科学，1999(3)：101-104.

李方林．两类不同矿床中Ba的地球化学特征及指示意义［J］．地质科技情报，1993(3)：68-72.

李华，王永华，张星培，等．哀牢山南段长安金矿地质特征及找矿方法研究［J］．地质学报，2015，89(6)：1085-1098.

凌文黎，程建萍，高山，等．扬子崆岭新太古代壳－幔地球化学特征及其与华北克拉通、大别造山带的对比［J］．地球科学，1999(3)：25-30.

凌文黎，王歆华，程建萍．扬子北缘晋宁期望江山基性岩体的地球化学特征及其构造背景［J］．矿物岩石地球化学通报，2001(4)：218-221.

刘才泽，张启明，秦建华，等．区域成矿规律及矿产预测成果报告［R］．成都：中国地质调查局成都地质调查中心，2013.

刘应平，周雪梅，阚泽忠，等．四川省矿产资源潜力评价化探汇总报告［R］．成都：四川省地质调查院，2013.

刘应平，周雪梅，阚泽忠，等．重庆市矿产资源潜力评价化探汇总报告［R］．重庆：重庆地质矿产研究院，2013.

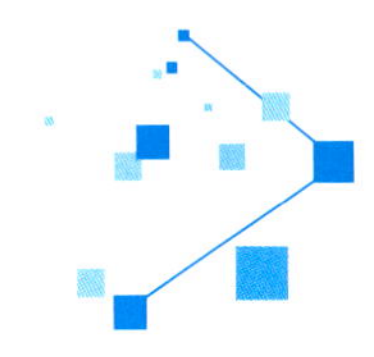

马振东，葛孟春，冯庆来，等．滇西北金沙江结合带霞若—拖顶地区两类中－基性火山岩的多元地球化学示踪[J]．地球科学，2001(1)：25-32．

马振东，蒋敬业，李艳霞，等．长江中下游及邻区基底地球化学分区及区域成矿远景预测[J]．地球科学，1999(3)：72-76．

马振东，李艳霞，单光祥．沉积叠加改造型矿床的物源及富集机制的地球化学研究[J]．矿床地质，1999(2)：14-24．

马振东，张本仁，蒋敬业，等．长江中下游及邻区基底和花岗岩成矿元素丰度背景的研究[J]．地质学报，1998(3)：267-275．

彭承举，周慧敏，王永华，等．云南省区域化探方法技术研究报告[R]．昆明：云南省地质矿产局地球物理地球化学勘查队，1990．

任天祥．特殊地质地理条件下区域化探工作方法研究[J]．物探与化探，1993(6)：476-477．

史长义，任院生．区域化探资料研究基础地质问题[J]．地质与勘探，2005(3)：53-58．

孙焕振，牟绪赞，周庆来．1∶20万区域化探成果报告(说明书)及地球化学图的评审验收及质量计分等级评定[J]．物探与化探，1991(2)：150-152．

孙焕振，周庆来，叶家瑜．1∶20万区域化探采样和样品分析工作的质量评分及质量等级的评定[J]．物探与化探，1989(3)：172-179．

孙焕振，周庆来．地矿部开展第二代区域化探工作十二年[J]．物探与化探，1991(5)：374-384．

孙焕振，周庆来．第二代区域化探的进展、成果及问题[J]．中国地质，1987(5)：17-19．

孙王勇，许光．GPS航迹监控方法在区域化探中的应用[J]．青海地质，2001(1)：63-67．

汪明启，任天祥，庞庆恒，等．2001，滇东南岩溶作用丘陵区的金表生分散特征及其区域化探异常成因，地质地球化学，2001(3)：117-123．

王永华，鲍征宇，曾键年，等．钦－杭成矿带中成矿元素锑的物质来源探讨[J]．地质与勘探，2012，48(4)：742-749．

王永华，等．西南三江地区地球化学图及编图技术说明书[R]．昆明：云南省地质矿产勘查开发局，1999．

王永华，杜光伟，程力军，等．西藏自治区地球化学系列图[M]．拉萨：西藏自治区地矿厅，1999．

王永华，龚鹏，龚敏，等．成矿带1∶20万水系沉积物地球化学分区的方法及地质意义[J]．现代地质，2010，24(4)：801-806．

王永华．铜矿资源地球化学模型建立与定量预测研究[D]．武汉：中国地质大学（武汉），2010．

王永华，汪明启，樊同伦，等．青藏高原及邻区地球化学图说明书[R]．成都：中国地质调查局成都地质调查中心，2010．

王永华，王宝绿，周余国，等．西南三江地区中段地球化学图说明书[R]．昆明：云南省地质矿产勘查开发局，1998．

王永华，谢岿锐，陈子万，等．西南地区矿产资源潜力评价化探资料应用成果汇总报告[R]．

成都：中国地质调查局成都地质调查中心，2013.

王永华，谢岿锐，陈子万，等．西南地区主要矿种典型矿床地球化学找矿模型 100 例 [R]. 成都：中国地质调查局成都地质调查中心，2013.

谢岿锐，杨功，仲安武，等．云南省化探资料应用成果报告 [R]. 昆明：云南省地质调查院，2013.

谢淑云，鲍征宇．地球化学场的连续多重分形模式 [J]. 地球化学，2002(2)：191-200.

於崇文，等．数学地质的方法与应用—地质与化探工作中的多元分析 [M]. 北京：冶金工业出版社，1980.

於崇文．成矿作用动力学——理论体系和方法论 [J]. 地学前缘，1994(3)：54-82.

於崇文．大型矿床和成矿区（带）在混沌边缘 [J]. 地学前缘，1999(2)：2-37.

於崇文．地球化学系统的复杂性探索 [J]. 地球科学，1994(3)：283-286.

於崇文．固体地球系统的复杂性与自组织临界性 [J]. 高校地质学报，1998(4)：2-9.

张本仁．地球化学的基本观念与方法论 [J]. 地球科学，1992(S1)：18-25.

张本仁．地球化学的基本观念与方法论 [J]. 中国地质教育，1994(1)：46-51，56.

张宏飞，NigelHarris，RandallParrish，等．北喜马拉雅淡色花岗岩地球化学：区域对比、岩石成因及其构造意义 [J]. 地球科学，2005(3)：275-288.

张宏飞，骆庭川，张本仁，等．扬子克拉通北缘新元古代岛弧花岗岩类成分极性及成因的地球化学探讨 [J]. 地球科学，1994(2)：219-226.

张宏飞，肖龙，张利，等．扬子陆块西北缘碧口块体印支期花岗岩类地球化学和 Pb-Sr-Nd 同位素组成：限制岩石成因及其动力学背景 [J]. 中国科学（D 辑：地球科学），2007(4)：460-470.

张宏飞，徐旺春，郭建秋，等．冈底斯南缘变形花岗岩锆石 U-Pb 年龄和 Hf 同位素组成：新特提斯洋早侏罗世俯冲作用的证据 [J]. 岩石学报，2007(6)：1347-1353.

张宏飞，徐旺春，郭建秋，等．冈底斯印支期造山事件：花岗岩类锆石 U-Pb 年代学和岩石成因证据 [J]. 地球科学（中国地质大学学报），2007(2)：155-166.

赵琦，袁佩新，张柏青．区域化探异常评价和筛选方法探讨 [J]. 四川地质学报，1993(2)：179-184.

赵琦．从四川省三个大型金矿的发现看第二代区域化探扫面的找矿效果 [J]. 四川地质学报，1999(2)：74-77.

赵琦．从元素的区域化探背景看四川西部、北部的成矿特征 [J]. 四川地质学报，1994(3)：225-228.

朱有光，蒋敬业，李泽九，等．试论我国重要景观区中景观•表生因素对金、铜区域地球化学异常标志的影响 [J]. 物探与化探，2001(6)：418-424.

朱有光，蒋敬业．加强金矿勘查中地球化学方法的应用 [J]. 地质科技情报，1988(1)：87-91.